“船舶与海洋结构物先进设计方法”丛书编委会

船舶与海洋结构物先进设计方法

自升式海洋钻井平台方案设计技术

Scheme Design Technology of Jack-up Drilling Platform

王运龙　陈　明　于雁云　著

科 学 出 版 社

北　京

内 容 简 介

本书主要对自升式海洋钻井平台方案设计相关技术进行深入研究和广泛讨论，既有理论基础又结合工程实践。本书内容如下：介绍相关概念和国内外相关技术的研究现状；介绍自升式海洋钻井平台方案设计系统分析方法；建立自升式海洋钻井平台主尺度要素预报模型；介绍自升式海洋钻井平台总体性能计算方法和方案评价技术、绿色自升式海洋钻井平台方案设计技术及自升式海洋钻井平台方案设计智能决策支持系统；介绍已建成并投入使用的自升式海洋钻井平台先进性评价方法；在前面研究的基础上介绍自升式海洋钻井平台参数化方案设计及软件系统开发。

本书可以作为高等院校船舶与海洋工程领域科研人员的参考用书，亦可作为相关专业本科生、研究生及教师的教材或参考用书。

图书在版编目(CIP)数据

自升式海洋钻井平台方案设计技术 / 王运龙，陈明，于雁云著. —北京：科学出版社，2018.11

（船舶与海洋结构物先进设计方法）

ISBN 978-7-03-059135-7

Ⅰ. ①自…　Ⅱ. ①王…　②陈…　③于…　Ⅲ. ①自升式平台-海洋钻井设备-方案设计　Ⅳ. ①TE951

中国版本图书馆 CIP 数据核字（2018）第 239295 号

责任编辑：杨慎欣　常友丽 / 责任校对：杨聪敏

责任印制：吴兆东 / 封面设计：无极书装

科学出版社 出版

北京东黄城根北街 16 号

邮政编码：100717

http://www.sciencep.com

北京九州迅驰传媒文化有限公司 印刷

科学出版社发行　各地新华书店经销

*

2018 年 11 月第　一　版　开本：720×1000　1/16

2018 年 11 月第一次印刷　印张：17

字数：343 000

定价：99.00 元

（如有印装质量问题，我社负责调换）

本书由

大连市人民政府资助出版

The published book is sponsored by the Dalian Municipal Government

“船舶与海洋结构物先进设计方法”丛书序

船舶与海洋结构物设计是船舶与海洋工程领域的重要组成部分，包括设计理论、原理、方法和技术应用等研究范畴。其设计过程是从概念方案到基本设计和详细设计；设计本质是在规范约束条件下最大限度地满足功能性要求的优化设计；设计是后续产品制造和运营管理的基础，其目标是船舶与海洋结构物的智能设计。“船舶与海洋结构物先进设计方法”丛书面向智能船舶及绿色环保海上装备开发的先进设计技术，从数字化全生命周期设计模型技术、参数化闭环设计优化技术、异构平台虚拟现实技术、信息集成网络协同设计技术、多学科交叉融合智能优化技术等方面，展示了智能船舶的设计方法和设计关键技术。

（1）船舶设计及设计共性基础技术研究。针对超大型船舶、极地航行船舶、液化气与化学品船舶、高性能船舶、特种工程船和渔业船舶等进行总体设计和设计技术开发，对其中的主要尺度与总体布置优化、船体型线优化、结构形式及结构件体系优化、性能优化等关键技术进行开发研究；针对国际新规范、新规则和新标准，对主流船型进行优化和换代开发，进行船舶设计新理念及先进设计技术研究、船舶安全性及风险设计技术研究、船舶防污染技术研究、舰船隐身技术研究等；提出面向市场、顺应发展趋势的绿色节能减排新船型，达到安全、经济、适用和环保要求，形成具有自主特色的船型研发能力和技术储备。

（2）海洋结构物设计及设计关键技术研究。开展海洋工程装备基础设计技术研究，建立支撑海洋结构物开发的基础性设计技术平台，开展深水工程装备关键设计技术研究；针对浮式油气生产和储运平台、新型多功能海洋自升式平台、巨型导管架平台、深水半潜式平台和张力腿平台进行技术设计研究；重点研究桩腿、桩靴和固桩区承载能力，悬臂梁结构和极限荷载能力，拖航、系泊和动力定位，主体布置优化等关键设计技术。

（3）数字化设计方法研究与软件系统开发。研究数字化设计方法理论体系，开发具有自主知识产权的船舶与海洋工程设计软件系统，以及实现虚拟现实的智能化船舶与海洋工程专业设计软件；进行造船主流软件的接口和二次开发，以及船舶与海洋工程设计流程管理软件系统的开发；与 CCS 和航运公司共同进行船舶系统安全评估、管理软件和船舶技术支持系统的开发；与国际专业软件开发公司共同进行船舶与海洋工程专业设计软件的关键开发技术研究。

（4）船舶及海洋工程系统分析与海上安全作业智能系统研制。开展船舶运输系统分析，确定船队规划和经济适用船型；开展海洋工程系统论证和分析，确定海洋工程各子系统的组成体系和结构框架；进行大型海洋工程产品模块提升、滑移、滚装及运输系统的安全性分析和计算；进行水面和水下特殊海洋工程装备及组合体的可行性分析和技术设计研究；以安全、经济、环保为目标，进行船舶及海洋工程系统风险分析与决策规划研究；在特种海上安全作业产品配套方面进行研究和开发，研制安全作业的智能软硬件系统；开展机舱自动化系统、装卸自动化系统关键技术和 LNG 运输及加注船舶的 C 型货舱系统国产化研究。

本丛书体系完整、结构清晰、理论深入、技术规范、方法实用、案例翔实，融系统性、理论性、创造性和指导性于一体。相信本丛书必将为船舶与海洋结构物设计领域的工作者提供非常好的参考和指导，也为船舶与海洋结构物的制造和运营管理提供技术基础，对推动船舶与海洋工程领域相关工作的开展也将起到积极的促进作用。

衷心地感谢丛书作者们的倾心奉献，感谢所有关心本丛书并为之出版尽力的专家们，感谢科学出版社及有关学术机构的大力支持和资助，感谢广大读者对丛书的厚爱！

纪卓尚

大连理工大学

2016 年 8 月

前　言

石油是经济的血液，拥有充足的油气资源，保证油气资源的稳定供给，是经济平稳发展的必要条件。进入21世纪后，世界逐渐步入能源稀缺时代，许多国家把目光转向海洋，投入了大量的人力和物力进行海洋能源开发。自升式海洋钻井平台是目前世界上广泛采用的海洋钻井装备之一，主要是在滩涂和浅海区域作业。近年来，自升式海洋钻井平台的建造量逐年增加，中国在海洋钻井平台的设计、建造、检验和科研方面都有了很大发展。特别是在自升式海洋钻井平台的基本（技术）设计上，中国在引进、消化、吸收的基础上设计技术有了很大的提升，但在创新设计方面尚有较大的发展空间。因此，开展相关方面的学习、研究工作，是提高中国海洋结构物设计制造创新能力的需要，也是提高海洋平台设计国际竞争力的需要，这对于中国海洋资源的开发和海洋工程事业的发展都具有重要意义。

产品的方案设计在很大程度上决定了它最终的性能、创造性、价格、市场响应速度和效率等，因此，对自升式海洋钻井平台方案设计的相关技术进行研究，实现可行方案的快速生成、技术参数指标综合评价、最优系统决策，具有重要的理论意义和实用价值。本书主要对自升式海洋钻井平台方案设计关键技术进行深入研究和广泛讨论，主要包括以下内容。

第1章，绪论。简述海洋油气开采和自升式海洋钻井平台发展情况，总结国内外相关领域的研究现状。

第2章，自升式海洋钻井平台方案设计系统分析方法。针对自升式海洋钻井平台方案设计的具体情况，将系统工程的理论和方法用于整个方案设计过程中，提出针对自升式海洋钻井平台方案设计的系统分析步骤，并根据霍尔三维结构模型，结合平台方案设计系统的任务特点，提出平台方案设计系统三维结构模型，用于指导自升式海洋钻井平台方案设计的实现。

第3章，自升式海洋钻井平台主尺度要素预报模型。利用收集到的自升式海洋钻井平台船型资料，应用系统建模的理论和方法，分别建立自升式海洋钻井平台主尺度的单变量主尺度要素预测模型和多变量主尺度要素预测模型。模型的建立有利于分析和掌握自升式海洋钻井平台主尺度要素变化规律，同时在平台设计时，可根据已知信息量的多少，选择合适的模型进行主尺度要素的预测，开展平台设计初期的经济论证和方案设计。

第4章，自升式海洋钻井平台总体性能。介绍自升式海洋钻井平台重量、重心的估算方法，以及风、浪、流、冰和地震载荷等环境载荷的计算方法。简述相关规范对自升式海洋钻井平台完整稳性、破舱稳性、站立稳性、抗滑、抗倾能力等主要性能的基本要求，提出一种基于三维实体造型的海洋平台拖航稳性计算方法。

第 5 章，自升式海洋钻井平台方案评价技术。如何从若干个可行设计方案中选出最优方案，是自升式海洋钻井平台方案评价过程中所要解决的主要问题。结合作者近年来对自升式海洋钻井平台方案设计所做的研究工作和相关方面专家的建议，建立一套针对自升式海洋钻井平台的方案评价指标体系，并对其评价方法进行研究。在建立评价指标体系的基础上，采用层次分析法和改进的灰关联分析法进行平台方案的优选，初步分析和计算实例表明，该评价指标体系和评价方法是适用和可靠的。将综合安全评估技术应用到新型自升式海洋钻井平台方案的可行性论证中，从安全评估的角度论证其新功能得以实现的可能性，提出合理的并能有效控制风险的措施，指出在设计、使用过程中应注意的问题，在增加新功能的同时，可以有效地提高海上作业安全。

第 6 章，绿色自升式海洋钻井平台方案设计技术。针对低碳经济下造船业提出的低能耗、低排放、低污染、高能效、安全健康的发展目标，通过对绿色自升式海洋钻井平台机理进行深入研究，提出针对自升式海洋钻井平台的能效设计指数和参考线计算公式，总结自升式海洋钻井平台在设计和作业过程中的节能减排措施。综合考虑绿色海洋钻井平台的技术先进性、经济合理性和环境协调性，建立针对绿色自升式海洋钻井平台的绿色度数学模型，用于实现对钻井平台绿色水平的综合评估。此研究为绿色自升式海洋钻井平台的设计、开发奠定了基础，有助于低碳技术在海洋钻井平台上的研究、推广和应用，降低海洋钻井平台的碳排量，对于建立海洋钻井平台的绿色规范和标准有借鉴作用。

第 7 章，自升式海洋钻井平台方案设计智能决策支持系统。智能方案设计已经成为当前方案设计领域的一个研究热点，本章在前面工作的基础上，就自升式海洋钻井平台的方案设计智能决策支持系统的理论框架和实现方法进行初步研究，提出自升式海洋钻井平台方案设计的智能决策支持系统的体系结构和具体实现方法。此系统既可以根据需要生成自升式海洋钻井平台的设计方案，形成可行方案集，又可以根据技术经济性、船东偏好等对可行方案进行评定，选出最优方案，提高产品设计质量，缩短产品的设计周期，使评价更为可靠，为设计、决策提供有力的支持工具。

第 8 章，自升式海洋钻井平台先进性评价方法。针对已按设计方案建成并投入使用的自升式海洋钻井平台，尝试建立一套合理、完整、科学和实用的性能水平等级评价方法，对其先进性水平进行评定；利用获取的评价结果，可对已建造平台的先进性水平进行定位，评估设计是否达到预期效果并给出其改进方向，对今后自升式海洋钻井平台的方案设计起到借鉴作用。

第 9 章，自升式海洋钻井平台参数化方案设计及软件系统开发。针对自升式海洋钻井平台的具体特点，综合考虑移动式海洋钻井平台的特性，提出一种基于参数化技术的海洋平台总体方案设计方法及软件系统开发技术。该方法具有较强的通用性和较高的算法稳定性。软件中采用的算法为通用算法，适用于各类海洋平台，包括自升式海洋钻井平台、半潜式钻井平台、张力腿式平台、坐底式平台等，该软件同样可以用于浮船坞、下水工作船、风力安装船、大型海洋浮体等特殊海洋工程结构物的静水力、舱容、浮态及稳性计算等设计任务。

本书由王运龙执笔、林焰主审、管官副主审，陈明主要完成第 4 章内容的撰写，于雁云主要负责第 9 章内容的撰写。同时感谢纪卓尚教授、马坤教授在本书写作过程中提出很多宝贵意见，使本书的质量得以进一步提高。本书获得大连市人民政府资助出版，在此表示感谢。

限于水平，书中不足之处在所难免，恳请广大读者批评指正。

王运龙

2018 年 5 月

目　录

第1章　绪　　论

21 世纪是海洋经济时代，浩瀚的海洋是资源和能源的宝库，也是人类实现可持续发展的重要基地。占地球总面积 70%以上的海洋有着极其丰富的海水化学资源、海底矿产资源、海洋动力资源和海洋生物资源。随着陆地资源日趋减少，海洋开发已成为世界经济持续发展的战略共识，也是世界军事与经济竞争的重要领域。越来越多的国家都把合理有序地开发利用海洋资源和能源、保护海洋环境作为求生存、求发展的基本国策[1]。一个开发利用和保护海洋资源及能源、攻克海洋高科技开发技术的世纪之潮已在全球兴起，从蓝色的海洋中索取资源，使之成为世界经济发展的新增长点，正成为我们这个时代的特征。

作为海洋油气开发重要装备之一的自升式海洋钻井平台，在现代海洋油气勘探开发中扮演着越来越重要的角色，其设计建造水平也在一定程度上反映了海洋装备能力的强弱。

1.1　海洋油气资源开发现状

随着人类社会经济的快速发展，能源的消耗量越来越大，世界逐渐步入能源稀缺时代，陆地油气的开发量已经越来越不能满足当今世界经济发展的需要。海洋作为新的能源宝库，在国际政治和经济中扮演着越来越重要的角色。

由于海洋不是人类居住生活的区域，因而较晚进入人类资源开发的范围。海洋蕴藏着丰富的矿产资源，海洋中的大陆架和大陆坡是海洋沉淀物堆积的区域，据地质学家估计，那里至少蕴藏着全球 3000 亿 t 石油储量的一半以上[2]。20 世纪 50 年代，海洋石油钻井平台首先在美国出现，开始了人类海洋油气的地质勘探和开发。目前，全世界有近 100 个国家在水深不足 2000m 的近海水域进行普查和钻探。在已发现的大量油气田中，仅大陆架的油气田就有近 2000 个。随着海洋石油勘探技术的不断改进，世界石油生产的重心将不断移向海洋，那里将是未来获取油气资源的主战场。随着海洋油气勘探成果的不断丰富和钻探技术的不断提高，以及世界能源稀缺时代和高油价时代的到来，海洋已经成为世界能源获取的新焦点。

20 世纪 80 年代以来，随着海洋油气田开发规模的增大和水深的不断增加，海洋钻完井、海洋平台、水下生产技术、流动安全保障与海底管道等海洋工程新技术不断涌现，各类海洋工程重大装备的研发和建造速度不断加快，人类开发海洋能源的进程不断加快，高技术、高风险、高投入成为海洋能源开发的主要特点。

中国拥有 18 000km 的大陆海岸线，200 多万 km^2 的大陆架和 6500 多个岛屿，管辖的海域面积近 300 万 km^2。根据新一轮全国油气资源评价的结果，中国近海石油地质资源量为 107.4 亿 t，天然气地质资源量为 8.1 万亿 m^3[3]。经过近 50 年的勘探开发，中国近海石油已经具备了坚实的物质基础、技术保障和管理体系，已经具备 300m 水深的海洋油气田勘探开发技术能力，初步建成了以海洋石油 981 半潜式钻井平台为核心的深水重大工程装备。“十一五”“十二五”期间中国石油的增量主要来自于海洋。自 2010 年开始，国内近海油气当量一直稳定在 0.5 亿 t 以上。当前中国近海油气田主要产量来自渤海，渤海现有在生产油气田 42 个，于 2010 年成功生产 0.3 亿 t 油气，成为国家重要的能源基地，并为建设“海上大庆”奠定了坚实的基础。截至 2013 年年底，已投入开发的海洋油气田为 90 个（油田 82 个，气田 8 个），累计产油 5.3 亿 t，累计产气 1365.8 亿 m^3。2014 年 4 月，中国南海第一个深水气田荔湾 3-1（水深 1480m）成功投产[2]。

海洋能源开发利用既是保障国家能源安全的重要举措，又充分体现了一个国家的可持续发展能力和综合国力。对中国这样一个处于高速发展时期的国家而言，海洋是国家能源领域的重要发展空间和战略性资源宝库，大力发展海洋能源工程技术与装备对于维护中国海洋主权与权益、可持续利用海洋能源、扩展生存和发展空间具有重大深远的战略意义。

中国经济的持续快速增长，使能源供需矛盾日益突出。中国油、气可采资源量仅占全世界的 3.6%、2.7%[4]。1993 年，中国首次成为石油净进口国。2009 年，中国原油进口依存度首次突破国际公认的 50%警戒线。2011 年，中国超过美国成为第一大石油进口国和消费国，当年官方公布的数据显示中国原油对外依存度达 55.2%，首次超越美国的 53.5%。2015 年，中国原油净进口量为 3.28 亿 t，对外依存度达到 60.6%[5]。根据中国工程院报告《中国可持续发展油气资源战略研究》，到 2020 年中国石油需求将达 4.3 亿～4.5 亿 t[6]，对外依存度将进一步提高。石油供应安全被提高到非常重要的高度，已经成为国家三大经济安全问题之一。

目前中国海洋能源开发特别是油气开发主要集中在陆地和近海，因此加大近海能源开发力度、开发范围，自主实施深水油气资源开发、探索海洋能等海洋可再生资源开发技术是当前面临的主要任务。切实把握国际海洋能源科技迅速发展的态势和建设海洋强国、建设海上丝绸之路等战略机遇，大力发展海洋能源开发利用技术及装备，实现海洋能源早日开发利用，有效缓解中国能源的供需矛盾，实现能源与环境的和谐发展，已经成为保障国家能源安全的重要战略。

1.2 自升式海洋钻井平台简介

虽然深海石油勘探与开发这几年来不断升温，但是目前世界上的石油供应主要还是来自陆地，其重心正在由陆地向浅海转移，因此，在未来一段时间内，浅海石油的勘探与开发将是世界石油供应的基础，深海石油的勘探与开发还处于起步阶段。

自升式海洋钻井平台又称甲板升降式或桩腿式钻井平台，是目前国内外应用最为广泛的钻井平台。自升式海洋钻井平台可分为三大部分：船体、桩腿和升降机构。需要打井时，将桩腿插入或坐入海底，船体还可顺着桩腿上爬，离开海面，工作时可不受海水运动的影响。打完井后，船体可顺着桩腿下爬，浮在海面上，再将桩脚拔出海底，并且上升一定高度，即可拖航到新的井位上。

自20世纪50年代初世界上第一座自升式海洋钻井平台在美国建成以来，自升式钻井平台得到了快速发展，是目前应用最为广泛的移动式钻井平台，2008年可统计的自升式海洋钻井平台已超过500座，约占移动式钻井平台总数的65%[7]。这种石油钻井装置在浮于水面的平台上装载钻井机械、器材、动力设备、居住设备以及若干可升降的桩腿。自升式海洋钻井平台的优点主要是对水深适应性强、工作稳定性好，相对于钻井船和半潜式钻井平台所需钢材少、造价低，在各种海况下都能平稳地进行钻井作业；缺点是桩腿长度有限，使它的工作水深受到限制，目前最大的工作水深在500ft①（152.4m）左右，近年来新建的自升式海洋钻井平台的作业水深大多在300～400ft。超过500ft水深桩腿重量增加很快，拖航时桩腿升得很高，对平台稳性和桩腿强度都不利。

1.2.1 自升式海洋钻井平台分类

自升式海洋钻井平台按是否有自航能力可分为自航、助航和非自航三种形式，但大多数为非自航。自升式海洋钻井平台按照结构样式的不同又可分成多种类型，下面分别进行介绍。

1. 按桩腿形式分类

自升式海洋钻井平台的桩腿形式有桁架式桩腿（图1.1）和柱体式桩腿，桁架式桩腿应用最为广泛。柱体式桩腿一般用于作业水深60m以下的自升式平台，它由钢板焊接成封闭式结构，其截面有方箱形和圆柱形（图1.2）两种。随着水深的增加，桩腿长度和质量迅速增大，波浪载荷也跟着增大，此时柱体式桩腿已

① 1ft=3.048×10^{-1}m。

不能满足要求，需采用桁架式桩腿。桁架式桩腿由弦杆、斜撑杆和水平撑杆构成，在弦杆上装有齿条。桩腿可按地质条件设置桩靴，桩靴的截面有圆形、方形和多边形等几种。

图 1.1　桁架式桩腿自升式钻井平台

图 1.2　圆柱式桩腿自升式钻井平台

就桩腿数量而言，目前主要有三根桩腿（一般为三角形平台，见图 1.1）和四根桩腿（一般为矩形平台，见图 1.2）两种形式。其中三角形平台占总量的 90%以上。三根桩腿是自升式平台获得稳定支撑最少的数量。当作业水深较大时，考虑到桩腿的质量和尺寸，宜采用三根桩腿，同时可减少升降装置数量，其缺点是任意一条腿失效，平台将无法作业，甚至引发险情。三根桩腿在预压工况时不能像四根桩腿那样采用对角线交叉的方式，而需用压载水，比较麻烦。

根据形状的不同桩腿又可分为三角形桩腿和四边形桩腿，三角形桩腿俯视为标准的等边三角形结构，四边形桩腿俯视为标准的矩形结构。目前普遍采用三角形桩腿形式。对于中小型自升式海洋钻井平台，作业水深较浅，宜采用四根柱体式桩腿，平台主体平面呈矩形；大中型钻井平台作业水深较深，宜采用三根桁架式桩腿，平台主体平面呈三角形。

2. 按升降装置形式分类

自升式海洋钻井平台按升降装置形式可分为机械式、液压举升（液压缸）式和液压爬升（齿轮齿条）式三种。

机械式升降平台是最传统的升降平台，目前已经淘汰。液压举升（液压缸）式自升式海洋钻井平台采用液压缸实现钻井平台的升降控制，传动效率高、体积小，控制比较灵活，但缺点是速度较慢，不能连续升降，操作麻烦，对液压阀件和液压油要求较高，如图 1.3 所示。液压爬升（齿轮齿条）式自升式海洋钻井平台利用齿轮齿条的配合实现钻井平台的升降控制。液压爬升式升降机构可以实现连续升降，操作灵活且速度快，但缺点是体积大，需要庞大而复杂的减速机构，平台起升后靠刹车制动，使得在升降过程中升降机构一直受力，对齿轮齿条的要求很高，如图 1.4 所示。

图 1.3　液压举升式自升式海洋钻井平台

图 1.4　液压爬升式自升式海洋钻井平台

3. 按井口形式分类

按照井口形式的不同，自升式海洋钻井平台可分为凹槽式和悬臂式两种[8]，如图 1.5 和图 1.6 所示。

凹槽式平台在 20 世纪 80 年代以前普遍应用，现已基本淘汰。悬臂式平台可分为普通悬臂梁和 *X-Y* 悬臂梁，而普通悬臂梁又可分为箱体式和甲板式。悬臂梁的功能是通过其纵向位移和钻台的横向位移使转盘中心对准井口。不同形式悬臂梁的特点如下。

（1）普通甲板式悬臂梁。通过上甲板可携带套管、钻杆或其他物品一起移动，相当于一个活动的井场场地，作业方便。悬臂梁甲板下与平台主甲板间形成一个较大空间，便于存放其他物资。

（2）普通箱体式悬臂梁。箱体式悬臂梁除具有上甲板以外，与底部的甲板还形成了一个封闭箱体。箱体内可安装钻井液固控设备、固井泵、防喷器及储能器等并随悬臂梁一起移动。

（3）*X-Y* 悬臂梁。该项技术为荷兰 MSC 设计公司专利技术。因悬臂梁整体强度要求较高，所以 *X-Y* 悬臂梁必须是箱体结构。*X-Y* 悬臂梁与钻台为一体，在平台主甲板上做整体纵向、横向移动。*X-Y* 悬臂梁是目前悬臂梁的主流形式。

图 1.5　凹槽式自升式海洋钻井平台

图 1.6　悬臂式自升式海洋钻井平台

1.2.2　自升式海洋钻井平台发展现状及趋势

自升式海洋钻井平台的作业水深随着石油勘探技术的发展和设计建造技术的进步在逐步加大，最初设计建造的自升式海洋钻井平台的作业水深在 100ft 左右。随着设计建造技术的发展，作业水深 200ft 的自升式海洋钻井平台大约出现在 1965 年，300ft 的出现在 1971 年，350ft 的出现在 1972 年，400ft 的出现在 1976 年，截止到 2003 年已设计建造的自升式海洋钻井平台中有 12 座作业水深达到 400ft，其中有 8 座是 1998 年以后建造的[7]。迄今世界上作业水深最大的自升式海洋钻井平台 Maersk Newbuilding 由韩国现代重工于 2002 年建造完成，该平台工作水深为 492ft，最大钻深为 30 000ft。平台的主尺度为 291ft×336ft×38ft，生活模块可住 120 人，平台可变载荷达 10 000t。在自升式海洋钻井平台设计方面，美国是世界上最大的设计方，其设计量占总设计量的 40%左右，其次是新加坡的设计公司，其设计量约占 19%。其他国家如日本、法国、俄罗斯、加拿大、罗马尼亚、中国等国家都具备自升式海洋钻井平台的设计能力。

图 1.7 为自升式海洋钻井平台 1953～2003 年的年建造量统计，可以看出，20 世纪 70 年代中后期和 80 年代初期是自升式海洋钻井平台建造的两个高峰期，1982 年为自升式海洋钻井平台建造量最多的年份，年交船量超过 90 座。图 1.8 对 2003 年以前所建平台的作业水深分布情况进行了统计，可以看出，200～399ft 的自升式海洋钻井平台占了较大比例，400ft 以上的自升式海洋钻井平台所占比例很小。

自 2004 年开始，中国、印度的经济开始起飞，日本经济复苏，美国及亚洲新兴市场的强劲需求等诸多因素促使油价高涨，近海油气开发开始了新一轮的高峰期，出现了一个新的自升式海洋钻井平台建造高峰，而且深水平台所占比例明显增加。世界上许多船厂都开工建造各种型号的自升式海洋钻井平台，2004～2008年年底，全球已建与在建的深水自升式平台达117座。但自2008年年底以来，随着全球经济萎缩，能源需求减弱，油气价格开始徘徊不前，自升式海洋钻井平台的需求开始下降，加上2005年和2006年订单的交付，导致全球此类平台使用率急剧下降。据统计，截至2012年11月，全球自升式海洋钻井平台总计379座，其中在用293座，处于待命或停工状态的有86座，综合利用率为77%。此外，有68座在建。

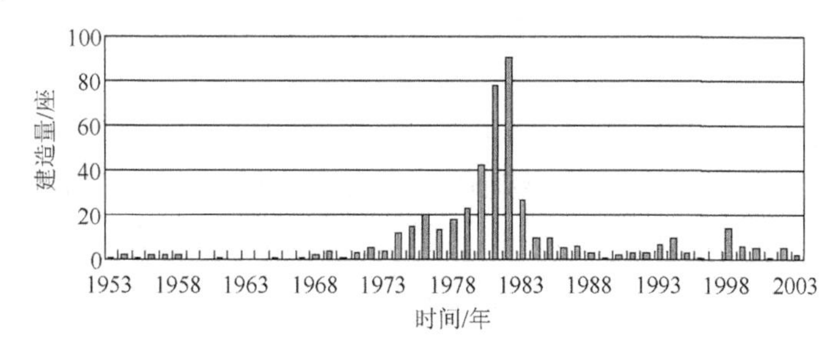

图 1.7 自升式海洋钻井平台年建造量统计

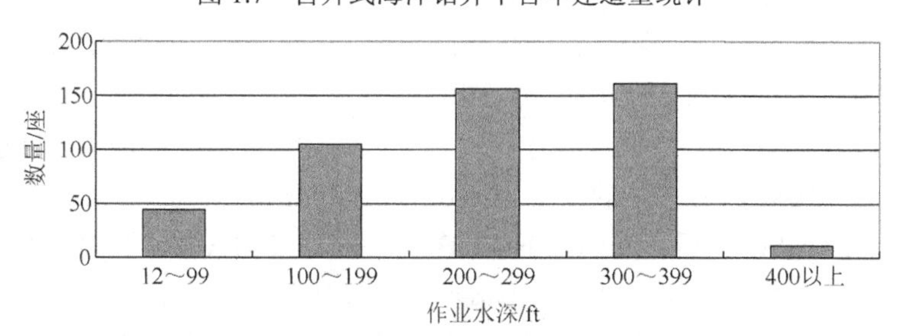

图 1.8 不同作业水深自升式海洋钻井平台数量分布图

通观自升式海洋钻井平台的发展历史及对现状进行分析，可认为其发展趋势主要有以下几个方面：①深水作业平台数量逐渐增加，作业水深也将进一步加大，从近年来的市场需求和建造订货趋势看，深水作业平台数量逐渐增加，同时，虽然受桩腿长度的限制及考虑到安全性、经济性，其作业水深继续增加有一定的困难，但是由于其造价相对较低，作业稳定性好等优势，随着科学技术的发展和设计技术的进步，其作业水深将进一步加大，突破500ft；②自动化水平越来越高，随着科学技术的不断发展，以及以人为本观念的不断深入，自升式海洋钻井平台上的工作环境也在逐渐改善，自动化水平逐步提高，目前新建的自升式海洋钻井平台都以全部实现自动控制为目标；③多用途化，自升式海洋钻井平台的业务范围除勘探钻井、试采、固井、采油作业以外，近年来国外还将其进行简单改造，用于简易平台的安装等业务，新型多功能自升式海洋钻井平台将会越来越受到业主的喜爱；④环保性要求提高，随着海洋环保意识的逐步提高，人们对自升式海洋钻井平台的海洋污染控制将越来越严格。总的来看，自升式海洋钻井平台技术性能发展方向是提高平台的使用经济性、安全性和环保性。

1.2.3 自升式海洋钻井平台承包商和设计商

以美国 Transocean 公司为代表的国际海洋钻井承包商巨头拥有多种海洋钻井装置，从事跨国经营，能够在浅海、深海和超深海作业，有三家公司还能在滩海或内陆水域作业。兼营海洋钻井和海洋工程的意大利 Saipem 公司也是一家跨国公司，拥有自升式海洋钻井平台、半潜式钻井平台和钻井船，能够在浅海、深海和超深海作业。

目前，中国三大石油集团（中国石油天然气集团公司、中国石油化工股份有限公司、中国海洋石油总公司）拥有的中深水桁架式自升式海洋钻井平台共计 31 座，其中有 6 座平台役龄超过 20 年，“勘探 2 号”和“COSL935”的役龄已超过 30 年，虽然进行了改造，但性能没有质的变化。现有的中深水桁架式自升式海洋钻井平台尚不能满足中国海洋石油勘探开发的需求。中国海洋石油总公司的“海洋石油 941”和“海洋石油 942”是目前国内作业水深较深、自动化程度较高、具有国际先进水平的自升式海洋钻井平台。这两座平台属于 Friede & Goldman 公司设计的 JU2000 型，1 次定位能钻 30 多口井。

国外自升式海洋钻井平台设计公司主要有美国的 LeTourneau 公司、Baker Marine 公司（现被 PPL 公司收购）、Friede & Goldman 公司、BASS 公司、BMC 公司，荷兰的 MSC 公司，法国的 NOV-BLM 公司、CFEM 公司、KEPPEL 公司，以及日本的三井海洋开发与 HitachiZosen 公司等[8]。

目前国内自主设计的钻井平台既有圆柱腿自升式，也有深水桁架式。国内造船厂如大连船舶重工、沪东中华船厂等在 20 世纪 80 年代已开始了钻井平台建造。在近年海工市场需求增加的情况下，国内其他船厂也开始了钻井平台的建造，其中包括上海外高桥造船有限公司、烟台莱佛士船业有限公司、上海振华重工（集团）股份有限公司、南通中远船务、广州中船黄埔造船有限公司和招商局重工（深圳）有限公司等。

1.3 方案设计在设计过程中的地位

方案设计作为现代工业生产、制造的关键环节，在产品的整个生命周期中占有极其重要的位置，它从根本上决定了产品的内在本质，以及产品的质量和成本。

如图 1.9 所示，产品成本的 70%以上是由方案设计阶段决定的；而在运用计算机辅助设计（computer aided design，CAD）/计算机辅助制造（computer aided manufacturing，CAM）技术的施工阶段，只决定了 20%的产品成本；在生产管理阶段，则只影响成本的 10%[9]。由此可见，方案设计是决定产品命运最重要的环节。

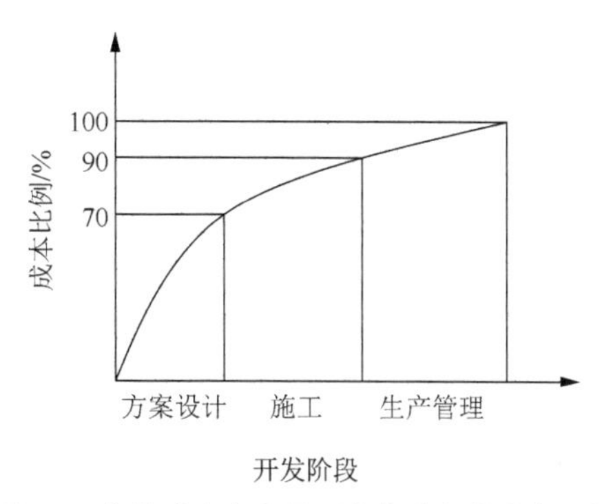

图 1.9　产品成本在产品开发各阶段的分布比例

设计作为一种创新活动始终伴随着人类的发展而存在。但是把设计提升到理论的高度，并作为一门学科单独提出只是最近 60 年的事。虽然目前设计学的理论尚未有固定的模式，但是设计所要求达到的“创新”目标已取得不同设计流派的共识。最能体现产品设计“创新性”的是方案设计阶段。方案设计阶段的可塑性、系统性和基础性在很大程度上决定了最终产品的性能、创造性、价格、市场响应速度等，而且详细设计阶段很难甚至不能纠正方案设计阶段的设计缺陷和错误[10]。

自升式海洋钻井平台的建造投资大、使用期长、风险高，设计的成功与否，很大程度上取决于它的方案设计阶段。在该阶段需要根据船东要求确定平台的主要技术经济性能指标，要根据实际的市场需求和长远规划来确定最佳方案是一项非常复杂和困难的工作[11]。由于市场竞争激烈，船东需求多样化和个性化，以及随着石油开采技术的发展而使平台设计产品的复杂性提高，方案设计过程的变更更加频繁[12]。因此，对自升式海洋钻井平台方案设计的关键技术进行研究，实现可行方案的快速生成、综合评价、最优决策，具有重要的理论意义和实用价值。

中国作为一个具有丰富海洋资源的大国，必须高度重视海洋钻井平台的设计建造技术。随着中国海洋油气勘探开发工作的深入，海洋钻井平台的应用越来越广泛，所需要解决的技术问题将越来越多，海洋钻井平台的设计、建造、检验和科研方面都迫切需要发展。特别是在海洋钻井平台的设计上，大多依靠外国技术，中国在独立进行设计方面尚有一定的差距，开展相关方面的研究工作，是提高中国海洋结构物设计制造能力的需要，也是提高海洋平台设计国际竞争力的需要，这对于中国海洋资源的开发和海洋工程事业的发展都具有重要意义。

1.4　相关领域国内外研究现状

1.4.1　方案设计的发展

方案设计的发展经历了常规设计、改进设计、创新设计等阶段[13]。

常规设计即传统的方案设计，主要依托成熟的理论，以成熟结构为基础，运用常规方法进行理论计算和校核，方案的优劣主要取决于设计人员的技术经验和对专业领域知识的熟悉程度。在机械设计领域里，由于设计理论成熟，一般设计人员在短期内就可以掌握基本的设计理论，解决实际设计中的许多普通问题。这种设计只要了解以往的产品模式、熟悉设计手册、套用设计公式即可，但解决的问题是有限的。

改进设计是在保持产品原理、方案基本不变的前提下，在原有产品的基础上，对产品的某些局部功能和结构做出变更，以适应某种需要。从整体上来说，改进设计其设计目标是确定的，并且存在着较为固定的问题分解模式。但对产品的某些子模块来说，在技术上具有较大变化，没有固定的设计模式可循，即存在着对某些子系统的改进设计。

创新设计是指针对新的用户需求，从已知的、经过实践检验是可行的理论和技术出发，设计出过去没有的新型产品。其基本特点是，对于设计目标的描述是不完全和不确定的，并且没有现成的有效的问题分解模式和对于子问题的规划，整个设计过程是发散的，无常规可循，基本取决于设计者的创造性思维。创新设计可以通过新原理实现，也可以通过新结构、新材料、新工艺实现。创新设计是在多种因素的限制约束下进行的，其中包括科学、技术、经济等发展状况和水平的限制，也包括生产厂家提出的特定要求和条件，同时涉及环境、社会等因素。在设计过程中，满足一定目的的设计方案通常并不唯一，思维活动的空间很大，对于特定问题需要给出一种最优方案解，因此，对设计人员提出了更高的要求。自升式海洋钻井平台的方案设计就属于该范畴。

1.4.2　方案设计理论现状

方案设计方法理论反映了市场对产品的需求和设计水平。方案设计方法理论经过多年的发展，形成了欧洲流派的系统设计方法学、日本流派的通用设计理论、美国流派的公理化设计方法以及中国目前在方案设计领域的理论等[14,15]。

1. 欧洲流派的系统设计方法学

20 世纪 70 年代，德国学者 Pahl 和 Beitz[16]提出了最具代表性、权威性和系统性的系统设计方法学，他们将设计过程主要分为四个阶段：任务明确阶段、方案设计阶段、具体设计阶段和详细设计阶段。他们主张将从专业设计人员长期设计实践中归纳总结出来的各种方法作为工程设计流程中各个环节的手段，贯穿整个设计过程，提出并大力推广融设计经验和系统工程为一体的系统设计方法学。同时，将归纳和总结出来的大量工程设计知识经过系统化的整理，以设计目录的形式保存、传递和运用。后来，他们也开始注重吸收英语学派的创新方法，努力促进系统化设计与创造性设计的结合。

2. 日本流派的通用设计理论

以日本东京大学吉川宏之教授为首的日本学者在 20 世纪 70 年代提出通用设计理论，试图将一般的设计本质在严密的数学原理基础上予以阐述，从而得到有别于各具体领域设计的通用设计理论[17,18]。该流派思想重视设计过程和设计知识的形式化，重视对人类设计思维活动机制的研究，重视理论本身对计算机辅助设计技术的指导作用。这种方法学强调归纳演绎方法的运用，从特性归纳出设计的共性和本质，从一般本质基于环境演绎出特定设计个体，以通用设计原理指导设计者进行开发。

3. 美国流派的公理化设计方法

公理化设计方法是由麻省理工学院（Massachusetts Institute of Technology，MIT）的 N. P. Sun 教授于 20 世纪 70 年代提出的设计原理，该思想试图确立主导所有设计的一般规律，其目的是提高设计的创造性，减少设计的随意性及设计中的错误和不合理性[19]。公理化设计基于功能独立性公理和信息量最小公理。功能独立性公理是指产品设计要维持功能要求的相对独立性。当存在两个或多个功能要求时，设计必须在每个功能要求满足的同时不影响其他功能，功能之间彼此不冲突，尽量不相关。两个或两个以上的相关功能应被一个对等的功能取代。在理论上，如果一个零件能够相互独立地满足所有必要的功能，那么它是一个最好的设计。信息量最小公理是指产品设计要力争使设计信息含量最少，信息量最少的设计为最优设计。信息量最小公理说明用最小的信息来实现目标设计时成功的可能性最大。

在设计的过程方面，公理设计把设计理解为：设计人员首先进行功能分析，明确用户对功能的要求，根据功能要求来确定零部件及其设计参数，然后根据零部件结构明确工艺要求，最后确定工艺参数。为了对开发过程作明确的阐述，公理设计方法把开发划分为四个域：用户域、功能域、结构域、工艺域。设计过程就是四个域空间的映射过程。公理化设计和欧洲设计流派都认为设计是一个映射过程，强调从设计要求出发，在原设计知识和经验的基础上，完成设计不同阶段之间的映射，实现定性的要求到定量的设计参数。

4. 国内学者的设计方法学研究

中国学者从 20 世纪 70 年代末期开始设计方法学的研究，参加国际工程设计会议（International Engineering Design Conference，IEDC），举办全国性的现代设计理论与方法学的发展研讨会。中国学者在分析研究设计学成果的基础上，在建立有中国特色的设计进程模式方面和在推广设计方法学的研究与应用方面都取得了一定的成果。其中，清华大学、浙江大学和华中理工大学等高校的众多学者在设计方法学的研究与应用上做了大量卓有成效的工作。

浙江大学在柔性优化、广性优化和设计目录方面的研究中做出了有特色的突破，并将设计目录的方法成功地运用到产品的原理方案设计当中，取得了较好的效果[20]。华中理工大学主要在基于实例的基础上，对工程中的实例检索、重用及再设计问题进行研究[21]。上海交通大学结合机械产品的概念设计开展了较为系统的机械运动方案设计专家系统的研究[22]。西安交通大学谢友柏认为产品的创新过程可以描述为：需求的确认→技术可能（含潜在可能）扫描→矛盾统一设想（概念）的产生→经济分析（贯穿全过程）→设想的优选和确认→结构的优选和确认→加工过程的优选和确认[23,24]。

目前，机械产品的方案设计正朝着计算机辅助实现、智能化设计和满足异地协同设计制造需求的方向迈进，由于产品方案设计计算机实现方法的研究起步较晚，目前还没有成熟的、能够达到上述目标的方案设计工具软件，综合运用以上多种类型设计方法是达到这一目标的有效途径。虽然这些方法的综合运用涉及的领域较多，不仅与机械设计的领域知识有关，而且涉及系统工程理论、人工智能理论、计算机软硬件工程、网络技术等各方面的领域知识，但仍然是产品方案设计必须努力的方向。

1.4.3 方案设计智能决策支持系统研究现状

由于市场竞争的剧烈性，用户需求的多样化和个性化，产品设计表现出不确定性，需要设计工程师拥有丰富的相关知识和设计经验，因此传统的 CAD 技术的几何建模方法在方案设计阶段已经不能满足要求[25]。目前，智能化方案设计的研究已经成为方案设计领域研究的一个热点[26,27]。智能方案设计的目的是利用计算机全部或部分替代设计人员从事设计的分析和综合，在计算机上再现设计师的创造性设计过程。智能化方案设计的研究具有重要的理论意义和应用前景，国内外学者将近年来出现的各种人工智能方法，如专家系统、遗传算法、神经网络、实例推理等引入设计领域中，试图获得有效的解决办法。

决策支持系统（decision support system，DSS）是综合利用数据，有机组合众多模型，通过人机交互，辅助各级决策者实现科学决策的工具。DSS 是在管理信息系统（management information system，MIS）和运筹学（operation research，OR）的基础上发展起来的，由计算机自动组织和协调多模型运行，对数据库中大量数据进行存取和处理，达到更高层次的辅助决策能力。它增加了模型库和模型库管理系统，把模型有效地组织和存储起来，并使模型库和数据库有机结合，它不同于 MIS 数据处理，也不同于模型数值计算，而是它们的有机集成[28,29]。

智能决策支持系统（intelligent decision support system，IDSS）是人工智能（artificial intelligent，AI）技术与DSS相结合的产物，是DSS发展的高级阶段。AI技术特别是专家系统（expert system，ES）技术被引入DSS中，为DSS的发展注入了新的血液，使DSS焕发了新的生机[30,31]。IDSS已成为当今复杂问题求解不可缺少的辅助工具，它能让工作者在专家的水平上进行工作。

DSS主要由人机交互系统、模型库系统、数据库系统组成。ES主要由知识库、推理机和动态数据库组成。IDSS充分发挥了ES以知识推理形式解决定性问题的特点，又发挥了DSS以模型计算为核心解决定量问题的特点，充分做到定性分析和定量分析的有机结合，使解决问题的能力和范围得到了一个大的发展。因此，采用IDSS技术来开发产品方案设计的智能计算机辅助设计（intelligent computer aided design，ICAD）系统是十分适宜的。

在产品方案设计过程中，设计者必须根据设计信息、自身的经验和知识生成若干个设计方案，并对所有的方案进行分析和评价，以产生能最终满足设计要求的设计方案。因而，一个智能化的方案设计支持系统是一个集DSS技术、AI技术和方案设计理论与技术于一体的计算机系统，既具有IDSS的共性特点，又有方案设计支持系统自身的特殊性。因此，一个方案设计IDSS应具有问题识别、设计方案的形成、设计方案的评价与排序、设计结果的解释等功能。这些功能完全依赖于专家的设计知识和设计模型，当然，这是在人机交互的方式下完成的，系统的作用是辅助性的，即主要体现在对设计者的支持上，它永远替代不了人的作用。

ES是AI最重要的分支，它的迅速发展和成功应用引起了机械CAD专家的高度重视。自1983年D. C. Brown最早发表关于AI在机械设计中的应用研究文献以来，大量文献报告了机械设计ES在机械设计各个方面的应用成果，文献[32]详细介绍了这方面的研究概况。

国内对方案设计的研究与国外相比开始得较晚[33-38]，在1986年开始有机械产品方案设计ES的研究成果发表。在实用系统开发方面，华中理工大学CAD中心及其他一些大学做了大量的工作，先后实现了多个实用化的方案设计ES和开发工具，推动了国内外机械产品方案设计ES的发展，如华中理工大学研制的轮式装载机方案设计专家系统、数控龙门铣床变速箱方案设计专家系统、相控阵雷达方案设计支持系统等；哈尔滨工业大学研制的机构运动方案设计支持系统、水电机组方案设计系统等；上海交通大学研制的机构运动方案专家系统；清华大学的传动系结构设计智能CAD系统等。

总之，ES和DSS技术已经广泛应用于产品的方案设计之中，成为解决方案设计问题的重要工具。

1.4.4 自升式海洋钻井平台相关技术发展历史和研究现状

世界上第一座移动自升式海洋钻井平台是1954年建的“滨海51号”。早期的自升式海洋钻井平台采用的是圆柱形桩腿，由液压升降装置控制升降，后来又出现了桩腿截面形状为三角形或方形的非封闭式结构，由齿轮齿条式升降装置或插销式液压升降装置控制升降[11]。到1960年，大约有30座自升式海洋钻井平台在使用中，最大作业水深50～60m。

20世纪60年代，自升式海洋钻井平台不仅在数量上有所增加，而且得到了不断的改进。出现了倾斜式桩腿以改善深水中的抗倾稳性。有一座平台采用了自推进装置以改善机动性，还建造了一些小型的自升式海洋钻井平台与钻井供应船配套使用，目的在于降低钻井费用。随着作业水深的增加，桩腿长度越来越大，结构和漂浮稳定性问题随之出现，平台在海洋的就位问题也更加严重。于是，改进主体对桩腿的支持、提高桩腿升降速度成为设计中迫切需要解决的问题。

20世纪70年代，为了满足全世界勘探的需要，自升式海洋钻井平台的数量迅速增加。到70年代末期，自升式海洋钻井平台占移动式钻井装置总数的一半左右[39]。该时期自升式海洋钻井平台的发展还包括：平台作业水深逐步加大；研制出悬臂梁式平台，可以悬伸到固定平台上面钻生产井；平台能经受更恶劣的环境条件；采用了高强度材料制造桩腿等。自升式海洋钻井平台在70年代后期已经趋于成熟，应用计算机程序设计出来的平台，其性能指标已达到高水平。如Baker Marine公司下属的Engineering Technology Analysis Inc.公司设计的ETA欧洲级、ETA亚洲级及ETA美洲级自升式海洋钻井平台，其中ETA美洲级平台在飓风季节的最大作业水深为116m，其他季节为131m，钻井深度为9144m，甲板可变载荷达到5000t。而到了1985年，自升式海洋钻井平台在移动式钻井装置中所占的比例已达到60%，自升式海洋钻井平台的作业水深已达137.2m（450ft）[40,41]。此后，随着海洋油气勘探、开发事业的发展，自升式海洋钻井平台发挥了越来越重要的作用，在其设计、建造、设备配套等方面都取得了重大发展，截止到2008年，可统计到的自升式海洋钻井平台数量已超过480座。

在此期间，国内外的学者对海洋平台的工作环境和风、浪、流的作用[42-44]，地震载荷作用[45-48]，结构优化、结构分析[49-51]，安全评估、可靠性评定[52-56]等方面的研究很多，研究得比较深入。他们在海洋平台的安全评定、可靠性研究方面也做了很多工作[57,58]。这些研究的开展为自升式海洋钻井平台的设计建造提供了坚实的基础。

针对自升式海洋钻井平台，国内外的专家学者也进行了大量的研究工作。Cusack和Chen[59]、Liaw和Zheng[60]、孙玉武和聂武[61]、付敏飞和严仁军[62]、李文华等[63]分别对自升式海洋钻井平台的动力响应和疲劳破坏问题进行了评估分析；Smith 和 Lorenz[64]、潘斌等[65]、滕晓青和顾永宁[66]、林焰等[67]分别对自升式海洋钻井平台在拖航过程中的拖曳系数、拖航稳性及平台拖航状态强度进行了分析研究；刘洪峰[12]对钻井平台三维参数化建模方法进行了研究，首次尝试在 SolidWorks 平台上建立钻井平台数字化结构模型。在计算机中建立面向全生命周期的数据产品模型，不仅能够提高平台设计的效率，解决结构设计中反复修改的问题，而且可以对数字化产品进行产品的设计、分析、加工等，及时发现并改正设计中的问题，保证平台设计的质量。

文献[11]对土壤和地震对自升式海洋钻井平台的影响进行了分析，针对不同的土壤和地震环境，确定相关参数，归纳出相应的理论计算方法，分析了平台和土壤相关参数变化对桩基承载力计算的影响，为平台的设计提供了有价值的参考。文献[68]针对自升式海洋钻井平台下桩过程中横摇响应的估算方法进行了研究，提出了一种简化估算方法。文献[69]采用 ANSYS 程序进行海洋自升式钻井平台结构有限元动力分析研究，计算实例表明 ANSYS 程序是进行自升式海洋钻井平台结构设计的有效工具。

陆浩华[70]、王言英和阎德刚[71]分别研究了自升式海洋钻井平台在波、流等载荷作用下的动力响应问题。季春群和孙东昌[72,73]、马志良和罗德涛[74]对自升式海洋钻井平台地基承载力、抗倾稳性及桩腿插深分析进行了研究，探讨了平台抗倾稳性与海底土层地基承载力及桩腿插深之间的关系，并对外载荷进行了分析计算。郑喜耀[75]在自升式海洋钻井平台插桩深度计算方法及其强度参数的选取等方面进行了探讨性研究。施丽娟等[76]和陈瑞峰等[77]对自升式海洋钻井平台结构安全及结构振动等问题进行了研究。

从国内外的研究现状及市场需求来看，自升式海洋钻井平台的设计建造技术越来越受到学者和船东的重视。

第 2 章　自升式海洋钻井平台方案设计系统分析方法

来源于系统科学的系统工程是一门处于发展阶段的新兴交叉学科，它在系统科学结构体系中属于工程技术类，与其他工程技术学科密切相关却又有很大区别。随着当今科学技术的飞速发展与社会的进步，自然科学与社会科学的相互渗透日益深化，系统工程学科以系统的观点作为出发点、从整体利益最优化考虑问题并进行决策的基本思想与技术已经引起社会的广泛重视，应用的领域越来越广泛[78]。

自升式海洋钻井平台方案设计是一个大系统，其最终形成的设计方案要求总体最优，因此，将系统工程的思想和方法引入平台方案设计全过程，用于设计方案的生成、评价、决策，对得到最优设计方案具有重要的理论指导意义和实用价值。

本章系统地介绍系统工程方法论的主要内容和应用现状，利用系统分析方法对自升式海洋钻井平台方案设计过程进行分析，提出针对自升式海洋钻井平台方案设计的系统分析步骤，并根据霍尔三维结构模型结合平台方案设计系统的任务特点，提出自升式海洋钻井平台方案设计系统三维结构模型，可以从方法论的角度对自升式海洋钻井平台的方案设计起指导作用，对提高自升式海洋钻井平台的设计水平、缩短设计周期、提高设计质量具有理论意义和工程实用价值。

2.1　系 统 工 程

系统工程是以系统为研究对象的一大门类工程技术，它涉及“系统”和“工程”两个侧面。传统概念的“工程”是指把科学技术的原理应用于实践、设计和制造出有形的产品，可称之为“硬工程”。系统工程中的“工程”不仅包含“硬件”设计与制造，还包括与硬件相关的“软件”，如预测、规划、评价、决策等社会经济活动过程，故称之为“软工程”[79]。这拓宽了传统“工程”的概念和含义，系统和工程两个侧面有机地结合在一起，即为系统工程。

系统工程在系统科学的学科体系中属于工程技术层次，它是以有人参与的复杂大系统为研究对象，按照一定的目的对系统进行分析与管理，以期达到总体效果最优的理论与方法。通俗地，对系统工程可以这样概括，所谓“系统”就是对所研究的问题，从总体上去考察、分析与研究，所谓“工程”就是“最优”地去处理所研究的系统问题，因此，所谓系统工程就是寻求“总体最优”的理论与方法。再简化概括而又不失本质地定义系统工程，可以认为系统工程就是处理系统的技术。

2.1.1　系统工程解决问题的主要特点

从系统工程的定义可以看出，系统工程的研究对象是复杂的人工系统和复合系统；系统工程的内容是组织协调系统内部各要素的活动，使各要素为实现整体目标发挥适当作用[80]；系统工程的目的是实现系统整体目标最优。因此，系统工程是一门特殊的工程技术，也是现代化的组织管理技术，更是跨越许多学科的边缘科学，其边缘特点如图2.1所示。

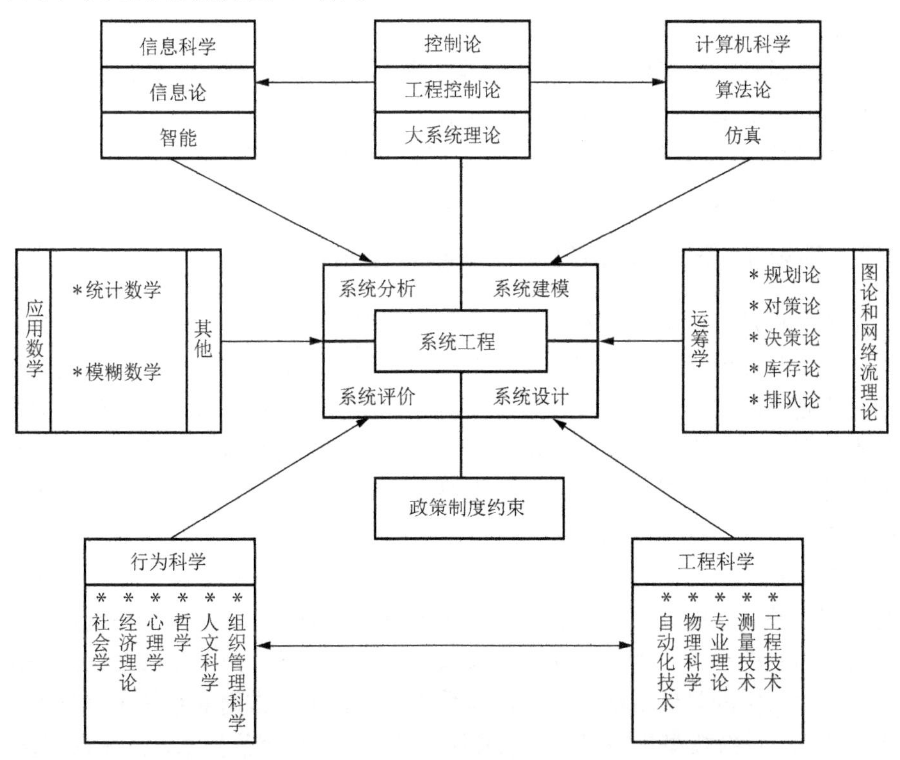

图2.1　系统工程的边缘特点[81]

系统工程具有下列特点。

（1）整体性（系统性）。整体性是系统工程最基本的特点，系统工程把所研究的对象看成一个整体系统，这个整体系统又是由若干部分（要素与子系统）有机结合而成的。因此，系统工程在研制系统时总是从整体出发，从整体与部分之间相互依赖、相互制约的关系中揭示系统的特征和规律，从整体最优化出发去实现系统各组成部分的有效运转。

（2）关联性（协调性）。用系统工程的方法去分析和处理问题时，不仅要考虑部分与部分之间、部分与整体之间的相互关系，而且还要认真协调它们之间的关系。因为系统各部分之间、各部分与整体之间的相互关系和作用直接影响到整体系统的性能，协调它们的关系便可提高整体系统的性能。

（3）综合性（交叉性）。系统工程以复杂的人工系统和复合系统为研究对象，这些系统涉及的因素很多，涉及的学科领域也较为广泛，因此，系统工程必须综合研究各种因素，综合运用各门学科和技术领域的成就，从整体目标出发使各门学科、各种技术有机配合、综合运用，以达到整体优化的目的。如把人类送上月球的“阿波罗计划”，就是综合运用各学科、各领域成就的产物，这项复杂而庞大的工程完全是综合运用现有科学技术的结果。

（4）满意性（最优化）。系统工程是实现系统最优化的组织管理技术，因此，系统整体性能的最优化是系统工程所追求并要达到的目的。由于整体性是系统工程最基本的特点，所以系统工程并不追求构成系统的个别部分最优，而是通过协调系统各部分的关系，使系统整体目标达到最优。

2.1.2　系统工程理论与自升式海洋钻井平台方案设计

系统工程是一门工程技术，但它与机械工程、电子工程、水利工程等具体的工程学的某些特征又不尽相同，各门工程学都与特定的工程物质对应，而系统工程的对象则不限定于某些物质对象，任何一种物质系统都能成为它的研究对象，而且不只限于物质系统，还可以是自然系统、社会经济系统、管理系统、军事指挥系统等。由于系统工程处理的对象主要是信息，所以国外的有些学者认为系统工程是“软科学”（soft science）。

系统工程的主要内容包括系统分析、系统设计、系统模型化、系统最优化、系统组织管理、系统评价、系统预测与决策等。其基本任务是研究系统模型化、系统优化与系统评价。为了实现和完成系统目标及任务，系统工程在其方法论的思想下运用一定的具体方法与手段，即系统工程技术。常用的系统工程技术有系统辨识技术、系统模型化技术、系统最优化技术、系统评价技术、系统预测技术、系统决策技术、大系统的分解与协调技术以及系统组织管理技术等（后两项在此不详细介绍了）[82]。

（1）系统辨识技术。系统工程研究的对象大多是复杂的大系统，由于系统因素众多、结构复杂、目标多样、功能综合，因此需要共同理解和明确系统的总体目标、分目标，以及相应的系统结构层次，实现这个目标需要通过系统的辨识来解决。目前用于大规模复杂系统辨识的常用方法是解析结构模型技术。

（2）系统模型化技术。模型化是系统工程的核心内容。系统模型是系统优化和评价的基础，是系统工程的基本要求，任何一项系统工程都需要先建立模型。按系统模型分类，系统模型化技术主要有结构模型化技术、分析模型技术、系统方针模型技术。通过系统模型化可以对系统进行解剖、观测、计量、变换、实验，掌握系统的本质特征和运行规律。

（3）系统最优化技术。系统最优化是系统工程追求的主要目标之一。优化技术是应用数学的一个分支。系统工程所用的优化技术大多数集中在运筹学中，如线性规划、非线性规划、整数规划、动态规划、多目标规划、排队论、对策论等。它们被用于系统对有限资源的统筹安排，为决策提供有依据的最优方案。在运筹学的应用中，往往是运用模型化方法，将一个确定研究范围的现实问题，按预期目标，对相似问题中的主要因素及各种限制条件之间的因果关系、逻辑关系建立数学模型，通过模型求解来寻求最优化。

（4）系统评价技术。系统评价就是对系统的价值进行评定，其主要作用是通过系统评价技术，将系统的方案排序，以便从众多的可行方案中找出最优方案，为决策提供依据。迄今为止，评价技术已经发展到数十种，较为常用的有费用-效益分析、关联矩阵法、关联树法、层次分析法、模糊评价法、可能-满意度法等。

（5）系统预测技术。系统预测是依据过去和现在的有关系统及其环境的已知材料，运用科学的方法和技术，发现和掌握系统发展与运行中的固有规律，并按此规律探求系统发展的未来。预测的主要作用是为决策者提供科学的预见和决策依据，同时为产生多个系统方案和优化系统方案提供方法。系统预测技术可分为定性预测技术和定量预测技术。

（6）系统决策技术。系统决策是指系统决策者根据系统的各种行动方案及其可能产生的后果所作的判断或决定。决策分析是比较规范的技术，它所起的作用是使决策过程得到数据和定量分析的支持，使决策所需的信息全面而清晰地展现给决策者，从而有助于决策者正确决策。决策技术按照决策环境可分为三种类型：确定型决策、风险型决策、不确定型决策。由于社会经济系统的规模日益庞大，影响决策的因素越来越复杂，在决策过程中有越来越多的不确定因素需要考虑。因此，现代决策理论中不仅要应用数学方法，还要应用心理学和行为科学，同时还需要广泛应用计算机这个现代化工具，形成决策支持系统和以计算机为核心的决策专家系统。

综上所述，系统工程在自然科学与社会科学之间架设了一座沟通的桥梁。通过系统工程，现代数学方法与计算机技术为社会科学研究增加了极为有用的定量分析方法、模型试验方法、建立数学模型的方法和优化方法。同时，系统工程也为自然科学方法、自然科学研究提供了定性分析方法、辩证思维方法，以及深入剖析人与环境相互关系的方法，并为从事自然科学的科学技术人员和从事社会科学的研究人员之间的相互合作开辟了广阔的道路。

作者在本书相关内容的研究过程中主要用到了以下技术：①系统模型化技术和系统预测技术，针对自升式海洋钻井平台方案设计过程中平台主尺度的确定，利用系统建模理论和方法，建立自升式海洋钻井平台的主尺度预测模型；②系统评价技术，为解决根据设计任务书的要求生成自升式海洋钻井平台设计方案后的方案优选和优化问题，建立相应的评价指标体系，并对评价方法进行研究，用于方案的优选决策，针对已建成并交付使用的自升式海洋钻井平台，建立性能水平等级评价指标体系和评定方法，对其先进性水平进行评级；③系统决策技术，结合决策支持技术和专家系统，针对自升式海洋钻井平台方案设计过程及特点，建立自升式海洋钻井平台方案设计智能决策支持系统框架模型，并初步进行了实现和应用。

2.2 自升式海洋钻井平台方案设计系统分析和三维结构模型

无论是解决经济系统还是工程系统的问题，都需要正确的指导思想和工作方法加以引导。对于任何实际的系统工程对象，必然要涉及多种科学技术分支，经过多个工作任务阶段，花费较长的研究和实施时间，才能圆满地完成工作目标。在整个工作历程中，方法无疑是非常重要的。系统工程出现以后，很大程度上改变了人们的思维方式，使人们逐渐从传统的“以事物为中心”的方式过渡到主要“以系统为中心”的方式。“以系统为中心”的思维方式在方法论上的具体化形成了系统工程方法论。系统工程方法论是一种将分析对象作为整体系统来考虑，在此基础上进行分析、设计、制造和使用的基本思想方法。系统工程方法论主要的研究对象有：各种系统工程方法的形成和发展、基本特征、应用范围、方法间的相互关系，以及如何构建、选择和应用系统方法。几十年来，系统工程领域的研究者们对具有指导意义的系统工程方法论进行了广泛的研究，其中比较经典的是以兰德公司为代表的系统分析方法论和以霍尔为代表的霍尔三维结构方法。本章主要利用以上两种系统工程方法对自升式海洋钻井平台的设计过程进行分析，提供相应的分析方法和解决途径。

2.2.1 自升式海洋钻井平台方案设计系统分析步骤

系统分析（system analysis）一词来源于美国的兰德公司，该公司在长期的研究发展中总结了一套解决复杂问题的方法和步骤，他们称之为系统分析[78]。系统分析的宗旨在于提供重大的研究与发展计划和相应的科学依据，提供实现目标的各种方案并给出评价，提供复杂问题的分析方法和步骤。系统分析目前已广泛应用于社会、经济、能源、生态、城市建设、资源开发利用、医疗、国土开发和工业生产等领域。

1. 系统分析的定义

系统分析[82]的定义有广义和狭义之分，广义的解释就是把系统分析作为系统工程的同义词，认为系统分析就是系统工程。狭义的解释是把系统分析作为系统工程的一个逻辑步骤，系统工程在处理大型系统的规划、研制和运用问题时，必须经过这个逻辑步骤。由此可见，无论是哪种解释，系统分析都是相当重要的。

对自升式海洋钻井平台方案设计进行系统分析，就是为了实现平台的作业功能及达到方案设计的目标，利用科学的分析方法和工具，对所设计平台的目的、功能、结构、环境、费用、效益等问题进行周详的分析、比较、考察和试验，设计一套经济有效的处理步骤或程序，或提出对原有设计改进方案的过程。它是一个有目的、有步骤的探索和分析过程，为最终方案的决策提供所需要的科学依据和信息。

采用系统分析方法对自升式海洋钻井平台方案设计问题进行探讨时，决策者（总设计师或船东）可以对问题有综合的、整体的认识，既不忽略内部各因素的相互关系，又能顾全外部环境变化可能带来的影响，特别是通过信息综合，及时反映系统的作用状态，随时都能了解掌握新形势的发展。在已知的情况下，抓住方案设计中需要决策的若干关键问题，根据其性质和要求，在充分调查研究和掌握可靠信息资料的基础上，确定目标，提出能满足设计要求的若干可行方案，通过模型进行仿真实验，优化分析和综合评价，最后整理出完整、正确、可行的综合资料，从而为最终决策提供充分的依据。

2. 自升式海洋钻井平台方案设计系统分析的实质

系统分析作为一种决策的工具，其主要目的在于为决策者提供直接判断和决定最优方案的信息和资料。在对自升式海洋钻井平台方案设计系统进行系统分析时，应该以平台的整体性能最优作为工作目标，要注意分析矛盾和选择要素的原则和方法，并力求建立数量化的目标函数；要运用科学的推理步骤，使所研究系统中各种问题的分析均能符合逻辑的原则和事物的发展规律，而不是凭主观臆断和单纯经验；要应用数学的基本知识和优化理论，使各种替代方案的比较不仅有定性的描述，而且基本上都能以数字显示其差异。至于非计量的有关因素，则运用专业设计人员的直觉判断及经验加以考虑和衡量。通过系统分析，可以使自升式海洋钻井平台方案设计系统在一定的条件下充分挖掘潜力，做到人尽其才，物尽其用。

在采用系统分析前，应对以下几个方面有所认识：对自升式海洋钻井平台方案设计系统进行系统分析不是容易的事，它不是省事、省时的工作，它需要有丰富专业知识的分析人员，辛勤而时间漫长的工作；系统分析虽然对最终的方案决策有很大的作用，但是它不能完全代替想象力、经验和判断力；对自升式海洋钻井平台方案设计系统进行系统分析，最重要的价值在于它能解决问题的容易部分，这样相关人员就可集中判断力解决较难的问题；自升式海洋钻井平台方案设计过程中的任何问题，通常有不同的解决方案，应用系统分析研究问题，应对各种解决问题的方案计算出全部费用，然后进行选择；费用最少的方案，不一定就是最佳方案，因为选择最佳方案的着眼点不在“省钱”，而在于“有效”。

3. 自升式海洋钻井平台方案设计系统分析的要素

对自升式海洋钻井平台方案设计系统进行系统分析的要素很多，概括起来主要包括以下五个。

（1）目的。这是决策的出发点，将自升式海洋钻井平台方案设计看成一个系统，为了正确获得决定最优化系统设计方案所需要的各种有关信息，系统分析人员的首要任务就是充分了解建立系统的目的和要求，同时还应确定系统的构成和范围。

（2）可行方案。一般情况下，在满足设计任务书的前提下，总会有几种可采取的设计方案。这些设计方案彼此可以替换，但又有所不同。选择哪一种方案更合理，就是系统分析研究和解决的问题。

（3）模型。这是自升式海洋钻井平台方案设计系统抽象的描述，可以将复杂的问题化为易于处理的形式。即使在尚未建立实体系统的情况下，也可以借助一定的模型来有效地求得方案设计所需要的参数，并据此确定各种制约条件，同时还可以利用模型来预测各可行方案的性能、费用和效益，有利于各可行方案的分析和比较。

（4）费用和效益。这是分析和比较抉择自升式海洋钻井平台设计方案的重要标志。用于方案实施的实际支出就是费用，达到目的所取得的成果就是效益。一般来说，在其他技术性能指标满足要求的前提下，效益大于费用的设计方案是可行的，反之则不可行。

（5）评价指标体系。这是对自升式海洋钻井平台方案设计系统进行系统分析中确定各种可行方案先后顺序的标准。通过比较指标体系对各方案进行综合评价，确定各可行方案的优先顺序。评价指标体系要具有针对性，要根据自升式海洋钻井平台的功能特点、工作环境及船东的要求，建立相应的评价指标体系。

4. 自升式海洋钻井平台方案设计系统分析步骤

由于自升式海洋钻井平台设计的复杂性，用户需求的多样化和个性化，方案设计表现出不确定性，需要各个专业的设计者丰富的相关知识和设计经验。其设计过程是一个多目标的优化过程，各项指标之间存在矛盾，一项性能或指标的改善往往会带来其他性能或指标的恶化。因此，必须采取系统的观点，对可能遇到的各种问题综合分析。为了能够顺利达到系统的各项目的，利用系统分析方法对整个设计过程进行分析，抓住系统中需要解决的关键问题，根据其性质和要求，提出实现目标的可行方案，通过优化分析和综合评价，为决策提供充分的依据。本节根据系统分析常用的分析方法结合自升式海洋钻井平台方案设计的特点，提出自升式海洋钻井平台方案设计系统分析步骤如下。

（1）明确设计任务与确定目标。分析设计任务书，找出主要矛盾，确立设计思想，明确设计任务，确定设计目标。

衡量平台设计方案好坏的技术性能及经济指标是多方面的，不同指标间往往存在矛盾，任何平台的设计都不可能得到所有性能指标和经济指标都最好的设计方案，实际结果必然是有好的方面，也有不好的方面。重要的是在一座平台的设计过程中要明确，哪些要求是要确保达到的，哪些要求只要适当照顾即可，哪些是可以放弃的。只有明确了这些基本思想，才能将问题作系统的、合乎逻辑的叙述；才能确定目标，说明问题的重点和范围，以便进行分析研究；才能对设计中所碰到的各种问题有清楚的处理原则，得到成功的有特色的设计方案。

（2）搜集资料和探索可行方案。这是开展系统分析的基础，对于不确定和不能确定的数据，还应进行预测和合理的推断。

资料是系统分析的基础和依据。资料收集的范围主要包括：当前钻井设备的现状和市场需求，作业区域的工作水深，风、浪、流和冰资料，作业区域的地质条件，主机及设备配套，国际法规及有关规定，技术政策，金融和税收及可作为母型船的实船设计资料等。在设计任务明确之后，就要拟定解决问题大纲和决定解决问题的方法。然后依据已有的有关资料找出其中的相互关系，参照相关的设计规范及母型船设计资料，寻求各种可行的设计方案。

谋划和筛选可行方案是为了达到所提出的目标，一般要具体问题具体分析。通常，作为自升式海洋钻井平台方案设计的可行方案应具备以下特性：①创造性，指设计方案在解决问题上应有创新精神，新颖独到；②先进性，指设计方案与同类平台相比有技术或经济上的优势，采纳当前国内外的先进设计制造技术、新材料等新的科技成果，并结合国情和实力；③多样性，指所提的可行设计方案应能从多个侧面提出解决问题的思路，使用多种设计思路和计算方法模拟方案；④可靠性，指系统在任何时候都能正常工作的可能性，并保证作业过程和作业人员的安全；⑤适用性，当设计目标有改动甚至有较大调整时，原方案做少量修改后仍能够适用，这在不确定因素影响较大的情况下显得尤为重要；⑥可操作性，即设计方案实施的可能性，决策者支持与否是关键，不可能得到支持的方案必须取消。总之，优秀的可行方案是进行系统分析的基础，在系统分析的过程中始终要有这样的意识，即需要而且尽可能发现新的更好的可行方案。

（3）建立模型。将现实问题的本质特征抽象出来，化繁为简，用以帮助了解要素之间的关系，确认系统和构成要素的功能和地位等。

为便于形成各种可行方案和对可行方案进行分析，应建立各种模型，包括平台主尺度的预测模型、总布置优化模型、舱室的定义模型、钻台布置优化模型、悬臂梁布置优化模型、舱容要素的计算模型、最大可变载荷计算模型、钻台载荷计算模型、设计载荷计算模型、拖航稳性计算模型、完整稳性计算模型、破舱稳性计算模型、站立稳性计算模型、抗滑能力计算模型、造价估算模型、结构优化模型、固完井系统仿真模型、井控系统仿真模型、升降系统仿真模型、悬臂梁作业仿真模型、环保性能评价模型、安全水平评价模型、方案评价模型、先进性评价模型等。通过对模型的运作和解析，揭示系统的内在运动规律及其与环境间的因果关系与交互情况，并借助模型预测每一方案可能产生的结果，求得相应于评价标准的各种指标值并根据其结果定性或定量分析各方案的优劣与价值。

（4）建立评价指标体系。系统评价的复杂性主要是评价指标体系的建立。系统评价指标体系是由若干个单项评价指标组成的整体，每一项评价指标都是从某个侧面反映系统的目的，整个评价指标体系则应反映出所要解决问题的各项目标要求。根据自升式海洋钻井平台的作业特点、设计要求等构建设计方案的评价指标体系，指标体系要完整、合理、科学，并基本上能够为有关人员和部门所接受。

（5）可行方案综合评价。利用模型、其他资料所获取的结果、评价指标体系、适当的评价方法，对各种可行设计方案进行定性和定量的综合分析，显示每一项方案的利弊得失和成本效益，同时考虑到各种有关的无形因素，如政治、经济、军事、理论等，所有因素都加以考虑，获得综合结论。

（6）确定最优方案。根据前面的分析结果，综合均衡之后确定适合的最优设计方案。

任何问题只进行一次分析往往是不够的。自升式海洋钻井平台方案设计系统分析是一个连续循环、逐步近似的螺旋式上升过程，其分析过程见图 2.2。按逐步近似过程进行平台方案设计，就可以把复杂的设计工作分为若干个循环，初次近似时只考虑少数主要的因素，下一次则计入较多的因素，反复进行几次近似，每下一次近似都是上一次结果的补充、修正和发展，经过若干近似之后，就可得到符合要求的设计结果。这种逐步近似的过程虽然是循环进行的，但却不是简单的重复，而是螺旋式上升的过程，其特征是每一个循环都提高了复杂程度，但减少了方案数量。最后可集中在一个或几个较佳方案及其附近方案，进行更深入的计算、分析、评价，从而确定出最优方案。

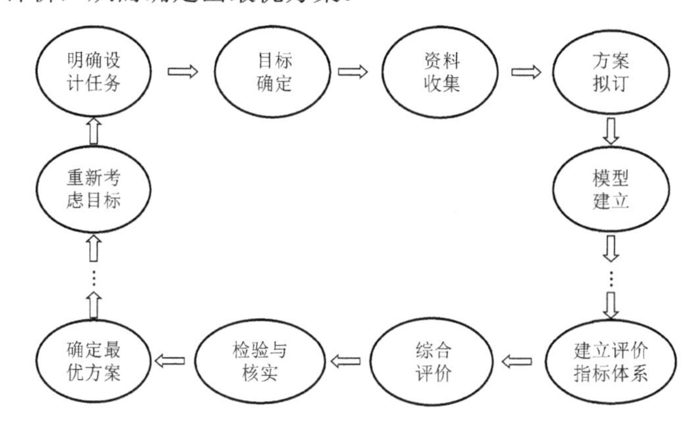

图 2.2　自升式海洋钻井平台方案设计系统分析步骤

2.2.2　自升式海洋钻井平台方案设计系统三维结构模型

美国工程师霍尔在总结多方面系统工程实施经验的基础上，将系统工程的整个过程按时间坐标、逻辑坐标和知识坐标划分为不同的层次和阶段，并对每个层次、阶段所应用的科学、人文、社会知识进行分析，提出了解决系统工程问题的一般性方法——霍尔三维结构模型[78]。根据系统的不同，应用该方法要有针对性的改进。本节针对自升式海洋钻井平台的方案设计，根据霍尔三维结构模型结合自升式海洋钻井平台方案设计系统的任务特点，提出了自升式海洋钻井平台方案设计系统三维结构模型[83]。

在该模型中，将平台方案设计系统的整个过程按照时间坐标、逻辑坐标和知识坐标划分为不同的层次和阶段，提出可解决该自升式海洋钻井平台方案设计问题的一般性方法。自升式海洋钻井平台方案设计系统三维结构模型如图 2.3 所示。

1. 时间维

时间维中表达的是自升式海洋钻井平台方案设计系统从开始启动到最后完成的整个过程中按时间划分的各个阶段所需要进行的工作，是保证任务按时完成的时间规划。

（1）规划阶段。对将要进行的自升式海洋钻井平台方案设计问题进行资料收集、分析，明确设计目标和设计任务，明确应遵循的相关规范、规则和公约，制定出方案设计活动的原则、方针、政策、规划。

（2）总体性能及主要技术指标初估阶段。由船东提出或设计者根据市场需求及作业环境的要求初步拟定设计平台的总体性能及主要的技术指标，包括平台最大作业水深、最大钻井深度、最大可变载荷、大钩载荷、悬臂梁移动范围及作业区域等，同时要进行主机、泥浆泵、钻机等主要设备的参数确定和选型。

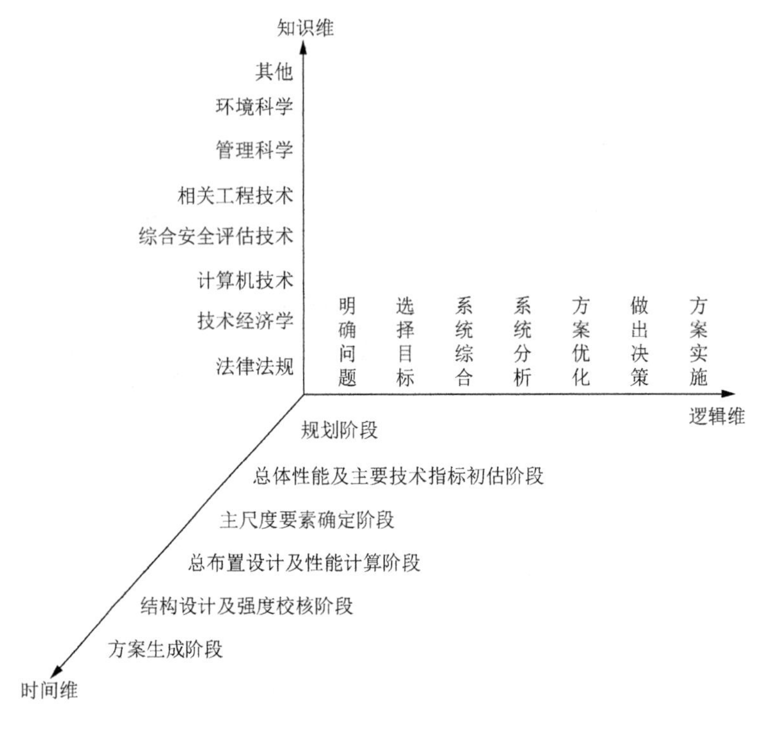

图 2.3　自升式海洋钻井平台方案设计系统三维结构模型

（3）主尺度要素确定阶段。在前两步的基础上，利用建立的预测模型或者选定的母型，进一步确定并优化平台的主尺度要素，需要确定的要素包括：平台型长、平台型宽、型深、吃水、作业水深、钻井深度、各舱室储存能力、动力设备、泥浆量、钻井水、淡水、燃油、钻井污水、袋装料等。

（4）总布置设计及性能计算阶段。该阶段的结果对平台的使用效能、拖航性能、安全性能以及结构工艺性能有直接的影响，需要依据作业要求，遵循相关规范、规则和公约，创造性地进行总布置设计和性能计算。该部分涉及：最佳分舱方案研究；主要设备布置；钻台布置；悬臂梁布置；管路布置；电路电缆布置；升降装置布置；各分舱的舱容校核，包含压载舱、钻井水舱、泥浆池、泥浆泵舱、主机舱、泵舱、污水处理舱等；设计载荷计算，包含由平台重量、使用及作业引起的重力载荷和由风载荷、波浪载荷及海流载荷等组成的环境载荷；性能计算，包括完整稳性、破舱稳性、坐底稳性（抗倾、抗滑稳性）、站立稳性、沉浮稳性、最大可变载荷静水力计算和干舷校核等。

（5）结构设计及强度校核阶段。主要是初步确定方案的船体结构形式、升降系统结构形式、悬臂梁结构形式、典型横剖面的结构形式等，进行强度校核，检验结构设计是否满足总布置优化和工程实际需要等方面的要求。

（6）方案生成阶段。根据方案规划阶段确定的设计目标和任务及在后续工作的基础之上，从社会、经济、技术等可行性方面综合分析，提出具体设计方案并选择一个最优方案。

2. 逻辑维

逻辑维，即按照自升式海洋钻井平台方案设计的不同工作内容划分具有逻辑先后顺序的工作步骤，每一步具有不同的工作性质和实现的工作目标，这是运用系统工程方法进行思考、分析和解决问题应遵循的一般程序，具体有以下几个方面。

（1）明确问题。尽可能全面地收集资料、了解问题，包括船东与设计方必要的交流、座谈，实地考察和测量、调研、需求分析和市场预测等。

（2）选择目标。对所要解决的问题，提出应达到的目标，并制定衡量是否达标的准则。

（3）系统综合。搜集并综合达到预期目标的方案，对每一种方案进行必要的说明。

（4）系统分析。应用系统工程技术，将综合得到的各种方案系统地进行比较、分析，建立数学模型，进行必要的模型试验或仿真试验及理论计算。

（5）方案优化。对数学模型给出的结果进行评价，筛选出满足目标要求的最佳方案。

（6）做出决策。确定最佳方案。

（7）方案实施。执行方案，完成各阶段工作。

3. 知识维

三维结构中的知识维是指在完成上述各种步骤时所需要的各种专业知识和管理知识，包括自然科学、工程技术、技术经济学、法律法规、综合安全评估技术、管理科学、环境科学、计算机技术等。由于海洋平台设计工程本身的复杂性和多学科性，综合的多学科知识成为完成系统工程工作的必要条件。在上述各阶段、步骤中，并非每一个阶段、步骤都需要全部学科的知识内容，而是在不同的阶段有不同侧重。

用正确的指导思想和工作方法来指导自升式海洋钻井平台的设计工作，是关系到设计成败的一个重要问题。而且自升式海洋钻井平台设计是涉及面很广的复杂工作，只有运用正确的设计工作方法，才能事半功倍，保证平台的设计质量。

第 3 章　自升式海洋钻井平台主尺度要素预报模型

自升式海洋钻井平台的方案设计中确定主尺度要素型长（船长）L、型宽（船宽）B、型深 D、桩腿长度 l 是首要问题，是后续工作的基础。为了设计出满足各项设计条件和作业要求，同时经济性能优良的钻井平台，往往需要选择多种主尺度要素方案进行分析比较，确定最佳主尺度要素方案，因此，平台主尺度的确定实际上是一个逐步逼近和试探的过程。

本章在搜集整理自升式海洋钻井平台船型资料的基础上，针对三角形自升式海洋钻井平台，利用统计回归方法和反向传播（back-propagation，BP）神经网络分别建立了自升式海洋钻井平台主尺度的单变量预测模型和多变量预测模型。经实船验证模型是适用和可靠的，模型的建立有利于掌握自升式海洋钻井平台主尺度要素变化规律，同时在设计自升式海洋钻井平台时，可根据已知信息的多少，选择合适的模型进行主尺度的预测，用于平台设计初期的经济论证和方案设计。

3.1　基于单变量的自升式海洋钻井平台主尺度要素统计回归模型

3.1.1　预测模型

模型是相对实体而言的，模型是实体系统本质特征的抽象描述，它用于反映实体的主要本质，而不是实体的全部。模型在一定意义上可以代替实体，通过对模型的研究掌握实体本质。

建模是将现实系统进行抽象的过程，系统模型的建立是一项复杂的活动。建模以后可以利用某些方法对原有系统进行优化，但是有了模型以后还必须结合原有系统的实际情况进行系统分析，否则可能导致模型分析的结果和现实系统不符。通常模型的建立需要一个反复过程，若建立的模型和现实系统之间存在较大误差，就需要对模型进行修正，可能是对模型参数进行修正，也可能是对模型结构进行修改。

系统预测是系统工程理论的重要组成部分，所谓系统预测，就是根据系统发展变化的实际情况和历史数据、资料，运用现代的科学理论方法，通过对系统数据资料的分析处理以及对系统的各种经验、判断和知识，建立科学的预测模型，对系统在未来一段时间内可能的变化情况进行预测、分析，得到有价值的系统预测结论。预测模型是系统工程中常用的系统模型之一，是系统预测的手段。在建立预测模型时要遵循现实性、准确性、可靠性、简明性、实用性、反馈性、鲁棒性的建模原则。

3.1.2　基于单变量的自升式海洋钻井平台主尺度预报模型

自升式海洋钻井平台方案设计的内容包括总体、结构、舾装、钻井工艺、轮机、电气等，在平台的设计过程中，其主尺度确定是首要问题，是后续工作的基础。平台主尺度的确定过程中，建立一套好的有针对性的主尺度预测模型，将起到事半功倍的效果[84]。

通过对影响自升式海洋钻井平台主尺度因素的分析可知，平台的作业水深 d 是其中最主要的影响因素，同时在进行自升式海洋钻井平台方案设计时，设计者也希望在确定平台作业水深以后，能快速匡算平台的主尺度，便于后续的经济论证及船型优化。因此，本节尝试利用收集到的船型资料，通过分析处理，利用统计回归的方法建立基于单变量——作业水深 d 的自升式海洋钻井平台主尺度回归模型。在整理现有平台船型数据资料的基础上，挑选出 20 世纪 80 年代以后建造的 240 座自升式海洋钻井平台的实船资料，用于自升式海洋钻井平台主尺度变化回归分析，资料内容包括平台的主要船型参数：型长 L、型宽 B、型深 D、作业水深 d、桩腿长度 l 等。

自升式海洋钻井平台主尺度的选择比较灵活，既要满足作业要求，又要考虑法规和公约，以及作业环境、平台装备等要求，还要充分满足船东的主观偏好。经过对收集到的船型资料进行分析发现，自升式海洋钻井平台的船长 L 与作业水深 d 之间没有明显的规律性，但是主甲板型面积 A（型长 L×型宽 B）及平台型体积 V（型长 L×型宽 B×型深 D）与作业水深 d 之间的规律性却很明显，因此可以先建立主甲板型面积 A、平台型体积 V、型宽 B、型深 D 及桩腿长度 l 对作业水深 d 的数学模型，再反推确定型长 L：$L=A/B$。

数学模型的建立步骤如下：首先，将船型数据资料列成表格，分析比较，剔除明显不合理的数据；其次，参考其他类型海洋结构物的经验公式，利用计算程序画出变量之间的散点图，确定数学模型的表达形式；再次，从现有的回归方法中挑出比较成熟的科学的方法，进行数学模型的回归；最后，进行数学模型的验证。

下面以平台型体积 V 为例，说明如何建立单变量的数学模型：首先，以作业水深 d 为自变量，画出散点图如图 3.1 所示；然后，根据散点的分布情况，提出几种回归公式的原型。回归公式模型多数采用线性模型、指数模型、对数模型、多项式模型以及乘幂形式。通过对以上形式模型的回归分析，以广义样本测定系

数 R^2 为标准挑选出最优模型（广义样本测定系数 R^2 是表征回归满意程度的数值，它是样本回归平方和与总离差平方和的比值，该比值越接近 1，回归结果越好，一般来说 $R^2>0.7$ 就可以接受[85]）。

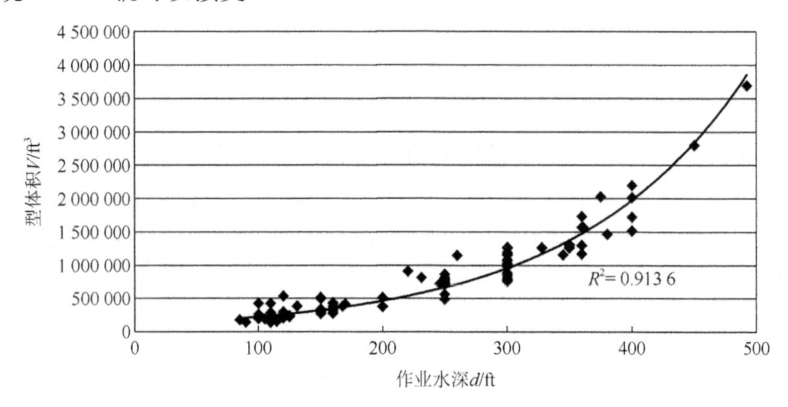

图 3.1　型体积 V-作业水深 d 散点图及回归曲线

对应图 3.1 的最优数学模型：

$$V=101\,241\times e^{0.0075d} \qquad V \text{ 单位：} ft^3$$

由于大多数散点图呈现出曲线的形式，因而采用非线性模型更能体现其内在本质。对于有些情况，采用线性模型已经足够。例如，对于桩腿长度 l 和作业水深 d 之间的关系，其散点图如图 3.2 所示。从图中可以看出散点呈线性分布，采用线性模型精度已经很高，而且在计算时非常便捷。

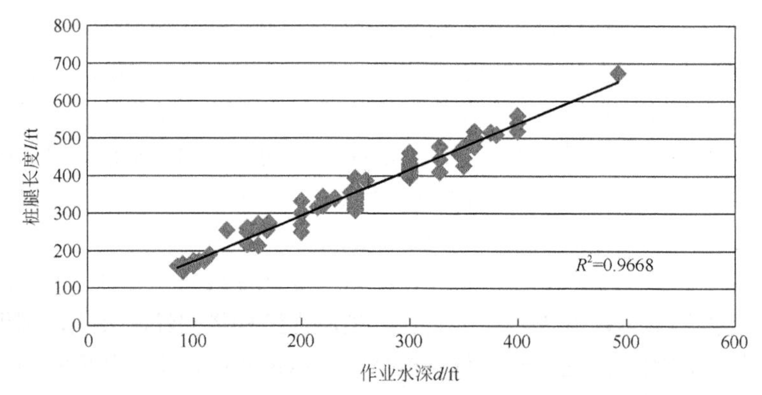

图 3.2　桩腿长度 l-作业水深 d 散点图及回归曲线

对应图 3.2 的最优数学模型：

$$l = 1.2248 \times d + 47.999 \qquad l \text{ 单位：ft}$$

利用上述方法分别建立型宽 B、主甲板型面积 A 和型深 D 对应自变量作业水深 d 的数学公式，如图 3.3～图 3.5 所示。

$$B = 0.5165 \times d + 35.719 \qquad B \text{ 单位：ft}$$

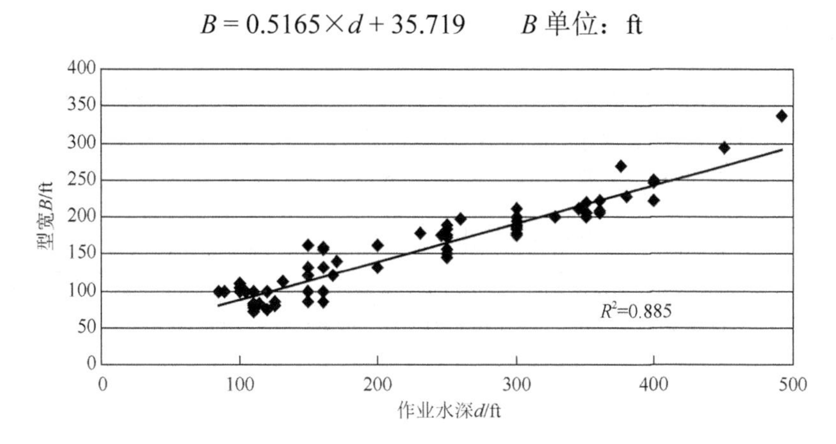

图 3.3　型宽 B-作业水深 d 散点图及回归曲线

$$A = 9879.8 \times e^{0.0046d} \qquad A \text{ 单位：ft}^2$$

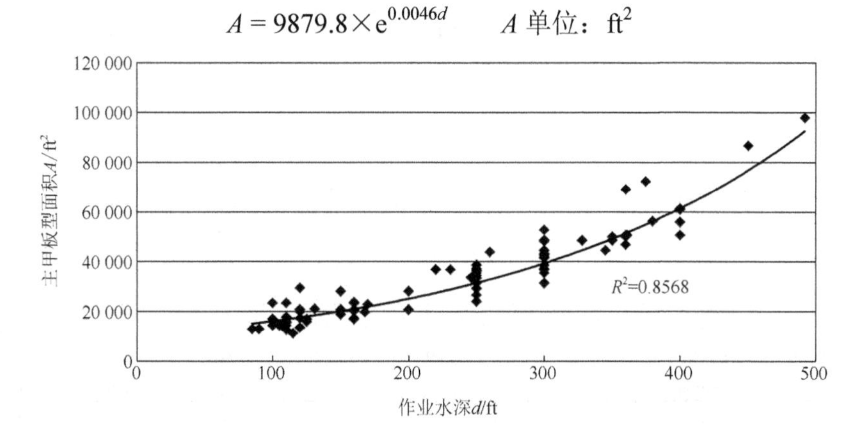

图 3.4　主甲板面积 A-作业水深 d 散点图及回归曲线

$$D = 0.0574 \times d + 7.2886 \qquad D \text{ 单位：ft}$$

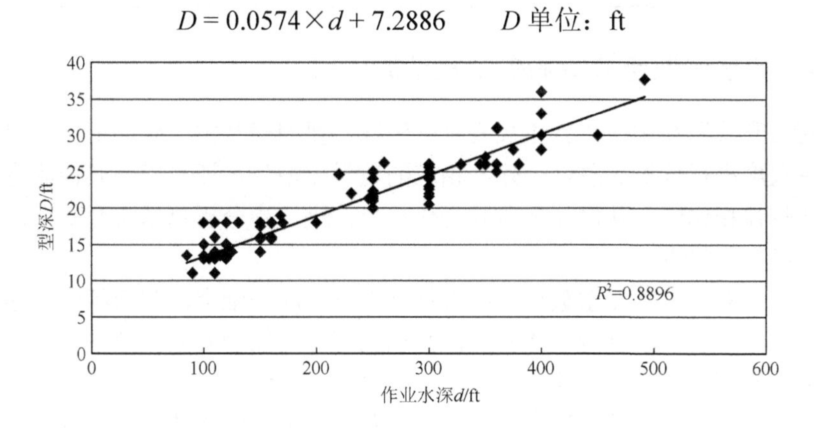

图 3.5　型深 D-作业水深 d 散点图及回归曲线

3.1.3　数学模型的验证

本节从现有的自升式海洋钻井平台中挑出 7 座典型作业水深的自升式海洋钻井平台用于对新建数学模型的验证，如表 3.1 所示，可以看出计算值与原始数据相差较小，可用于设计初期的船型技术经济论证和初步设计的参考。

表 3.1　自升式海洋钻井平台主尺度要素的数学模型验证

平台名称	数据分类	作业水深/ft	型体积/ft^3	型面积/ft^2	型宽/ft	型深/ft	桩腿长度/ft
Prisa112	原始数据	100	208 884	16 068	103	13	165
	计算值	—	214 327	15 650	87	13	170.5
	误差/%	—	2.6	2.6	15.5	0.0	3.3
GP-14	原始数据	120	227 233	17 346	98	14.1	195
	计算值	—	249 013	17 158	98	14.2	195
	误差/%	—	9.6	1.1	0.0	0.7	0.0
Parker25-J	原始数据	215	538 560	24 560	150	26	316.8
	计算值	—	507 757	26 562	147	19.6	311.3
	误差/%	—	5.7	8.2	2.0	24.6	1.7
Ensco95	原始数据	250	736 717	34 539	174	21.3	355
	计算值	—	660 174	31 202	165	21.6	354.2
	误差/%	—	10.4	9.7	5.2	1.4	0.2
Ensco60	原始数据	300	854 856	37 200	186	23	414
	计算值	—	960 548	39 271	190	24.5	415.4
	误差/%	—	12.4	5.6	2.2	6.5	0.3
Sagar Shakti	原始数据	350	1 313 512	48 649	220	27	475.9
	计算值	—	1 397 589	49 427	216	27.4	476.7
	误差/%	—	6.4	1.6	1.8	1.5	0.2
Galaxy Ⅰ	原始数据	400	2 196 000	61 000	250	36	540
	计算值	—	2 033 480	62 209	242	30.2	537.9
	误差/%	—	7.4	2.0	3.2	16.1	0.4

3.1.4　数学模型与散货船数学模型的比较

对自升式海洋钻井平台主尺度进行研究，要明确其主尺度的变化规律，除了对其主尺度进行分析、总结，建立相应的数学模型外，还可以与其他船型的主尺度变化规律相比较，从总体上看其变化趋势，进一步分析总结自升式海洋钻井平台主尺度变化特点。

本节在对现有的船型数据资料进行整理分析的基础上，利用相同的逐步回归方法，建立了基于载重量 DWT 的散货船主尺度、船型要素以及主要技术经济指标的数学模型。该模型的建立，可用于同自升式海洋钻井平台主尺度统计回归模型作比较，进一步总结分析自升式海洋钻井平台主尺度的特点。同时，对散货船来说，这有利于掌握现代散货船主尺度要素变化规律，在确定船舶吨位以后快速匡算船舶的主要船型参数，用于指导散货船的技术经济论证，为报价设计和初步设计提供依据。

基于散货船实船船型数据资料，利用以上的方法，同时考虑到 1 万 DWT 以下的散货船主尺度的选择比较灵活、船型相对来说比较多变，所以整理的资料范围为 1～36 万 DWT，数学模型的建立也以此为依据。虽然所选散货船的吨位变化比较大，但是其结构形式一般都是典型散货船的结构形式，变化不大，因此，本节将对 1～36 万 DWT 散货船建立一套通用的数学模型[86]。散货船船型要素的数学模型和相对应的回归曲线如图 3.6～图 3.12 所示。建立的散货船数学模型可用于在确定船舶吨位以后快速匡算船舶的主要船型参数，以便于后续的经济论证及船型优化。

（1）总长 Loa。

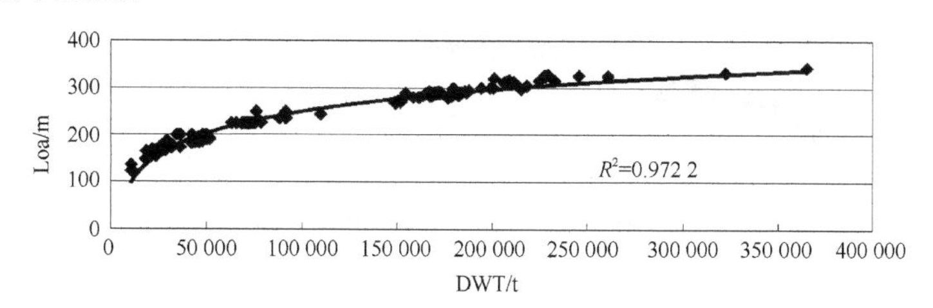

图 3.6　Loa-DWT 回归曲线图（Loa=67.536×lnDWT−527.84）

（2）垂线间长 Lpp。

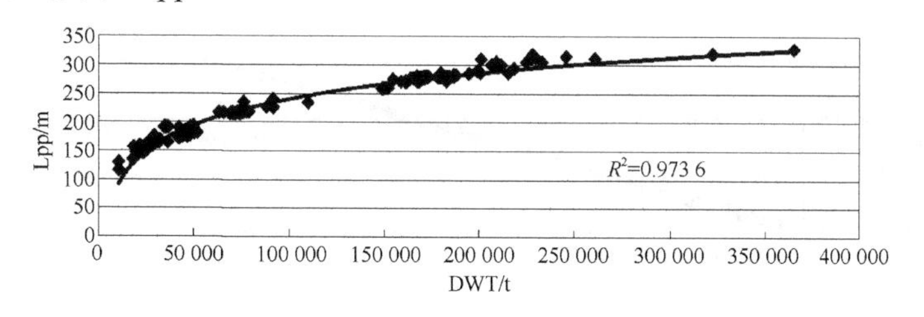

图 3.7　Lpp-DWT 回归曲线图（Lpp=66.274×lnDWT−523.05）

（3）型宽 B。

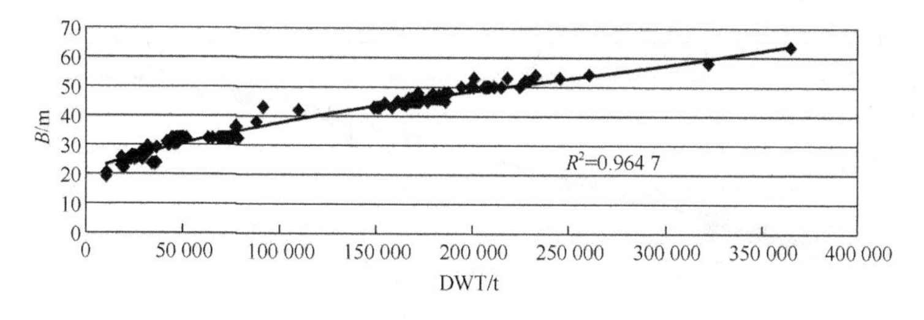

图 3.8　B-DWT 回归曲线图（$B=7\times \mathrm{DWT}^3\times 10^{-16}-5\times \mathrm{DWT}^2\times 10^{-10}+2\times \mathrm{DWT}\times 10^{-4}+21.037$）

（4）型深 D。

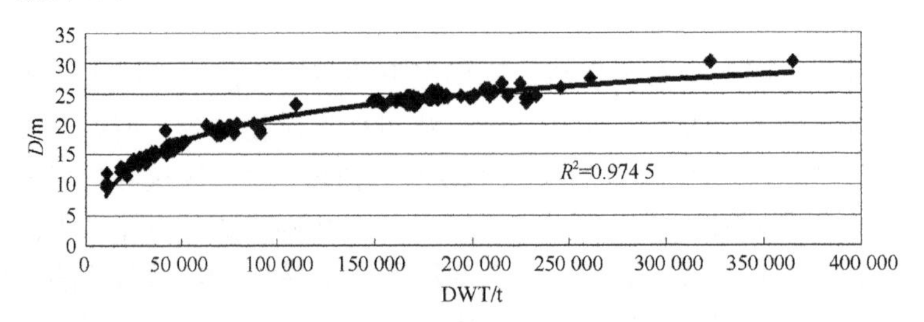

图 3.9　D-DWT 回归曲线图（D=5.672 1×lnDWT−44.286）

（5）吃水 T。

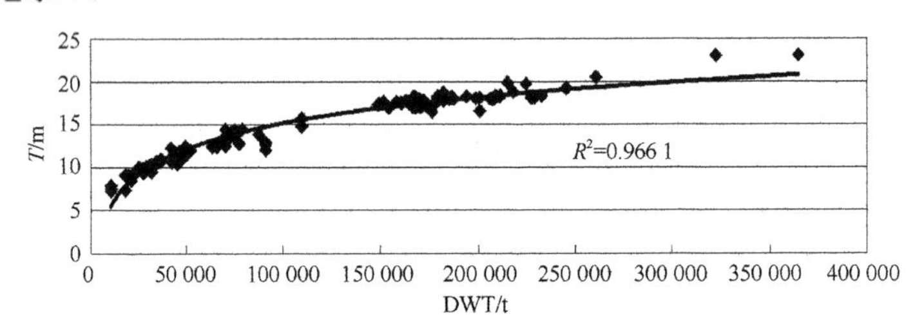

图 3.10　T-DWT 回归曲线图（T=4.328 1×lnDWT−34.635）

（6）排水量 Disp。

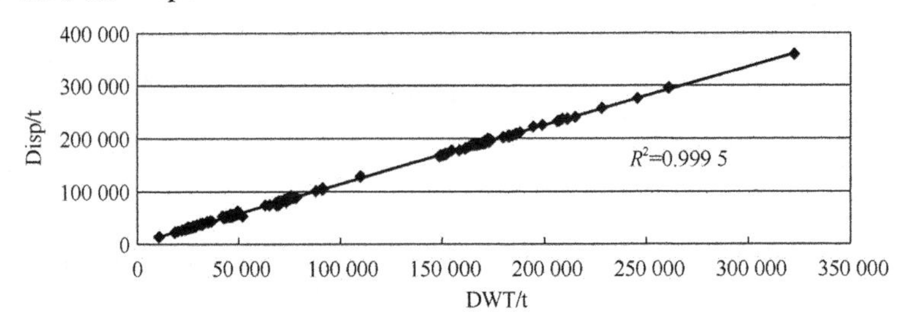

图 3.11　Disp-DWT 回归曲线图（Disp= 1.112 1×DWT+2 834.6）

（7）舱容 Vg。

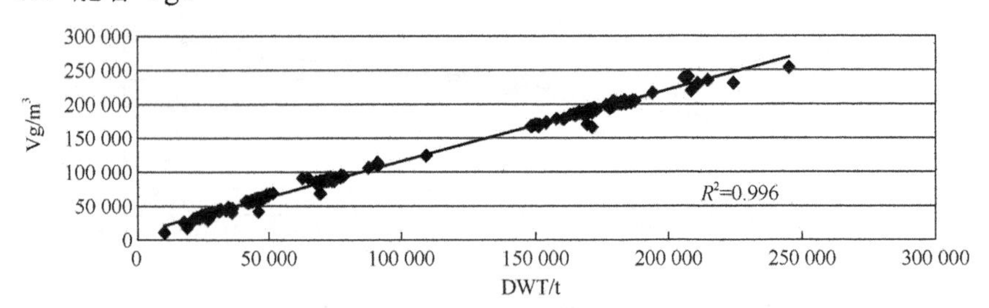

图 3.12　Vg-DWT 回归曲线图（Vg=1.055 8×DWT+7 875.9）

将针对自升式海洋钻井平台建立的基于作业水深 d 的单变量数学模型与散货船的基于载重量 DWT 的单变量主尺度数学模型作比较，可以看出自升式海洋钻井平台的主尺度灵活多变、规律性差。其主要原因可以归结为以下几点。

（1）与船舶设计相比，其创新性更加突出，设计建造量相对于船舶来说较少，优化程度不足。

（2）缺少评价标准，在对自升式海洋钻井平台进行方案设计和优化时，缺少用于平台方案设计的评价指标体系及评价方法。在平台建成交付使用后，缺少对其性能水平等级的评定标准，难以判定其先进性等级。

（3）具有设计能力的设计单位比较少。同时，由于设计建造量少、高风险作业环境、船东的信任度问题，新出现的设计单位很难得到船东的认可，因此进入该市场的难度大大提高。半垄断性设计使得设计单位的竞争压力相对较少，设计的优化程度不够。

（4）设计的地域关联性高。自升式海洋钻井平台的设计不但与平台作业区域的风、浪、流有关，而且与海底的地质条件、当地的地壳运动等有密切关系，同时对快速性要求低，导致设计多样性。

（5）不同船东的偏好不同，在满足规范、公约要求的前提下，还要考虑不同船东的要求，这也是设计规律性差的原因之一。

3.2　基于 BP 神经网络的自升式海洋钻井平台主尺度要素预报模型

3.2.1　人工神经网络在预测方面的应用

人工神经网络是模仿生物脑结构和功能的一种信息处理系统，它的研究和发展涉及神经生理科学、数理科学、信息科学和计算机科学等众多科学领域。神经网络理论的探索性研究始于 20 世纪 40 年代，到 50 年代末 60 年代初达到第一次研究高潮，由心理学家 F. Rosenblatt 设计制作的感知器是最先提出的一种神经网络模型。它所具有的大规模并行结构，信息的分布式存储和并行处理，良好的适应性、自组织性和容错性，较强的学习、联想和识别功能等在许多领域得到了充分的发挥，而 BP 神经网络又是其中应用最为广泛的一种模型结构。随着计算机技术和人工智能技术的发展，采用人工神经网络技术进行科学预测等方面的研究已经应用于许多领域[87]。国外学者 Lapedes 和 Farber[88]早在 1987 年就采用非线性神经网络模型对由计算机产生的时间序列仿真数据进行学习和预测；Werbos[89]、Varis 和 Versino[90]分别对实际的经济时间序列数据进行预测研究；Weigend[91]利用神经网络模型研究了太阳黑子的年平均活动情况，并将结果与采用回归方法得到的结果进行比较；Matsuba[92]将人工神经网络技术应用于股票预测。国内学者王其文等[93]对神经网络回归方法与线性回归方法做了比较，结果表明神经网络方法在精度上要优于传统的回归方法；李红等[94]进行了并行竞争网络生成宏观经济预警信号的研究，设计了一类更为完善的神经网络模型；刘豹[95]将神经网络和模糊技术两者相结合建立了一种神经模糊网络预测模型，并利用一个多变量时间序列进行了实例分析；高绍新等[96]建立了面向船舶与海洋工程项目实施项目管理信息系统的理论框架、开发原则、具体研究方法和关键技术以及开发平台，提出用灰色预测系统理论来解决系统中的不确定问题，实现动态控制优化生产管理；桑松等[97]采用径向基函数神经网络对化学品船的船型要素建模进行了研究，取得了较好效果。

3.2.2　BP 神经网络简介

1. BP 神经网络

BP 神经网络是一种多层前馈神经网络，名字源于网络权值的调整规则采用后向传播学习算法，即 BP 算法。BP 算法是 1986 年被提出的，自此以后 BP 神经网络获得了广泛的应用[97]。据统计 80%～90%的神经网络模型采用了 BP 神经网络或者它的变化形式，BP 神经网络是前向网络的核心部分[98]。

BP 神经网络是一种单向传播的多层前向网络，其结构如图 3.13 所示。由图可见，BP 神经网络是一种三层或三层以上的神经网络，包括输入层、中间层（隐藏层）和输出层。上下层之间实现全连接，而每层神经元之间无连接。每一对学习样本提供给网络后，神经元的激活值从输入层经各中间层向输出层传播，在输出层的各神经元获得网络的输入响应。接下来，按照减少目标输出与实际误差的方向，从输出层经过各中间层逐层修正各连接权值，最后回到输入层。随着这种误差逆的传播修正不断进行，网络对输入模式正确率相应的不断上升。

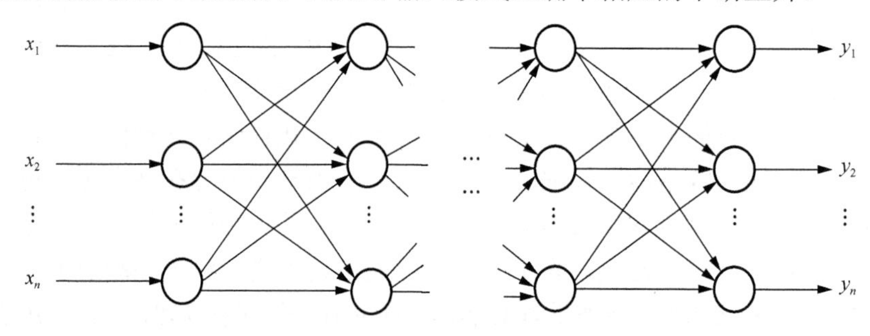

图 3.13　BP 神经网络结构

BP 神经网络的传递函数要求必须是可微的，常用的有 Sigmoid 型的对数、正切函数或线性函数。由于传递函数是处处可微的，所以对 BP 神经网络来说：一方面，所划分的区域是一个由非线性超平面组成的区域，它是比较光滑的曲面，因而它的分类比线性划分更加精确，容错性也比线性划分更好；另一方面，网络可以严格采用梯度下降法进行学习，权值修正的解析式十分明确。

BP 神经网络主要用于函数逼近、模式识别、分类、数据压缩等方面，其主要特点如下：①BP 算法把一组样本的输入/输出（in/out，I/O）问题变为一个非线性问题，使用了优化中最普通的梯度下降法，用迭代运算求解权值，使系统误差达到要求的程度，加入隐节点使优化问题的可调参数增加，从而可得到更精确的解；②实现 I/O 非线性映射，BP 神经网络可实现从输入空间到输出空间的非线性映射，若输入节点数为 n，输出节点数为 m，则实现的是从 n 维到 m 维空间的映射，由此，BP 神经网络通过若干简单非线性处理单元的复合映射，可获得复杂的非线性处理能力；③BP 神经网络是全局逼近网络；④BP 神经网络具有较强的泛化能力，为了得到较好的泛化能力，除了要有训练样本集外，还要有测试样本集。有时随着网络学习训练次数的增加，训练样本的系统误差会减小，而测试样本的系统误差有可能不减小或增大，这说明了泛化能力的减弱。因此可取测试样本的系统误差极小点对应的网络权值，以使网络具有较好的泛化能力。泛化能力还和网络的结构有关，即与网络的隐藏层数和隐藏层的节点数有关，选择的原则是：结构尽量简单且具有较强的泛化能力。

2. BP 神经网络在 MATLAB 环境中的应用

在利用神经网络解决问题和进行设计时，必定会涉及大量有关数值计算等问题，其中包括一般的矩阵计算问题，如微分方法求解和优化问题等，也包括许多模式的正交化、最小二乘法处理和极大极小匹配等求解过程，工作量巨大。尽管现代数值计算理论已经发展得很完善，许多计算问题都有高效的标准解法，但是利用计算机对神经网络模型进行仿真和辅助设计时，仍然非常烦琐，同时计算结果也缺乏强有力的图形输出支持。在这种情况下，许多应用者往往乐意选用现成的仿真软件，MATLAB 软件包正是在这种背景下应运而生的。

自 1984 年美国 MathWorks 公司推出以来，MATLAB 仿真软件已成为应用学科领域计算机辅助设计、分析、仿真和教学不可缺少的软件，并广泛应用于生物医学工程、信号分析、语音处理、图像识别、航天航海工程、统计分析、计算机技术、控制和数学等领域。神经网络工具箱是在 MATLAB 环境下开发出来的许多工具箱之一，它以人工神经网络理论为基础，用 MATLAB 语言构造出典型神经网络的激活函数，如 S 形、线性、竞争层、饱和线性等激活函数，使设计者对所选定网络输出的计算变成对激活函数的调用[99]。另外，根据各种典型的修正网络权值的规则，加上网络的训练过程，用 MATLAB 编写出各种网络设计与训练的子程序，网络设计者可以根据自己的需要去调用工具箱中有关神经网络的设计训练程序，使自己能够从烦琐的编程中解脱出来，集中精力思考和解决问题，从而提高效率和质量。

一个完整神经网络的设计通常包括三个阶段：网络的设计阶段（newff 函数）、网络的训练阶段（trainlm 函数）和网络的数据仿真阶段（sim 函数）。现分别将 BP 神经网络的相关工具箱函数介绍如下[100]。

（1）newff 用于创建一个 BP 神经网络。

格式：net=newff（PR,[S1,S2,⋯,SNi],{TF1,TF2,⋯,TFNi},BTF,BLF）

其中，PR 为由每组输入（共有 R 组输入）元素的最大值和最小值组成的 $R\times 2$ 维的矩阵；Si 为第 i 层的长度，共计 Ni 层；TFNi 为第 i 层的传递函数，默认为“tangsig”；BTF 为 BP 网络的训练函数，默认为“trainlm”；BLF 为 BP 网络的学习函数，默认为“learngdm”。

（2）trainlm 利用 Levenberg-Marquardt 规则训练网络。

格式：[w,b,te]=trainlm（W,B, ,P,T,TP）

说明：Levenberg-Marquardt 算法比 trainbp 和 trainbpx 函数使用的梯度下降法要快得多，但需要更大内存。[w,b,te]=trainlm（W,B, ,P,T,TP）利用训练参数 TP，输入矢量矩阵 P 和相应目标矢量 T，对初始权值及阀值进行训练，从而得到新的权值 W 和阈值矢量 B。

（3）sim 用于神经网络仿真。

格式：a=sim（NET,P）

说明：当给定神经网络任一输入向量时，利用 sim 函数可得到网络输出。

其中，NET 为经初始化和训练之后的神经网络；P 为输入向量；a 为仿真输出向量。

（4）errsurf 用于计算误差曲面。

格式：errsurf（P,T,WV,BV,F）

说明：errsurf 函数可计算单输入神经元误差曲面的平方和。输入为输入行矢量 P、响应的目标 T 和传递函数名 F，误差曲面是从每个权值与由权值 WV、阈值 BV 的行矢量确定的阀值的组合中计算出来的。

（5）plotes 用于绘制误差曲面图。

格式：plotes（WV,BV,ES）

说明：plotes（WV,BV,ES）绘制出由权值 WV 和阀值 BV 确定的误差曲面图 ES（由 errsurf 函数产生），误差曲面图以三维曲面和等高线图形式显示。

3.2.3　基于 BP 神经网络的自升式海洋钻井平台主尺度预报模型

1. 单变量数据预测

以平台型体积 V（船长 L×船宽 B×型深 D）为例，假定 $V = f(d)$，利用与统计回归时相同的样本数据，用本章方法对该 BP 神经网络进行训练。经过不断的尝试，取中间隐藏层为五个神经元节点，构成一个有一个输入层节点、五个隐藏层节点和一个输出层节点的三层网络模型。取学习率为 0.05，训练步数为 1000，步长为 50，得到平台型体积 V 误差曲面和网络数据预测图如图 3.14 和图 3.15 所示[101]。

用同样的方法可以得到其他主要船型参数之间的网络进行训练，得到主甲板型面积 A（船长 L×船宽 B）、型宽 B、型深 D、桩腿长度 l 对作业水深 d 的预测模型，其对应的误差曲面图和网络数据预测图如图 3.16～图 3.23 所示。

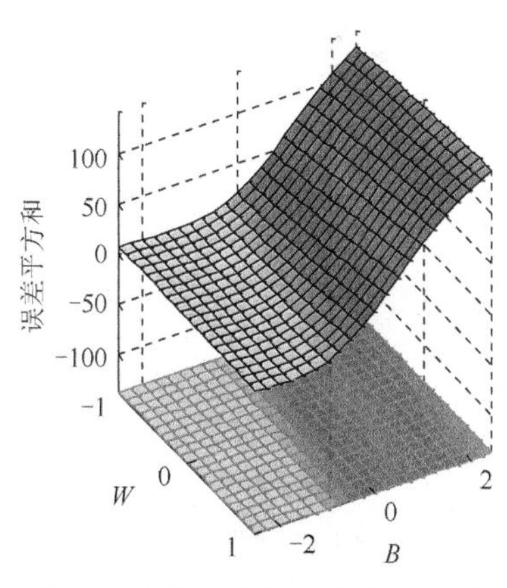

图 3.14　平台型体积误差曲面图

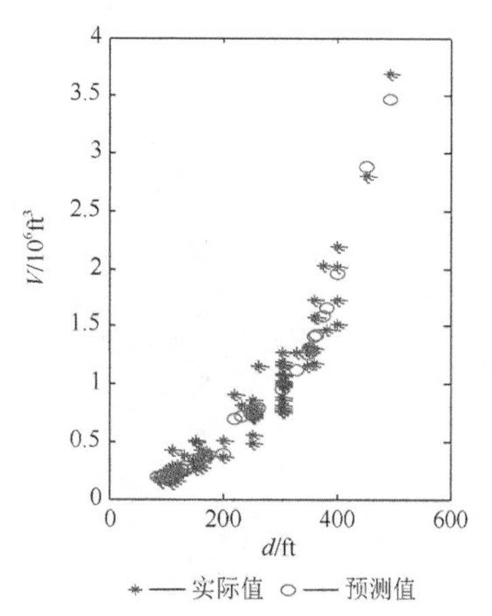

图 3.15　平台型体积网络数据预测图

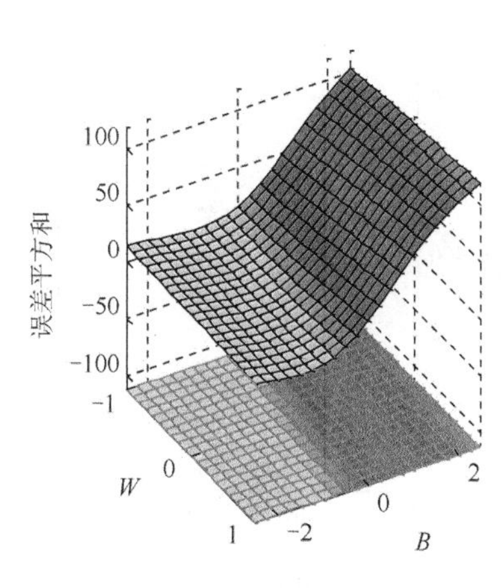

图 3.16　主甲板型面积误差曲面图

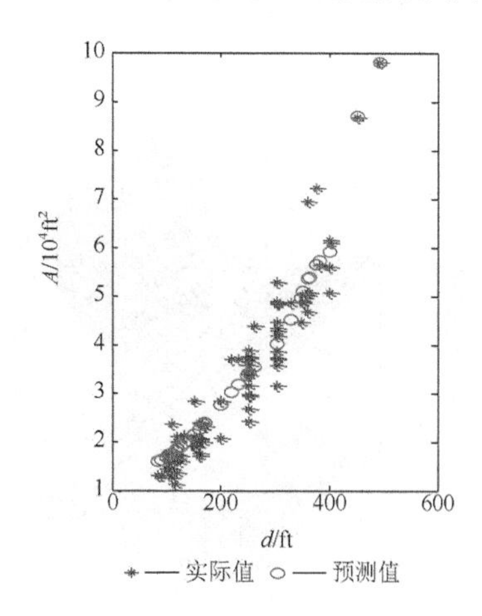

图 3.17　主甲板型面积网络数据预测图

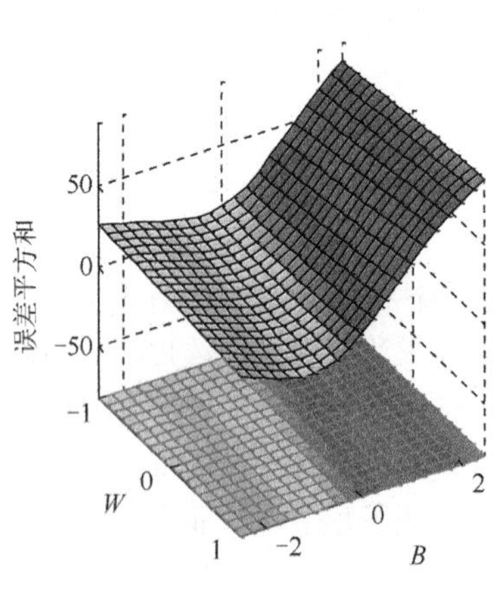

图 3.18　船宽误差曲面图

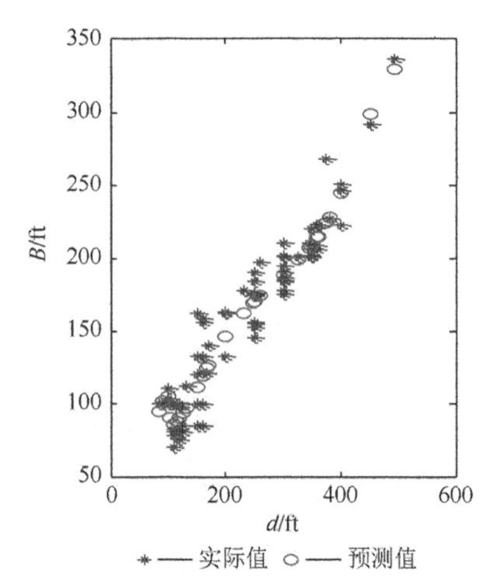

图 3.19　船宽网络数据预测图

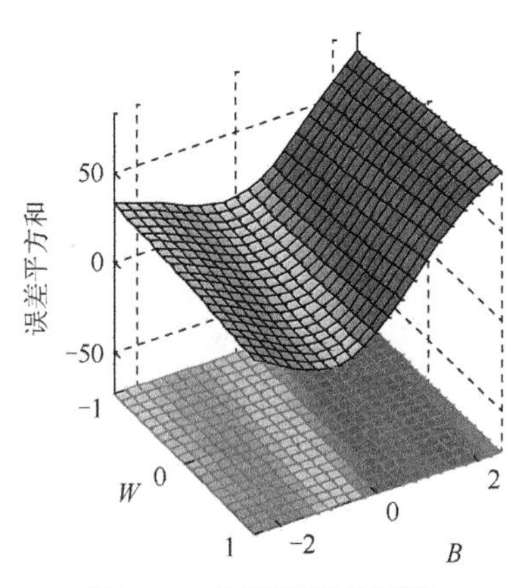

图 3.20　型深误差曲面图

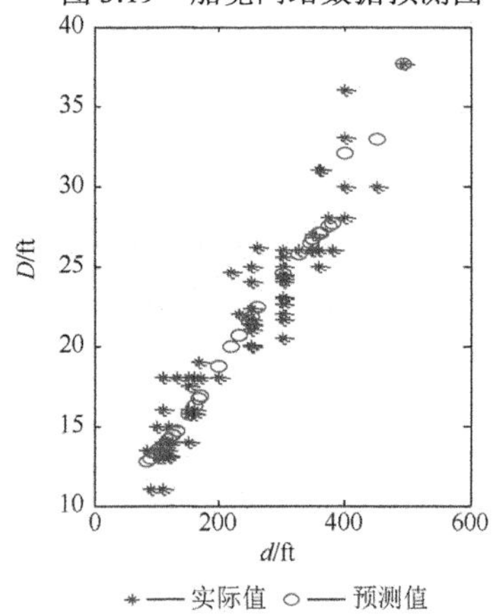

图 3.21　型深网络数据预测图

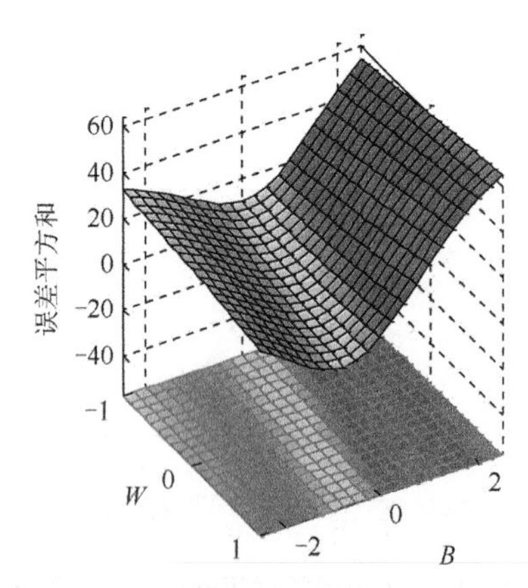

图 3.22　桩腿长度误差曲面图

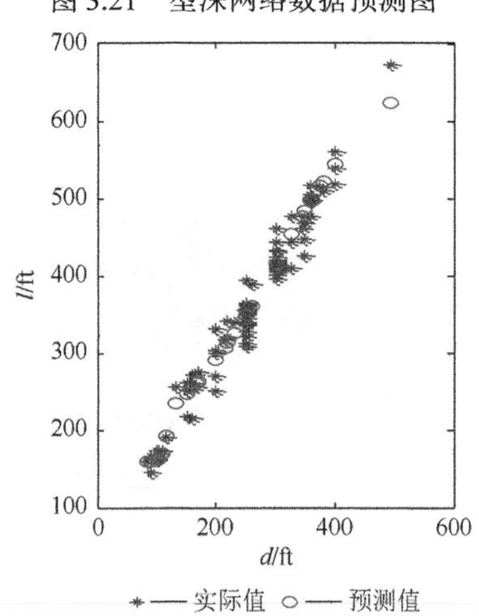

图 3.23　桩腿长度网络数据预测图

按照上述模型分别对 7 座典型作业水深自升式海洋钻井平台的船型要素指标进行网络预测，所得结果如表 3.2 所示，由此可以看出预测结果已经接近于实际值。

表 3.2 船型要素指标预测值与实际值比较

平台名称	数据分类	作业水深/ft	型体积/ft³	型面积/ft²	型宽/ft	型深/ft	桩腿长度/ft
Prisa112	原始数据	100	208 884	16 068	103.0	13.0	165.0
	计算值	—	233 600	16 820	88.0	13.3	160.5
	误差/%	—	11.8	4.7	14.6	2.3	2.7
GP-14	原始数据	120	227 233	17 346	98.0	14.1	195.0
	计算值	—	247 900	18 146	96.0	14.1	202.1
	误差/%	—	9.1	4.6	2.0	0.0	3.6
Parker25-J	原始数据	215	538 560	24 560	150.0	26.0	316.8
	计算值	—	513 700	27 619	150.0	22.9	312.2
	误差/%	—	4.6	12.5	0.0	11.9	1.5
Ensco95	原始数据	250	736 717	34 539	174.0	21.3	355.0
	计算值	—	742 200	34 051	171.0	21.8	347.5
	误差/%	—	0.7	1.4	1.7	2.3	2.1
Ensco60	原始数据	300	854 856	37 200	186.0	23.0	414.0
	计算值	—	936 800	39 198	188.0	24.1	414.0
	误差/%	—	9.6	5.4	1.1	4.8	0.0
Sagar Shakti	原始数据	350	1 313 512	48 649	220.0	27.0	475.9
	计算值	—	1 325 900	49 168	218.0	26.6	483.1
	误差/%	—	0.9	1.1	0.9	1.5	1.5
Galaxy I	原始数据	400	2 196 000	61 000	250.0	36.0	540.0
	计算值	—	2 068 700	61 884	245.0	33.7	544.3
	误差/%	—	5.8	1.4	2.0	6.4	0.8

2. 多变量数据预测

在实际的平台方案设计过程中，作业水深是影响平台主尺度的重要因素，同时还有很多其他影响因素：总布置形式、各舱室储存能力、可变载荷、钻台载荷、动力设备、泥浆量、钻井水、淡水、燃油、升降系统、钻机能力、钻井污水、袋装料、双层底高度等。经过分析，影响自升式海洋钻井平台主尺度的主要因素有：作业水深、钻井深度、可变载荷、泥浆量、散装料、淡水、燃油、钻井水、袋装料。随着设计的深入，已知设计变量不仅是作业水深，其他的设计变量也会确定，这时，基于作业水深的单变量的数学模型不能完全反映其相互关系，需要建立基于多变量的预测模型。

BP 神经网络可用于建立多输入多输出的预测模型，这里以自升式海洋钻井平台的主尺度型长 L、型宽 B、型深 D、桩腿长度 l 作为输出变量，选择影响平台主尺度的主要影响因素——作业水深、钻井深度、可变载荷、泥浆量、散装料、淡水、燃油、钻井水、袋装料作为输入变量，建立基于 BP 神经网络的自升式海洋钻井平台的主尺度预测模型。由于输入样本为 9 维的输入向量，因此，输入层一共有 9 个神经单元，取隐藏层为 30 个神经元节点和输出层为 4 个节点的三层网络模型。训练步数为 500，步长取 50，得到训练误差曲线如图 3.24 所示。

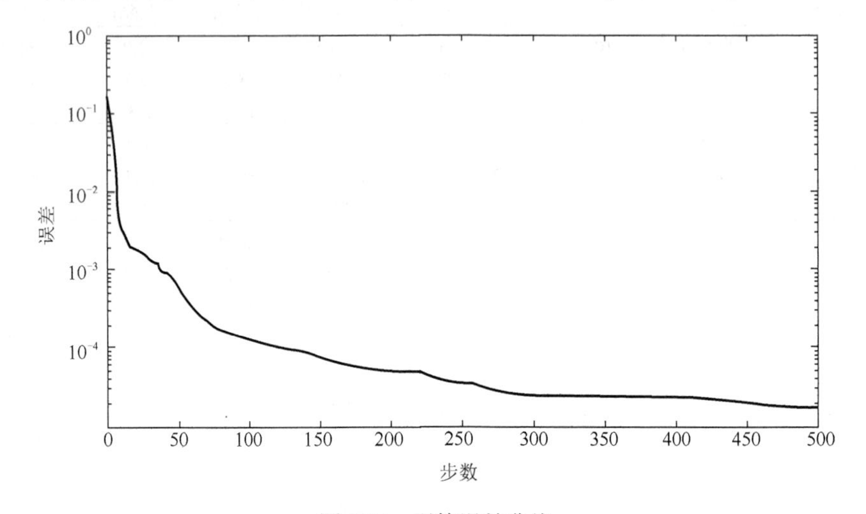

图 3.24　训练误差曲线

对网络训练完毕后，选 10 座典型作业水深自升式海洋钻井平台的主尺度指标作为测试样本，对训练网络进行测试，所得预测结果如表 3.3 所示，由此可以看出预测结果与实际值相比，预测误差较小，能够满足平台设计需要。

表 3.3　平台主尺度要素预测值与实际值比较

平台名称	数据分类	作业水深/ft	型长/ft	型宽/ft	型深/ft	桩腿长度/ft
Parker15-J	原始数据	100	156.0	110.0	15.0	173.0
	预测值	—	153.9	112.9	15.0	170.8
	误差/%	—	1.4	2.7	0.0	1.3
GP-21	原始数据	120	210.0	100.0	14.0	202.0
	预测值	—	211.8	98.4	13.9	200.5
	误差/%	—	0.9	1.6	0.4	0.7
RBF152	原始数据	150	157.0	120.0	16.0	217.0
	预测值	—	157.9	123.4	15.5	219.1
	误差/%	—	0.6	2.8	3.1	1.0
Pride Mississippi	原始数据	200	157.0	132.0	18.0	270.0
	预测值	—	155.7	134	17.9	268.9
	误差/%	—	0.8	1.2	0.4	0.4
Noble Lynda Bossler	原始数据	220	182.0	204.0	25.0	342.0
	预测值	—	183.6	198.1	25.1	341.6
	误差/%	—	0.9	2.9	0.3	0.1

续表

平台名称	数据分类	作业水深/ft	型长/ft	型宽/ft	型深/ft	桩腿长度/ft
Ensco95	原始数据	250	199.0	174.0	21.0	355.0
	预测值	—	196.5	171.4	21.6	352.6
	误差/%	—	1.2	1.5	2.7	0.7
Ensco60	原始数据	300	200.0	186.0	23.0	414.0
	预测值	—	203.0	183	22.7	414.0
	误差/%	—	1.5	1.6	1.1	0.0
Sagar Shakti	原始数据	350	243.0	200.0	26.0	475.9
	预测值	—	237.7	207	26.2	480.8
	误差/%	—	2.2	3.4	0.6	1.0
Chile Galileo	原始数据	360	225.0	208.0	25.0	517.0
	预测值	—	226.7	200.9	25.4	515.5
	误差/%	—	0.8	3.4	1.8	0.3
Galaxy Ⅲ	原始数据	400	224.0	250.0	36.0	560.0
	预测值	—	223.9	249.7	35.7	561.1
	误差/%	—	0.0	0.1	0.9	0.2

3.2.4 自升式海洋钻井平台的神经网络预测建模分析

神经网络作为一种输入/输出的高度非线性映射，通过对作用函数的多次复合，实现了自升式海洋钻井平台主尺度预测中输入与输出之间的高度非线性映射。它具有以下优点。

（1）不需要建立主尺度之间关系的数学模型。

（2）具有自适应和学习功能。

（3）模型预测的规律受样本的性质影响，只要样本选择得当，模型预测精度就由网络结构决定。

本节使用的BP网络经过对测试样本的测试验算，其结果与实际值吻合理想。实践表明，利用BP神经网络对自升式海洋钻井平台的主尺度进行预测是可行的。

第 4 章　自升式海洋钻井平台总体性能

自升式海洋钻井平台的总体性能包括面很广，完整稳性、破损稳性、站立稳性、最小干舷、阻力及平台在波浪中的运动等均属于其范围。在计算平台的总体性能之前还要确定平台的重量与重心，进行风、浪、流、冰、地震等环境载荷分析。它们与平台的使用性能和安全性有着密切的联系。为了使有关的技术性能得到较好的综合处理，设计者必须把握以下几点。

（1）根据平台的具体使用要求，弄清哪些性能是必须保证的，哪些是力求提高的，且抓住主要矛盾。

（2）为了达到设计的目标，应确定采取哪些技术措施加以保证。

（3）确定平台总体性能与主尺度、总布置等的关系，在构思总体方案时对技术性能进行分析和估算。

对于自升式海洋钻井平台，在方案设计过程中准确估算平台的重量和重心是非常重要的。与常规船舶相比，自升式海洋钻井平台的结构型式比较特殊，因此其稳性的计算方法较之船舶稳性计算所用的方法有所不同。此外，由于它的使用特点，平台一般不能像船那样可以避开恶劣的海洋环境，尤其在作业期间，平台不能轻易撤离井位。因此它们必须具有抵抗风暴的能力，在设计过程中要正确计算平台的环境载荷，以保证平台的作业安全。

由于平台的长度和宽度比较接近，而且在海上将受到各种方向风浪的作用，所以平台稳性不能像常规船那样只校核横向稳性，而应考虑平台在不同风向时的稳性。平台的稳性校核计算包括各种倾斜方向、各种状态的回复力臂和风倾力臂及进水角的计算，其计算工作量相当大。由于平台稳性计算需要大量的时间，可以用计算机来完成这些计算。

4.1　自升式海洋钻井平台的重量与重心

在拖航运输过程中，自升式海洋钻井平台桩腿收起，主船体漂浮在水面上，此时重力与浮力相平衡。要保证平台的安全性和良好的作业性能，就必须计算出它的重量和重心。

4.1.1　浮态平衡方程

自升式海洋钻井平台在漂浮状态下重力与浮力平衡的必要条件为重力与浮力

大小相等且作用于同一铅垂线上。

$$\varDelta = \gamma V = \sum W_i \tag{4.1}$$

$$x_G = x_B \tag{4.2}$$

$$y_G = y_B \tag{4.3}$$

式中，$\varDelta$ 为平台排水量（t）；W_i 为平台各部分重量（t）；γ 为海水密度（t/m^3）；x_G、y_G 为平台重心的纵向、横向坐标；x_B、y_B 为平台浮心的纵向、横向坐标。

4.1.2　平台重量分类

在设计过程中，通常将自升式海洋钻井平台重量分为空平台重量和可变载荷两部分，即

$$\varDelta = \mathrm{LW} + \mathrm{VL}$$

式中，LW 为空平台重量（t）；VL 为可变载荷（t）。

1. 空平台重量

空平台重量由平台结构钢料、钻井设备、动力装置、电气设备、升降装置、舾装设备等的重量组成。

结构钢料重量包括平台主体、桩腿及桩靴、上层建筑、直升机平台、钻台等结构的重量。

钻井设备重量包括井架、井架上下底座、底座移动装置、井口提升装置、绞车、转盘、天车、滑车、水龙头、大钩、泥浆循环系统、散装材料储罐、水泥系统、测井装置及钻台设备等的重量。

动力装置重量包括柴油发电机组、应急柴油发电机组、空气压缩机、锅炉、制淡装置、污水（粪便）处理装置、各种泵浦阀门、管系、消防系统、油水柜、冷冻机组、冷库、空调系统、通风系统的重量。

电气设备重量包括动力房、可控硅装置、主配电板及应急配电板、变压器、电缆及固定装置、电动机控制设备、蓄电池、电力分配箱、电力控制箱、照明系统、火灾（气体）监测报警系统、风扇、助行仪器、通信设备等的重量。

升降装置重量包括液压或齿轮传动装置、导向装置、楔块系统等的重量。

舾装设备重量包括起重机、海水塔及其升降机构、锚设备、系泊及拖缆设备、救生装置、门窗盖等关闭设备、梯子、栏杆以及舱室内的各种设备的重量。

空平台重量通常按如下分类方式进行计算：

$$\mathrm{LW} = W_h + W_f + W_m + W_r$$

式中，W_h 为结构钢料重量（t）；W_f 为舾装重量（t）；W_m 为机电设备重量（t）；W_r 为钻井设备重量（t）。

空平台重量计算中须注意：虽然空平台重量各组成部分的大小在平台建造完成后是不变的（除非进行了改装），但是，在不同工况下空平台重量中某些部分的重心位置是可移动的（但仍属于空平台重量而非可变载荷）。例如，钻台及其上下底座（或整个悬臂梁）的纵、横向位置移动和桩腿高度的移动。故此，在校核不同工况重量重心的计算中以及平台操作手册中常把这两类空平台重量成分单独列出，便于根据工况调整其重心位置。

2. 可变载荷

自升式海洋钻井平台的可变载荷是指那些在平台使用过程中可以被消耗的、易于移动的、数量随作业进程和工况改变而发生变化的重量。可变载荷通常按性质划分为：固体可变载荷、液体可变载荷、钻井及作业载荷、预压载载荷等。

（1）固体可变载荷包括泥浆材料（散装或罐装）、水泥（散装或罐装）、钻杆、钻铤、套管、防喷器、钻井工具、钻井配件、人员及行李、粮食及供给品、试油设备（分离器、加热器、计量罐、燃烧臂等）、测井设备等重量。

（2）液体可变载荷包括日用泥浆、液体泥浆材料、燃油、滑油、淡水、钻井水等重量。

（3）钻井及作业载荷包括大钩载荷（仅提升作业时发生）、转盘载荷、立根盒内的立根载荷、甲板起重机起重重量、直升机降落载荷等。

（4）预压载载荷即预压载水舱中压载水重量。通常仅在拖航或预压载工况存在，也可列入液体可变载荷中。

4.1.3　空平台重量估算

1. 平台结构钢料重量估算

自升式海洋钻井平台空船重量中结构钢料重量所占比重较大，设计中准确估算该部分重量意义重大。在设计的不同阶段，需要根据所掌握的设计资料和已确定的设计参数采用合适的估算方法。

1）百分数法

百分数法适用于设计初步阶段。在掌握合适的母型平台资料的条件下，百分数法可以用来简单、方便地估算设计平台的钢料重量。

该方法假定设计平台与相近的母型平台的单位排水量所需钢料重量大致相当，即

$$C_{h0}=\frac{W_{h0}}{\Delta_0} \tag{4.4}$$

式中，W_{h0}为母型平台结构钢料重量（t）；Δ_0为母型平台的排水量（t）；C_{h0}母型

平台钢料重量的排水量系数。

如果认为设计船的 $C_h \approx C_{h0}$，则可以估算设计平台的钢料重量如下：

$$W_h = C_{h0}\Delta \tag{4.5}$$

2）模数法

模数法基于结构形式类型的自升式海洋钻井平台重量数据的统计分析，得到单位面积板架重量的平方模数或单位封闭体积重量的立方模数，假定设计平台具有近似相等的重量模数，进而估算设计平台的重量。表 4.1 给出了平台结构重量系数，可用于平台重量的估算。

表 4.1　平台重量估算参考模数

结构		重量立方模数/（kN/m³）	结构		重量平方模数/（kN/m²）
下体	栅格型	1.8～1.9	下体	高 3～4.5m	4.75
	双体型	1.6～1.8		高 4.5～6m	9.50
	整体型	1.8～1.2		高 6～7.5m	14.25
稳定立柱	大直径	1.1	上层平台上甲板（非直升机甲板）		1.52～1.66
	中直径	1.3	上层平台下甲板（含泥浆舱）		1.9～2.14
	小直径	1.7			
箱型结构上层平台		0.9～1.1	—		—

3）经验公式法

（1）下体钢料重量。下面的公式适合于具有矩形剖面的下体结构，一般具有一道纵舱壁和若干道横舱壁。其结构钢料重量 W_1（t）可用下式估算：

$$W_1 = 9.4(S_p T_{\text{op}})1.05 \times 10^{-3} \tag{4.6}$$

式中，S_p 为表面面积（m^2），$S_p=2L_p(B_p+D_p)$，L_p、B_p、D_p 为下体的长、宽、深度（m）；T_{op} 为作业状况吃水（m）。

（2）立柱钢料重量。立柱通常是大直径的管状构件，内部由水平平台分隔，并有环形加强筋和纵向骨材加强。立柱钢料重量 W_2（t）可按下式估算：

$$W_2 = L_c 0.286 D_c^{1.612} \tag{4.7}$$

式中，L_c 为立柱高度（m）；D_c 为立柱直径（m）。

（3）桁撑钢料重量。桁撑一般是小直径的管状构件，是内部装有加强筋的圆筒形壳体。桁撑钢料重量 W_3（t）一般用下式估算：

$$W_3 = L_b 0.405 D_b^{1.608} \tag{4.8}$$

式中，L_b、D_b 分别为桁撑的长度和直径（m）。

（4）甲板钢料重量。甲板结构主要有两种形式：格框型和箱型。

格框型甲板重量（t）可按如下公式估算：

$$W_4 = 0.218h \cdot A_{\text{ld}} - 0.082 \times 10^{-4}(h \cdot A_{\text{ld}})^2 \tag{4.9}$$

式中，h 为甲板高（m）；A_{ld} 为甲板面积（m^2）。

箱型甲板重量分三部分估算，即主甲板重量 W_5（t）、其余甲板重量 W_6（t）和舱壁重量 W_7（t）：

$$W_5 = 0.242A_{md} - 1.21\times10^{-4}A_{md}^2 \tag{4.10}$$

$$W_6 = 0.51A_{rd} + 0.162\times10^{-4}A_{rd}^2 \tag{4.11}$$

$$W_7 = 0.026h\times A_{md} - 20.130 \tag{4.12}$$

式中，A_{md}为主甲板面积（m^2）；A_{rd}为其余甲板面积（m^2）；h为箱型甲板高（m）。

2. 舾装重量估算

1）百分数法

假定舾装重量 W_f比例于平台排水量 Δ，即

$$W_f = C_f\Delta \tag{4.13}$$

式中，C_f为舾装重量系数，可采用母型或相近平台的数值。

2）分项估算

与母型平台比较，按各分项换算。

3）精确计算

按设计图纸资料进行计算。

3. 机电设备重量估算

在初始设计阶段，可以根据母型平台资料与设计平台逐项对比，相同项目的直接使用，不同的项目进行修正，没有的项目删除。

1）动力装置重量估算

（1）主柴油发电机组及附属装置。本项重量包括带有公共底座的主柴油发电机以及为主机服务的附属项目，如冷却水、燃油、滑油等系统，排气系统以及机舱地面格架与花钢板等限于主机舱范围之内的重量。

主柴油发电机组的重量 W_8（t）可认为与最大持续功率 P（kW）和主机转速 n（r/min）的比值有关，计算式如下：

$$W_8 = 15.86(P/n)^{0.75} \tag{4.14}$$

在机舱内除主机机组以外的其余重量 W_9（t）可按下式估算：

$$W_9 = 9 + 33\exp(0.059\times10^{-3}\times P_t) \tag{4.15}$$

式中，P_t为机舱内主机机组的总功率（kW）。

（2）其他机械装置。其他装置包括锅炉、空气压缩机以及与海洋生态有关的装置等。初估值可取动力装置重量的 5%。

2）电气设备

电气设备的重量 W_{12}（t）可按如下公式估算：

$$W_{12} = 100 + 77.1\exp(61P_t) \tag{4.16}$$

式中，P_t 为主柴油发电机机组总功率（kW）。

式（4.16）包括电缆管与托架，但不包括发电机及所有的电动机。

4. 钻井设备重量的分析与估算

这部分设备主要包括海上钻机、井架、泥浆设备和钻井设备采用的柴油机、交流发电机、可控硅整流控制直流发电机等。一般在设计任务书中，业主已经给出了这些设备的型号。根据设计任务书查阅相应产品目录就可以确定主要设备的重量。如果业主没有明确给出钻井设备的型号，则可以根据所要求的钻井能力，参照钻井能力相近的平台估算。

4.1.4　可变载荷估算

1. 人员及行李

人员的重量通常按每人平均 65kg 计算。而船员的行李参照船舶设计的有关资料取每人 65kg，这里已考虑到平台上船员工作时间较长的因素。

2. 食品及淡水

根据设计任务书中对船员人数、自给力的要求确定总储备量[kg/（天·人）]如下：

总储备量=自给力（天）×人员数×定量

食品定量通常按每人每天 2.5～4.5kg 计算。

淡水（包括饮用水和洗涤用水）通常取每人每天 50～100kg。

3. 燃油、滑油及钻井用水

根据钻井作业要求、生活要求以及柴油机的型号可大致确定所需燃油量。通常滑油储量可取燃油总储备量的一定比例，对一般柴油机，取 3%～5%。

确定燃油重量时还应考虑燃油舱的大小和布置。

钻井用水量主要根据钻井作业要求和液舱布置确定。

4. 钻井材料

钻井材料包括泥浆、水泥和钻井器材，由钻井作业要求确定。

5. 压载水

根据平台对其浮态、稳性及对地基预压的要求确定压载水量。

6. 备品、供应品

备品是指平台上备用的零部件、设备与装置，包括灯具、油漆等。供应品是指零星物品，如床上用品、饮具、办公用品、医疗器材等。前者可以参照母型取空载排水量的一定比例，后者则应根据船员人数进行估算。

4.1.5 自升式海洋钻井平台典型工况的重量组合

1. 满载钻井作业工况

满载钻井作业工况指自升式海洋钻井平台在满载负荷下处于井位预定高度的海面上，在规定环境条件下进行正常钻井作业时的状态。

该工况下的平台总体重量主要特点是存在钻井载荷：

满载钻井作业平台重量 = 空平台重量 + 可变载荷 + 钻井载荷

2. 迁航工况

迁航工况指平台处于漂浮状态，平台的重量与浮力平衡，即满足：

拖航排水量 = 空平台重量 + 可变载荷

通常为适应拖航水深限制，可制定轻载拖航（吃水较小、可变载荷小）和满载拖航（设计吃水下携带额定可变载荷）两种状态。

拖航状态也可根据拖航时的海况分为一般拖航和风暴拖航（可变载荷可以不同，通常风暴拖航时可变载荷小），重点考虑桩腿提升高度的差异，以便达到足够的稳性要求。

在拖航时所携带的可变载荷一般不超过平台升降时所能承受的可变载荷，否则进入升降作业时需要调整可变载荷。

3. 升降工况

升降工况指自升式海洋钻井平台桩腿升降、预压及平台主体升降的状态。升降操作中起决定性作用的参数是升降装置的举升能力。举升过程认为是静力平衡的。满足如下条件：

举升能力 = 空平台重量（不含桩腿）+ 可变载荷

4. 预压工况

预压工况下，压载舱将分批注入压载水，直到达到规定的预压载量。如果在预压工况下可变载荷没有达到规定的数值，则需要用压载水补偿。所以预压水舱的容量要留有一定的富余量。在预压工况下，升降装置的静态保持能力和桩靴的地基反力都达到设计的最大值，满足如下条件：

升降装置的静态保持能力=空平台主体重量+可变载荷+压载水量

桩靴地基返力 = 空平台重量 + 可变载荷 + 压载水量

5. 风暴自存工况

风暴自存工况指自升式海洋钻井平台在极端环境条件下，停止钻井作业，而需调整可变载荷或放弃部分可变载荷以便抵抗恶劣环境载荷，保证安全度过该极端环境载荷时段的状态。重量组合满足如下条件：

风暴自存工况平台重量 = 空平台重量 + 可变载荷

4.1.6　重力与浮力的平衡

1. 排水量的初步估算

移动式平台为了布置钻井设备和各种用途的舱室，需要大量的甲板面积。因此应该根据布置要求的面积和空间确定平台所需的最小尺度，勾画总布置草图，对布置进行核算，然后再估算各部分重量，最后根据重力与浮力平衡条件，确定排水量 $\varDelta$ 和吃水 T 等要素。

2. 诺曼系数法

根据平台外形尺寸和设备等可以粗略估算平台的各部分重量 W_h、W_m、W_f 和 W_r。可变载荷也可以根据业主要求按前面所述方法估算出来。这时往往会出现估算得到的重量与平台排水量不相等的情况。可以用诺曼系数法解决这一问题。

平台的空载重量与外形尺度有关，它随着外形尺度增加而增加。因此增加尺度在增大排水量的同时，平台重量也会增加，如何恰当调整排水量而达到重力浮力平衡是平台需要注意的问题。诺曼系数的概念将有助于我们对此问题的认识。

根据重量和浮力平衡公式可知：

$$\varDelta = W_h + W_m + W_f + W_r + \mathrm{VL}$$

式中，W_h、W_f 都是排水量的函数，即

$$\varDelta = f_h(\varDelta) + W_m + f_f(\varDelta) + W_r + \mathrm{VL}$$

则 $\varDelta$ 的增量为

$$\delta\varDelta = f_h'(\varDelta)\delta\varDelta + f_f'(\varDelta)\delta\varDelta + \delta\mathrm{VL}$$

经整理归并后有

$$\delta\varDelta = \frac{\delta\mathrm{VL}}{1-[f_h'(\varDelta)+f_f'(\varDelta)]} = N\cdot\delta\mathrm{VL} \tag{4.17}$$

式中，N 为诺曼系数。

现在对诺曼系数 N 进行简单的分析。

（1）$N>l$，因为上式方括号内数值恒小于 1。也就是说排水量的增量 $\delta\Delta$ 必大于可变载荷的差额 δVL。

（2）N 的数值还随 W_h 和 W_f 估算公式不同而变化。

应该指出，平台各项重量的估算方法、平台排水量的初步确定以及重力与浮力平衡的方法有多种，实际设计中应根据具体情况选用合适的方法。

3. 排水量余量

在估算平台重量时，通常要加一定的余量，其原因大致有以下三个方面。

（1）估算误差。W_h、W_m、W_f 和 W_r 都是近似值，其结果往往有误差。平台上各种重量项目成百上千，往往会有遗漏。

（2）设备增加。在设计和建造中，业主提出增加设备和装置。

（3）建造中有时会采用代用品，代用品的重量与原材料和原设备的重量往往不同。

因此在设计中应该考虑排水量的余量。余量的多少应根据设计者的经验、收集到的资料等情况而定。一般可取空平台重量的一定比例，也可以根据具体的估算情况分别在 W_h、W_m、W_f 和 W_r 中加上一定的余量。

4.1.7 重心估算

平台重心位置包括 x_G、y_G 和 z_G，其中，x_G、y_G 的估算是一项重要的工作。x_G、y_G 关系到平台的浮态，即影响平台的纵倾和横倾，z_G 不仅影响到平台的稳性，而且还与平台在海上的运动性能密切相关。

1. 重心高度估算

估算出 W_h、W_m、W_f 和 W_r 的重量后，再分别估算出它们的重心高度 z_G，然后求空平台重心高度。

如果重量估算得较细，可求出各项重量的重心后再求它，即

$$z_G = \frac{\sum W_i z_{gi}}{\sum W_i} \tag{4.18}$$

式中，z_{gi} 表示第 i 部分的重心高度。

下面列举各分项重心近似估算方法，设计中可根据平台的重量分项和资料情况选用。

（1）平台钢料部分的重心高度。可以将平台下体（沉垫）的重心高比例于下体高，参照母型平台确定。立柱、甲板（箱形）也可以用类似的方法。

（2）舾装部分的重心高度。可以根据总布置图近似地取围壁、油漆的重心在其面积的形心处。救生艇和起重设备等可根据产品资料或参照母型平台确定。

（3）机电、钻井设备部分的重心高度。设备的重心高度应根据具体设备的资料确定。如手边没有资料，可参考母型平台或其他平台资料确定。当有了施工或设计图纸后，可逐项进行计算，这样所得结果准确，但计算工作量大。

在设计的初始阶段，估算空平台重量时，要取适宜的排水量储备，对重心高度也应有一定的储备。一般是将储备排水量的高度取在 LW 的重心处。有时考虑到重心估算的误差及将来可能发生的重量改变，从提高平台的安全性出发，往往将整个空平台重量（包括储备排水量）的重心提高 0.05～0.15m，作为新平台重心高度的储备。也可以根据 W_h 、 W_f 、 W_m 及 W_r ，考虑重心估算的准确性，分别取各自的重心储备。

（4）可变载荷的重心高度估算。可变载荷重心高度可以根据各个项目的重量在平台上的位置进行估算。如人员的重心一般可取在甲板以上 1m 处，油水的重心高度可根据装载情况和舱的形状确定。

2. 重心平面位置 x_G 和 y_G

（1）空平台部分。在设计初始阶段可参照母型平台，假定重心纵向位置与平台长度成比例，则重心横向位置与平台宽（平台重量一般左右对称，故 y_G 往往取零）成比例。

随着设计深入，可以根据图纸资料分项换算或详细计算。

（2）可变载荷部分。可变载荷的重心平面位置计算与重心高度的计算一样，根据总布置图上的位置确定。

4.2　环境载荷分析

自升式海洋钻井平台在作业或拖航时将受到风、浪、流及冰形成的载荷作用。在发生地震的情况下，平台还将受到地震载荷的作用。对于各个设计工况均要给出作用在平台上的环境载荷，以确保平台在各种海况下的作业安全。确定自升式海洋钻井平台的环境条件时，将遇到下述几种情况。

（1）在作业海区中，根据实际测量结果与实船工作情况确定。

（2）根据规范确定。

（3）根据业主或用户提出的要求确定。

（4）根据海况与气象的实测资料推算得到的结果确定。

在这些状况中，最好是根据已有的作业平台的实际工作状况，再按规范进行设计。应该指出，环境条件的确定必须得到船检部门或国家有关部门的认可，才能入级和通过法定检验。

4.2.1 风载荷

1. 设计风速

各个船级社设计规范对设计风速有明确要求。如中国船级社规定：应根据平台的作业地区和作业方式确定设计风速[102]。一般来说，设计风速在自存状态应不小于 51.5m/s（100kn），在正常作业状态不小于 36m/s（70kn），在遮蔽海区不小于 26m/s（50kn）。

挪威船级社关于设计风速的规定也具有一定的代表性，该船级社规定了两种设计风速标准，均考虑重现期。

一是选用静水面以上 10m 处的百年一遇持续风速为设计风速。在静水面以上 Z（m）处的持续风速可用下式计算：

$$v_z = v_{10}(0.93 + 0.007Z)^{1/2} \tag{4.19}$$

式中，v_z 为静水面以上 Z 处的持续风速；v_{10} 为静水面以上 10m 处的持续风速。

二是采用 N 年一遇的阵风风速为设计风速，如果缺乏详细的数据，可用下式计算：

$$v'_Z = v_{10}(1.53 + 0.003Z)^{1/2} \tag{4.20}$$

式中，v'_Z 为在静水面以上 Z 处的阵风风速；v_{10} 为在静水面以上 10m 处的持续风速。

挪威船级社规定的两种设计风速标准用于不同载荷组合。当与最大波浪力组合时，采用持续风速；当用阵风风速计算的风力比用持续风速与最大波浪力组合更为不利时，则采用阵风风速[103]。

挪威船级社定义的阵风风速是时距为 3s 的平均风速，而持续风速是时距为 1min 的平均风速。两者之间的换算公式：

$$v_g = 1.25v_s \tag{4.21}$$

式中，v_g 为海面以上 10m 处的阵风风速；v_s 为海面以上 10m 处的持续风速。

2. 风载荷计算

中国船级社规范[102]规定风压 P（Pa）按下式计算：

$$P = 0.613v^2 \tag{4.22}$$

式中，v 为设计风速（m/s）。

作用在构件上的风力 F（N）应按下式计算，并应确定其合力作用点的垂直高度：

$$F = C_h \cdot C_s \cdot S \cdot P \tag{4.23}$$

式中，S 为平台在平浮或倾斜状态时，受风构件的正投影面积（m^2）；C_h 为暴露在风中构件的高度系数，其值可根据构件高度（即构件中心至设计水面的垂直距离）h 由表 4.2 选取；C_s 为暴露在风中构件的形状系数，其值可根据构件形状由表 4.3 选取，也可根据风洞试验决定。

表 4.2　风载荷高度系数

构件高度 h（距海面）/m	C_h
$0 \leqslant h < 15.3$	1.00
$15.3 \leqslant h < 30.5$	1.10
$30.5 \leqslant h < 46.0$	1.20
$46.0 \leqslant h < 61.0$	1.30
$61.0 \leqslant h < 76.0$	1.37
$76.0 \leqslant h < 91.5$	1.43
$91.5 \leqslant h < 106.5$	1.48
$106.5 \leqslant h < 122.0$	1.52
$122.0 \leqslant h < 137.0$	1.56
$137.0 \leqslant h < 152.5$	1.60
$152.5 \leqslant h < 167.5$	1.63
$167.5 \leqslant h < 183.0$	1.67
$183.0 \leqslant h < 198.0$	1.70
$198.0 \leqslant h < 213.5$	1.72
$213.5 \leqslant h < 228.5$	1.75
$228.5 \leqslant h < 244.0$	1.77
$244.0 \leqslant h < 256.0$	1.79
$h \geqslant 256.0$	1.80

表 4.3　风载荷形状系数

构件形状	C_s
球形	0.4
圆柱形	0.5
大平面（船体、甲板室、甲板下平滑表面）	1.0
甲板室群或类似结构	1.1
钢索	1.2
井架	1.25
甲板下裸露的梁或桁材	1.30
独立的结构形状（起重机、梁等）	1.50

受风构件垂直于风向的正投影面积按结构实际挡风面积计算，常用于井架、起重机及其他空心构架，可取其前后侧满实投影面积的 30%，或取前侧满实投影面积的 60%，形状系数可按表 4.3 选取。

实际上风力可以分为与风速方向一致的拖曳力和垂直风向的升力。对于较大的平面结构，如平台的甲板底面、直升机平台底面有时会产生较大的升力，而这种升力往往会使平台进一步倾斜。美国土木工程师学会给出的风载荷计算公式和系数也很实用：

$$
\begin{cases}
F_D = C_D \cdot \dfrac{1}{2}\dfrac{\gamma}{g}v^2 S \\
F_L = C_L \cdot \dfrac{1}{2}\dfrac{\gamma}{g}v^2 S
\end{cases}
\tag{4.24}
$$

式中，C_D 为受风构件的阻力系数（根据表 4.4 选取）；C_L 为受风构件的升力系数（根据表 4.4 选取）；γ 为空气密度（N/m^3）；g 为重力加速度（m/s^2）；其他符号意义同前。

表 4.4　各种剖面形状构件的阻力系数 C_D 和升力系数 C_L

剖面形状及风向	C_D	C_L
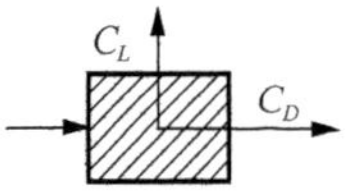 C_L C_D	2.03	0
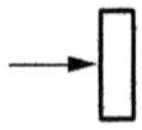	1.96～2.01	0
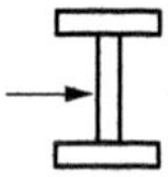	2.04	0
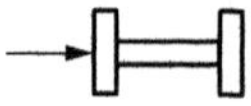	1.81	0
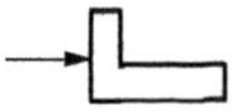	2.0	0.3
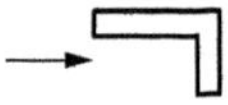	1.83	2.07
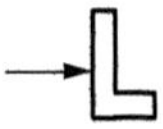	1.99	−0.09
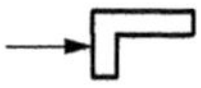	1.62	−0.48
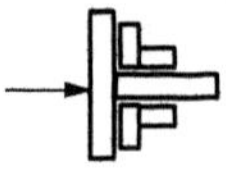	2.01	0
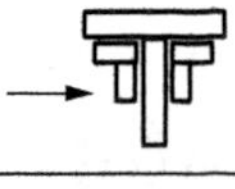	1.99	−1.19
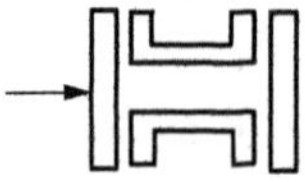	2.19	0

3. 脉动风压的动力效应

风速和风压是非定常的。对于海洋移动平台上的井架等高耸结构，由于它的刚度较低，自振周期长，在不定常的风载荷作用下具有明显的动力效应。风激振动产生的原因是结构的存在导致流线内的不稳定性和空气流动的自然周期性以及结构构件形状的影响等。风激振动常会带来严重的后果。因此，风对于高耸结构物的作用，除考虑平均风速产生的风压外，还应考虑脉动风压产生的脉动压力。当结构高度比宽度大 5 倍以上、自振周期大于 0.5s、结构对动力效应比较敏感时，则应考虑动力放大系数的影响。设计风压要考虑风振系数 β 。风振系数 β 包含了脉动风压的动力作用。

对于一个单自由度弹性系统，当其受稳定风压 P_C 和脉动风压共同作用时，总风压 P 可用下式计算：

$$P = \beta P_C \tag{4.25}$$

考虑脉动风压的风力计算公式为

$$F = \beta P_C C_h C_s v^2 A \tag{4.26}$$

风振系数 β 可根据表 4.5 选取。为确定风振系数 β ，应先计算高耸钢结构的自振周期，计算时可采用工程力学中所介绍的方法。

表 4.5　钢结构的自振周期对应的风振系数

钢结构自振周期 T/s	风振系数 β
0.5	1.45
1.0	1.55
1.5	1.62
2.0	1.65
5	1.75

4.2.2　波浪载荷

1. 波浪参数

中国船级社《海上移动平台入级与建造规范》[102]对波浪参数的有关规定如下。

1）设计波高

设计波高的重现期应不小于 50 年。

特征波高采用最大波高 H_{max} （m），中国沿海深水区：

（1）东海、南海 $H_{max}=3.2\bar{H}$ ，相应波数 N=2000；

（2）黄海、渤海 $H_{max}=2.45\bar{H}\sim3.2\bar{H}$ ，相应波数 N=100～2000。

其中，$\bar{H}$ 为波高的平均值（m）。

浅水区的 H_{max} 根据水深 d（m）和波数 N，查阅规范相关资料获得。

2）波浪周期

最大波高 H_{max} 确定之后，其相应波浪周期 T（s）应在 $\sqrt{6.5H_{max}} \leqslant T \leqslant 20$ 的范围内，用几个不同的值对平台结构应力进行估算，最终取使平台结构产生最大应力的值。

对于某些周期的波浪，虽然波高小于 H_{max}，但可能对结构构件有更大的影响，亦应予以考虑。因此在计算波浪载荷时应对不同波浪周期、波浪方向和波峰位置进行搜索，以确定对平台最不利的状态。

海洋工程常用的波浪理论有：微幅波、斯托克斯波、椭圆余弦波和孤立波理论。不同的波浪参数及水深应选用合适的波浪理论。

2. 小尺度结构波浪载荷计算

当物体的尺度与波长相比是小量时，可忽略物体对波浪运动的影响，这个比值一般定为 $D/L \leqslant 0.2$（其中，D 是物体的特征长度，如圆柱体中 D 是直径，L 是波长）。$D/L \leqslant 0.2$ 的构件一般称为小尺度构件。对于小尺度构件单位长度上的波浪力和海流力，可用莫里森公式计算拖曳力和惯性力后，再按同相位合成。

（1）拖曳力。拖曳力按下式计算：

$$\boldsymbol{f}_D = \frac{1}{2}\rho C_D A|\boldsymbol{u}_n|\boldsymbol{u}_n \tag{4.27}$$

式中，$\boldsymbol{f}_D$ 为垂直于构件轴线单位长度上的拖曳力（N/m）；C_D 为拖曳力系数，查表 4.6 或由试验测定；ρ 为海水密度（kg/m^3）；$\boldsymbol{u}_n$ 为与构件轴向垂直的相对速度矢量（m/s）；A 为单位长度构件在垂直于矢量 $\boldsymbol{u}_n$ 方向上的投影面积（m^2/m）。

表 4.6　拖曳力系数 C_D 和附连水系数 C_m

构件截面形状	基准面积（单位长度）	C_D	基准体积（单位长度）	C_m
圆	D	1.0（$l \gg D$）	$\frac{\pi D^2}{4}$	1.0（$l \gg D$）
正方	D	2.0（$l \gg D$）	D^2	1.19（$l \gg D$）
平板	D	2.01（$l \gg D$）	bD	1.0（$l \gg D$）
球	D	0.5	—	0.5

注：l 为构件长度

（2）惯性力。在一般情况下，作用于构件单元上的惯性力可以考虑由波浪中水质点的加速度矢量和构件在波浪中的绝对运动所引起的力两部分所组成。

惯性力按下式计算：

$$\boldsymbol{f}_I = \rho C_M V \boldsymbol{a}_n \tag{4.28}$$

式中，$\boldsymbol{f}_I$ 为构件单位长度所受的垂直于构件轴线方向的惯性力（N/m）；ρ 为海水密度（kg/m^3）；C_M 为惯性力系数，$C_M = 1 + C_m$，C_m 为附连水系数，查表 4.6 或由试验测定；V 为单位构件长的体积（m^3）；$\boldsymbol{a}_n$ 为与构件轴线垂直的水质点加速度矢量（m/s^2）。

作用在小尺度细长且静止于水中的构件单位长度上的波浪力（包括海流力）为

$$\boldsymbol{F} = \boldsymbol{f}_D + \boldsymbol{f}_I = \frac{1}{2}\rho C_D A |\boldsymbol{u}_n| \boldsymbol{u}_n + \rho C_M V \boldsymbol{a}_n \tag{4.29}$$

对于自升式海洋钻井平台的直立柱构件（立柱、桩腿等），波浪中水质点产生的水平波浪和流与水质点速度和加速度的垂直分量无关，仅与水质点的水平速度 $\boldsymbol{u}_x$ 和水平加速度 $\dot{\boldsymbol{u}}_x$ 有关系。同时，波动水质点的速度和加速度的水平分量在同一平面内具有相同的方向。因此，波流力可取惯性力和拖曳力的矢量或标量和，写成如下形式：

$$F = \frac{1}{2}\rho C_D A |\boldsymbol{u}_x| \boldsymbol{u}_x + \rho(1 + C_m) V \dot{\boldsymbol{u}}_x \tag{4.30}$$

4.2.3　流载荷

海水在大范围里相对稳定的流动形成海流，是海水运动的普遍形式之一。它与风、浪等同时直接作用在平台上，对平台的稳性和强度将产生影响。因此在设计中，必须计算海流载荷的作用。

1. 设计流速

中国船级社[102]规定设计流速应取平台作业海区范围内可能出现的最大流速值。潮流的速度随深度的变化较小，而海流的速度随深度有一定变化。在有潮流的海区，一般说来，海流的速度与潮流相比是较小的。因此在工程设计中，为简便起见可以着眼于潮流，并近似地认为流速是垂直均匀分布的。

海流随水深的变化如下式所示：

$$v_Z = v_s (Z / d)^{1/7} \tag{4.31}$$

式中，v_Z 为海底以上高度为 Z 处的流速（m/s）；v_s 为海面流速（m/s）；d 为水深（m）。

2. 流载荷计算

由于海流和潮流的速度不像波浪水质点运动速度那样在较短的时间范围内不

断重复其周期性变化，因此相比之下，海流和潮流的速度随时间的变化是缓慢的。在工程设计中，为简单起见，常将海流和潮流看成稳定的流动，并认为它们对平台的作用力仅仅是拖曳力。

在计算海流、潮流作用力时，如果在海流和波浪同时存在的状态下，应考虑流速与波浪水质点水平速度叠加后产生的拖曳力，而不能将两者分别计算。作用于水下 Z 处的单位长度拖曳力为

$$f_D = \frac{1}{2}\rho C_D \cdot D(u_w + u_s)^2 \tag{4.32}$$

式中，C_D 为拖曳力系数（表 4.6）；D 为圆柱直径（m）；ρ 为海水密度（kg/m^3）；u_w 为波浪水质点的水平速度（m/s）；u_s 为流速（m/s）。

海流、潮流和波浪水质点的水平速度联合作用在整个桩柱上的水平拖曳力为

$$F_D = \int_0^{d+\eta} \frac{1}{2}\rho C_D \cdot D(u_w + u_s)^2 \mathrm{d}Z \tag{4.33}$$

式中，d 为水深（m）；η 为波面高（m）；Z 为深度（m）；其他符号意义同前。

中国船检部门给出的钻井平台水下部分构件的流力 F（kN）计算式如下：

$$F = C_D \frac{1}{2} \cdot v^2 \cdot A \tag{4.34}$$

式中，v 为设计流速（m/s）；A 为构件在与流向垂直的平面上的投影面积（m^2）；其他符号意义同前。

4.2.4　冰载荷

1. 冰载荷的主要形式

海冰对海洋工程建筑物的作用力习惯称为冰载荷。在中国渤海北部使用的海洋移动平台应考虑冰载荷，特别是在结冰期使用的自升式海洋钻井平台，冰载荷常常成为平台设计的控制载荷。作用于建筑物的冰载荷主要有以下几种形式。

（1）巨大的冰原包围了建筑物，整个海面处于冰层覆盖的状态。在潮流及风的作用下，大面积冰原整体移动，挤压平台。如果平台能承受，则冰原被桩柱切入或割裂。这种冰载荷呈周期性变化，并伴随着振动。大面积冰原破碎前的瞬间平台上的挤压力最大。

（2）流冰期间，自由漂浮的流冰冲击着平台而产生的冲击力。

（3）在冬季气温剧变的情况下，整体冰盖层由于温度变化引起膨胀而产生对平台挤压的膨胀力。

（4）平台四周的海冰因温度下降而结成一体，冻结成的冰盖层因潮流和风的变化而移动，产生对平台的拖曳力。由于水位的波动而产生垂直作用力（水位下落时冰的重力，水位上涨时冰块产生的浮力）。

（5）流冰期冰块对平台的磨耗作用力。

前两种冰载荷是主要的，这些载荷的作用是造成平台倾覆或结构损坏的主要原因。下面将介绍前两种冰载荷的计算。

2. 冰载荷计算

（1）大面积冰原挤压孤立垂直桩柱所产生的冰载荷 P（kN）为

$$P = mK_1K_2R_cbh \tag{4.35}$$

式中，m 为桩柱形状系数，对圆截面采用 0.9； K_1 为局部挤压系数； K_2 为桩柱与冰层的接触系数；R_c 为冰块试样的极限抗压强度（kN/m^2）；b 为桩柱宽度或直径（m）；h 为冰层计算厚度（m），以国家主管部门提供的实测资料为准。

上式中各主要参数应尽量通过长期观测、经分析后确定。在实测资料不足的情况下，可取下列数值： K_1 取 2.5～3.0； K_2 取 0.3～0.45。

对于渤海和黄海北部沿海，R_c 取 1470kN/m^2（150t/m^2）。

（2）流冰对桩柱挤压力。海冰在风与海流作用下撞击平台的桩柱时，若其动能具有能够切入桩柱的全部宽度，此时桩柱所受冰压力最大值 P_{max} 可按公式（4.35）计算。

若冰块具有的动能只能切入桩柱的局部，冰块就会在桩柱前停留下来。在此情况下，作用于桩柱上的最大冲击压力 P 将小于 P_{max} 。冲击冰压力 P 虽较前者小，但是对于有流冰的海域，流冰对平台的冲击力是不容轻视的。

这类冰压力的计算，主要从物体撞击的能量守恒的观点出发，考虑冰对桩柱的作用力，并且在计算公式中反映出冰的运动速度这一因素。具有的动能 T 主要消耗于冰缘挤压所做的功上。

4.2.5　地震载荷

地震载荷不同于风、浪、流、冰等环境载荷，它不直接作用在结构物上，是由地震引起结构物的基础运动而产生的载荷。地震引起的结构振动称为地震响应。

地震引起平台振动，平台还要带动地基和周围的水随之振动，即平台结构和地基之间相互作用，平台桩柱和水之间也相互作用。在发生地震时，由于平台内部分布的惯性力将作为剪切力使平台与地震基之间产生滑动而导致平台倾覆。海洋平台与陆地建筑物之间的区别之一是平台具有附加质量。

地震载荷不是经常出现的环境载荷。因此，在载荷组合计算时，地震载荷不必与其他环境载荷组合。

工程抗震计算理论从实用出发，利用惯性力的概念，把平台结构各质点地震响应中最大惯性力作为地震时作用在质点上的地震载荷，用响应谱和动力放大系数的概念，做出标准响应谱曲线来确定地震载荷。

4.3 完 整 稳 性

世界上各主要船级社对完整稳性的要求并不是一致的，在计算平台稳性时应注意这一点。下面主要叙述中国船级社 2005 年发布的《海上移动平台入级与建造规范》[102]对完整稳性的要求。

（1）初稳性。平台在其吃水范围内的各种作业情况下，经过自由液面修正后的初稳性高度均应不小于 0.15m。

（2）大角稳性。钻井平台的复原力矩曲线至第二交点角或进水角（取较小者）以下的面积至少比风压倾侧力矩曲线至同一限定角以下的面积大，对于半潜式平台大 30%，对于钻井船、自升式海洋钻井平台和座底平台大 40%，见图 4.1。

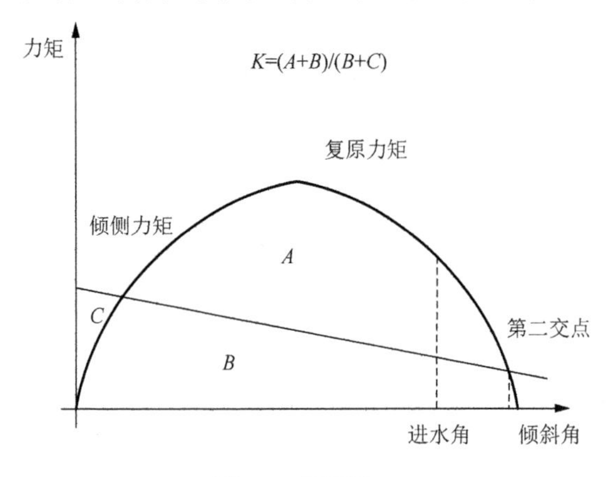

图 4.1　面积比 K

4.4 破 舱 稳 性

在自升式海洋钻井平台设计中必须根据规范要求计算破舱稳性。平台的破舱稳性与舱室划分密切相关，因此在总布置设计时就应予以充分考虑。世界各国在总结海洋平台的海难事故经验教训后，修改了破舱稳性要求。

1. 自升式海洋钻井平台和水面式平台

破舱后的平台应有足够的干舷、储备浮力和稳性，以使任一舱室受到规范规定的破损后，在来自任何方向、速度为 25.8m/s（50kn）的风倾力矩作用下，计及下沉、纵倾和横倾的联合影响后，最终水线得以保持在可能发生继续进水的任何开口的下缘之下。

2. 破损范围

（1）水密舱壁间。水平透入为 1.5m，垂向高度为自底部向上无限制。

（2）水密舱壁间的距离应不小于 3m。间距在 3m 以内的一个或一个以上相应舱壁应不予考虑。

4.5 站立稳性

自升式海洋钻井平台站立稳性是沉垫或桩腿与海床地基的相互作用下的稳性问题，它直接影响平台的作业性能和安全。在渤海曾经出现平台被冰推倒的严重情况，平台在环境载荷的作用下出现较大滑移而使钻井不能继续作业的事故也发生过数起[103]。因此，在自升式平台和坐底式平台设计中必须计算坐底稳性，并交船检部门检验。规范要求的坐底稳性是指抗倾稳性和抗滑稳性。一般工程上还要求计算坐底式平台的海床地基压应力。与上述内容密切相关的还有水流对海底的冲刷而引起坐底面积丧失问题。

1. 抗倾稳性

平台的抗倾稳性以抗倾安全系数 K_{zq} 来衡准：

$$K_{zq} = M_{zk} / M_{zq}$$

式中，M_{zk} 为平台坐底时的抗倾覆力矩（kN·m）；M_{zq} 为平台坐底时的倾覆力矩（kN·m）。K_{zq} 的最小值见表 4.7。

表 4.7　K_{zq} 的最小值

工况	坐底时平台	自升式海洋钻井平台
正常作业	1.6	1.5
自存	1.4	1.3

2. 抗滑稳性

抗滑稳性以抗滑安全系数 K_H 为衡准：

$$K_H = \frac{R_H}{F_H}$$

式中，R_H 为抗滑阻力（kN）；F_H 为滑移力（kN）。

在满载作业工况下，K_H 应不小于 1.4；在自存工况下，K_H 应不小于 1. 2。

3. 地基承载力

平台在坐底状态时，其海床地基应力应小于地基容许承载力，并且有一定的安全系数，以防止地基出现过大的不均匀沉陷。在计算海床地基应力时，除了考虑平台的重力（平台自重、可变载荷和压载水）外，还应考虑环境载荷引起的压应力。

4. 平台沉垫坐底面积损失

在计算站立稳性时，应考虑水流对海底土壤的冲刷作用引起的自升式海洋钻井平台沉垫坐底面积损失。

冲刷情况因海底地基的性质、海流流速、波高、波浪周期、结构物的形状等影响而不同，计算困难。根据防冲刷的试验研究，当海底水流的冲刷速度 u^* 超过了临界冲刷速度 u_0^* 就会发生冲刷。关于这方面的内容，可参考相关规范。

各国规范对坐底面积损失率的规定基本相同。对于带整体沉垫的平台，坐底面积损失率为 20%；对于有独立桩靴或小沉垫的平台，每个桩靴或小沉垫的坐底面积损失率为 50%；对于有防冲设施的平台，可根据其防冲的有效性，考虑减少或不考虑坐底面积损失率。

4.6　自升式海洋钻井平台拖航稳性三维计算方法

近几十年，随着世界范围内海洋石油事业的蓬勃发展，各种移动式平台的建造量急剧增长。但是由于设计、建造以及使用中，尤其是对特殊浮体经验的不足，各类稳性事故时有发生，带来了极大的生命财产损失。

与常规船舶相比，通常海洋平台几何形状不规则，各类平台几何形状的规律性很差。海洋平台的长宽比通常比较小，有的甚至接近于 1，因而不能仅仅校核其横向稳性，需要校核各方向拖航稳性。上述因素给海洋平台的拖航稳性计算带来很大的难度。精确计算各种海洋平台拖航稳性的通用方法，是海洋平台设计者和使用者所期待的，对实际工程具有重要意义。

传统的稳性计算方法存在以下几方面问题。

（1）对于形状复杂的海洋平台，建模时需要做大量的简化，因而会影响计算的精度。

（2）计算自由浮态下的回复力臂时，通常采用插值的方法（如 COMPASS 系统等）或者采用优化方法求解[5,6]。插值的方法会对计算精度有一定的影响，优化方法的算法不稳定，容易出现求解不收敛或者收敛很慢等问题。

（3）平台各个方向稳性校核时，基于几个特定方向的稳性曲线完成，而稳性最差的方向不一定出现在这几个假定的方向角，因而计算结果偏于危险。

本节提出一种基于三维实体造型的自升式海洋钻井平台拖航稳性计算方法，可以很好地解决上述问题。该方法运用 B-Rep 实体造型技术建立海洋平台的浮体模型，采用一种迭代的算法直接计算自由浮态下的回复力臂，通过稳性曲面校核海洋平台各方向的拖航稳性。该方法具有一定的通用性，可用于其他型海洋平台的设计计算。

4.6.1　采用实体造型方法建立三维船体模型

通常稳性计算方法可以分为两大类。

第一类是通过横剖线计算的二维计算方法，例如郭洛瓦诺夫法、克雷洛夫-达尔尼法等，代表软件如中国船级社的稳性计算软件 COMPASS 系统等。

第二类是基于曲面的三维计算方法，代表软件有船舶设计软件 NAPA 系统、TRIBON 系统等，以及基于表面元法的稳性计算方法。

迄今为止，用于船舶以及海洋平台稳性计算的方法也主要沿用上述两种方法。然而海洋平台的几何形状通常比较复杂，采用二维的线框模型以及三维的曲面模型都难以精确表达平台模型。而且各类平台的外形差异较大，采用上述两种方法时，需要针对各类平台建立不同的计算模型，难以找到一种通用的稳性计算方法。

随着 CAD 几何造型技术的发展，通过三维实体造型方法，可以构造各种复杂的几何体。本节采用实体造型法建立海洋平台模型，并基于实体模型完成稳性计算。在常用的实体造型方法中，由于边界表达（boundary-representation）法采用了自由曲面造型技术，可以构造具有复杂曲面外形浮体模型，因而采用 B-Rep 实体模型表达海洋平台。通过拉伸、旋转、扫掠等实体的基本构造方法以及实体模型的布尔运算，可以方便地建立各种复杂平台的船体模型。

如图 4.2 所示的自升式海洋钻井平台的模型可以通过以下几步建立。

（1）根据甲板平面通过拉伸操作得到棱柱形的平台主体模型 S_{main}。

（2）通过拉伸操作建立三个桩靴开孔的实体模型 S_{s1}、S_{s2}、S_{s3}。

（3）通过 B-Rep 的布尔减操作，从 S_{main} 中依次扣除 S_{s1}、S_{s2}、S_{s3}，得到平台主体的实体模型 S_{hull}。

（4）通过带锥度的拉伸以及布尔加操作，建立桩靴实体模型 S_{spud1}、S_{spud2}、S_{spud3}。通过拉伸以及布尔加操作，建立桩腿排水的弦杆以及腹杆模型 S_{leg1}、S_{leg2}、S_{leg3}。

（5）将 S_{hull} 与 S_{spud1}、S_{spud2}、S_{spud3}、S_{leg1}、S_{leg2}、S_{leg3} 通过布尔加操作得到平台的最终计算实体模型 S_{rig}。S_{rig} 已接近真实平台的浮体模型，因而基于 S_{rig} 计算平台的稳性，不会因为浮体模型的简化影响计算结果，可以保证稳性计算的精确性。

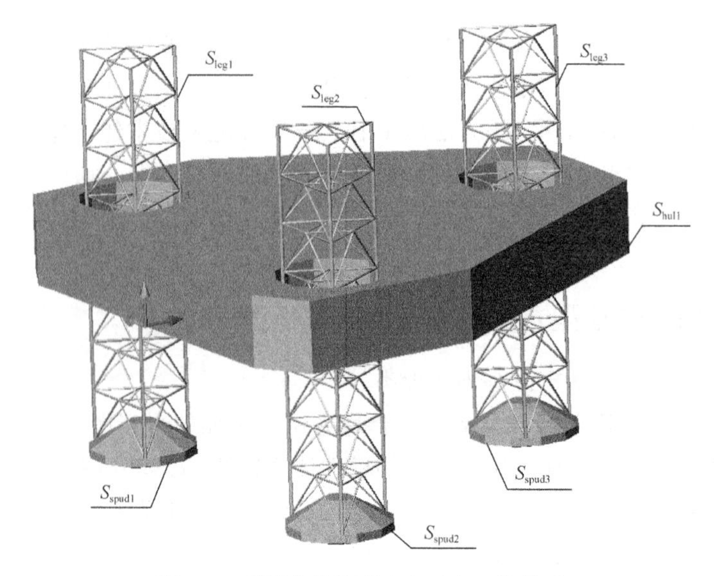

图 4.2　采用实体造型建立平台三维模型

4.6.2　通过三维模型计算平台的静水力特性

计算回复力臂的关键在于计算船体倾斜后的浮心坐标以及其他静水力特性。倾斜后浮心的坐标以及其他的静水力特性可以通过三维实体模型准确地计算得到，如图 4.3 所示。

假设船体的横倾角为θ_H，纵倾角为θ_T，吃水为 d。通过对船体三维模型S_{rig}的几何变换，可以得到倾斜后的船体模型S^*_{rig}。横倾变换矩阵$\boldsymbol{M}_H$、纵倾变换矩阵$\boldsymbol{M}_T$以及吃水变换矩阵$\boldsymbol{M}_d$分别为

$$\boldsymbol{M}_H=\begin{bmatrix}1 & 0 & 0 & 0\\ 0 & \cos\theta_H & \sin\theta_H & 0\\ 0 & -\sin\theta_H & \cos\theta_H & 0\\ 0 & 0 & 0 & 1\end{bmatrix},\quad \boldsymbol{M}_T=\begin{bmatrix}\cos\theta_T & 0 & -\sin\theta_T & 0\\ 0 & 1 & 0 & 0\\ \sin\theta_T & 0 & \cos\theta_T & 0\\ 0 & 0 & 0 & 1\end{bmatrix}$$

$$\boldsymbol{M}_d=\begin{bmatrix}1 & 0 & 0 & 0\\ 0 & 1 & 0 & 0\\ 0 & 0 & 1 & 0\\ 0 & 0 & d & 1\end{bmatrix}$$

则总变换矩阵$\boldsymbol{M}=\boldsymbol{M}_H\cdot\boldsymbol{M}_T\cdot\boldsymbol{M}_d$。通过几何变换$S^*_{\text{rig}}=S_{\text{rig}}\times\boldsymbol{M}$得到倾斜后的平台模型。通过$S^*_{\text{rig}}$与静止水面所在平面$X$=0，应用 B-Rep 实体模型的切片操作(Slice)，可以得到水线面以下的实体模型S^*_w以及水线面A^*_w。通过S^*_w和A^*_w，利用文献[1]中的计算方法，可以计算平台在对应浮态下的各种静水力性能，如排水量、初稳

性高等。计算 S_w^* 的形心坐标 B^*，B^* 即为倾斜后平台的浮心。回复力臂 l_s 的值可以通过 B^* 与变换后的平台重心 G^* 之间的距离得到。

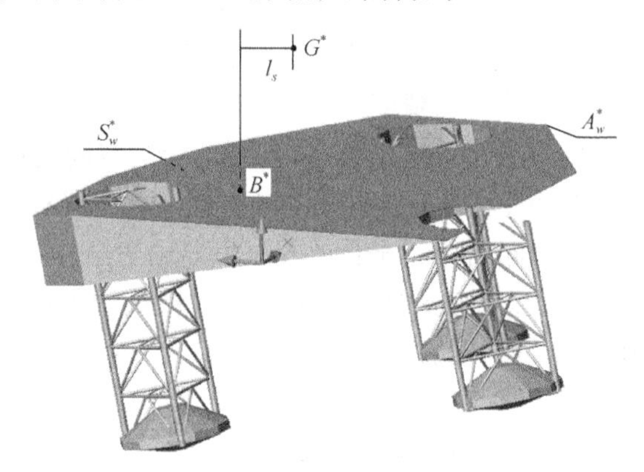

图 4.3 通过实体模型计算平台静水力特性

4.6.3 回复力臂计算原理

常规稳性计算方法中，计算自由浮态下的回复力臂主要有两种方法，即插值方法和优化方法。而这两种方法均存在不足之处。

1. 插值方法

插值方法首先计算稳性插值曲线，然后根据排水量，通过插值得到不同横倾角下的回复力臂，再得到静稳性曲线 $l'=f'(\theta)$。为考虑纵倾的影响，分别计算一组纵倾下的静稳性曲线 $f_1',f_2',\cdots,f_n'$。计算当前浮态下的纵倾角 θ_T，根据 θ_T，通过 $f_1',f_2',\cdots,f_n'$ 插值得到自由浮态的静稳性曲线 $l=f(\theta)$。

这种方法存在两方面缺点：第一，计算回复力臂时要先计算浮态，对于几何形状不规则的几何体，浮态计算要采用迭代算法才能准确计算，而迭代算法计算量很大，并且算法不稳定。第二，传统的算法计算自由浮态下的回复力臂时用到两次插值：首先根据稳性插值曲线插值得到静稳性曲线（每个假定的纵倾角计算一次），然后根据各种假定纵倾角下的静稳性曲线插值得到当前纵倾角下的静稳性曲线。这两次插值，特别是第二次插值，如果对应的纵倾角较大，计算结果与真实结果有较大的误差。

2. 优化方法

优化方法通常依据功最小原理，采用各种最优化方法求解回复力臂。对于形状特殊的浮体，采用这种方法在求解过程中容易出现收敛慢甚至不收敛的情况，因而这种算法不稳定，而且如果初始值取得不好，算法效率很低。

3. 迭代直接求解方法

本节给出一种计算自由浮态下回复力臂的迭代算法。该算法采用迭代的方法直接求解，不需要经过插值运算，也不需要优化求解，相对于传统的算法，效率更高、更稳定，而且具有较高的精度。

采用笛卡儿右手直角坐标系，如图 4.4 所示。定义方向角 Φ 为外力矩 $\boldsymbol{M}$ 与 X 轴的夹角。假定平台受到的外力 $\boldsymbol{F}$ 方向沿 PP' 方向，外力矩 $\boldsymbol{M}$ 的方向沿着 NN' 方向，NN' 与 X 轴夹角为方向角 Φ。平台的浮态可以由三个参数描述，即绕着 NN' 轴的旋转角（横倾角 θ_H）、绕着 PP' 轴的旋转角（即纵倾角 θ_T）以及平台的吃水 d。当平台在静水中漂浮达到平衡时，应当满足以下三个平衡方程。

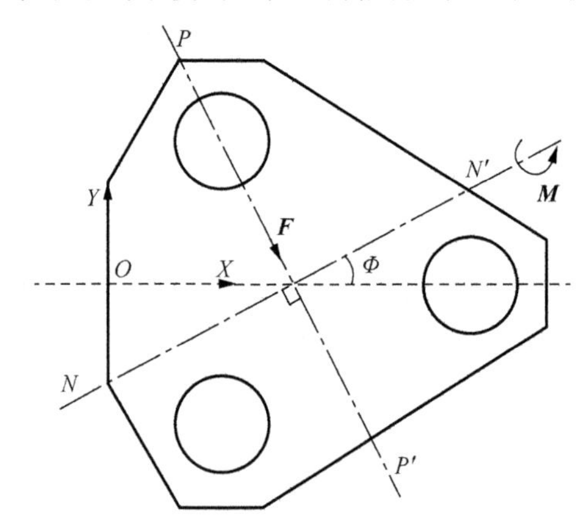

图 4.4　坐标系及其受力说明图

浮力平衡方程

$$\mathrm{GT} = \gamma V \tag{4.36}$$

纵向力矩平衡方程

$$\mathrm{LCG} = \mathrm{LCB} \tag{4.37}$$

横向力矩平衡方程

$$l\gamma V = M \tag{4.38}$$

式中，GT 为平台总的重量；V 为排水体积；γ 为海水密度；LCG 为重心的纵向位置；LCB 为浮心的纵向位置；l 为回复力臂。

求平台的回复力臂，实质上就是求解上述浮力平衡方程。上述方程中，当方向角 Φ 一定时，隐含的未知数有四个，即 θ_H、θ_T、d 和 l。回复力臂 l 为横倾角 θ_H 的函数，即 $l=f(\theta_H)$。计算回复力臂，就是固定 θ_H 求解上述方程，得到 θ_T、d 和 l。

求解 l 的流程如图 4.5 所示，通过以下步骤实现。

（1）设置初始值及其误差精度。

（2）使平台产生横倾 θ_H 。

（3）固定 θ_T ，搜索 d 使得浮力平衡方程在设定的精度下成立。

（4）判断此时的力矩平衡方程在设定精度下是否成立，若成立执行（7），否则执行（5）。

（5）固定 d，搜索 θ_T 使得力矩平衡方程在设定的精度下成立。

（6）判断此时的浮力平衡方程在设定精度下是否成立，若成立执行（7），否则执行（3）。

（7）迭代求解结束，计算当前浮态下的浮力与重力作用线的距离，即为给定条件下的回复力臂的值（自由液面修正前）。同时，θ_T 的值为船体的纵倾值，即当外力矩方向沿 NN' ，使船体产生 θ_H 的横倾角时，船体将伴随产生 θ_T 的纵倾角。

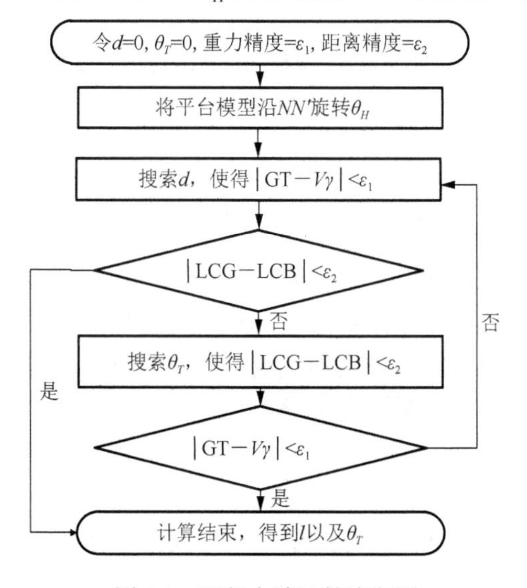

图 4.5　回复力臂计算流程图

4.6.4　海洋平台静稳性曲面及其应用

传统的海洋平台稳性计算是基于静稳性曲线完成的。为了计算平台各方向稳性，取几个典型的方向角，例如，0°～180°，间隔 45°，计算上述几个方向角下的稳性，如果全部满足设计要求，则认为该平台在相应工况下的拖航稳性满足设计要求。

事实上，稳性最危险的方向角不一定出现在假定的几个方向角，所以传统的方法偏于危险，不能真实反映平台的稳性。

本节提出一种基于稳性曲面计算海洋平台稳性的方法。通过稳性曲面可以计算任意方向角下的稳性，通过稳性曲面可以得到稳性最不利的方向角以及最不利的稳性值。因而，该方法比传统方法更精确、更具有合理性[104]。

1. 静稳性曲面的定义

静稳性曲面是在给定排水量和重心位置的情况下，回复力臂随着外力矩方向角 $\varPhi$ 和横倾角 θ 变化的曲面，其极坐标形式如下：

$$l = f(\theta,\varPhi) \tag{4.39}$$

式中，θ 为极半径；$\varPhi$ 为极角。对应每个点 $(\theta,\varPhi)$，$f(\theta,\varPhi)$ 的值可以通过上面回复力臂计算方法计算得到。实际中采用非均匀有理 B 样条（non-uniform rational B-splines，NURBS）曲面表达静稳性曲面，因而需要将其转化为直角坐标形式，即

$$l = f'(x,y) = f'(\theta\cos\varPhi,\theta\sin\varPhi) \tag{4.40}$$

2. 静稳性曲面的建立

给定外力矩方向角间距 $\mathrm{d}\varphi$、横倾角间距 $\mathrm{d}\theta$，以及最大横倾角 $\theta_{\max}$，令 $\varphi_i = i\times\mathrm{d}\varphi$，$i=0,1,\cdots,M-1,M$，$M=\dfrac{360^\circ}{\mathrm{d}\varphi}$，再令 $\theta_{Tj} = j\times\mathrm{d}\theta$，$j=0,1,\cdots,N-1,N$，$N=\dfrac{\theta_{T\max}}{\mathrm{d}\theta}$，则点 $(\theta_j\cos\varphi_i,\theta_j\sin\varphi_i,f(\theta_j,\varphi_i))$，$i=0,1,\cdots,M-1,M,j=0,1,\ \cdots,N-1,\ N$，组成 $M\times N$ 点阵 $\boldsymbol{P}_{M\times N}$。以 $\boldsymbol{P}_{M\times N}$ 为型值点，计算 NURBS 曲面的节点矢量，通过曲面的反算算法计算控制顶点，从而构造静稳性曲面 S，如图 4.6 所示。静稳性曲面与基平面的交线为稳性消失角曲线。稳性消失角曲线以上区域的稳性为正稳性，稳性消失角以下区域为负稳性。

3. 静稳性曲面的应用

通过静稳性曲面，可以得到海洋平台在方向角为 $\varPhi$ 的任意外力矩作用下的静稳性曲线。过 Z 轴作与 X 轴夹角为 $\varPhi$ 的平面 $H:\sin\varPhi x-\cos\varPhi y=0$。通过 NURBS 曲面与平面的求交算法计算 S 与 H 的交线 L。L 被坐标原点分为两段曲线，分别是外力矩方向为 $\varPhi$ 以及 $\varPhi+\pi$ 对应的静稳性曲线。取方向与 $\varPhi$ 一致的一段曲线，即为海洋平台在外力矩方向为 $\varPhi$ 时的静稳性曲线。

通过静稳性曲面，可以准确地计算海洋平台各方向的稳性。例如，按照国际海事组织的要求计算最小稳性衡准数。以方向角 $\varPhi$ 为横坐标，以根据对应状态下静稳性曲线计算得到的稳性衡准数 K 为纵坐标作稳性衡准数曲线 $K=k(\varPhi)$，则可通过对 K 求一阶导数计算稳性衡准数的最小值 $K_{\min}$ 以及最小值对应的方向角 $\varPhi_{\min}$。判断校核平台的拖航稳性的稳性衡准数是否满足设计要求，应当校核 $K_{\min}$ 是否满足规范要求。图 4.7 为自升式海洋钻井平台拖航时的稳性衡准数曲线。通过该曲线可知，该平台在外力矩方向角为 144.9° 时稳性衡准数取得最小值，对应的

最小稳性衡准数为 1.45。从该曲线也可以看出，海洋平台稳性最差的情况未必出现在横倾的状况，也很可能不在传统方法假定的方向角范围内。

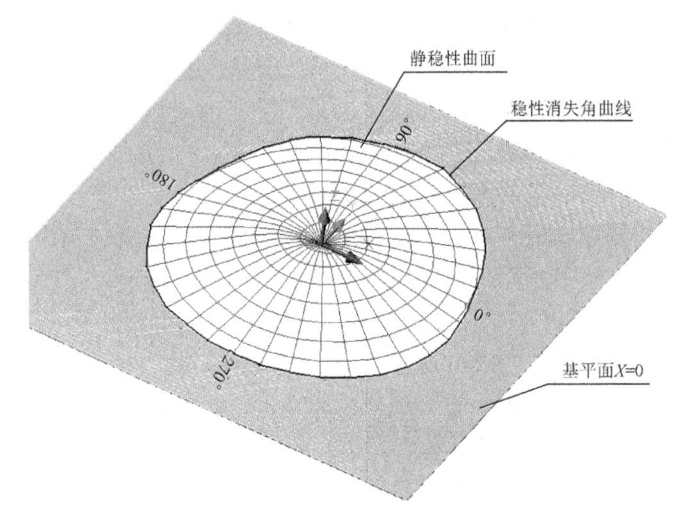

图 4.6　静稳性曲面

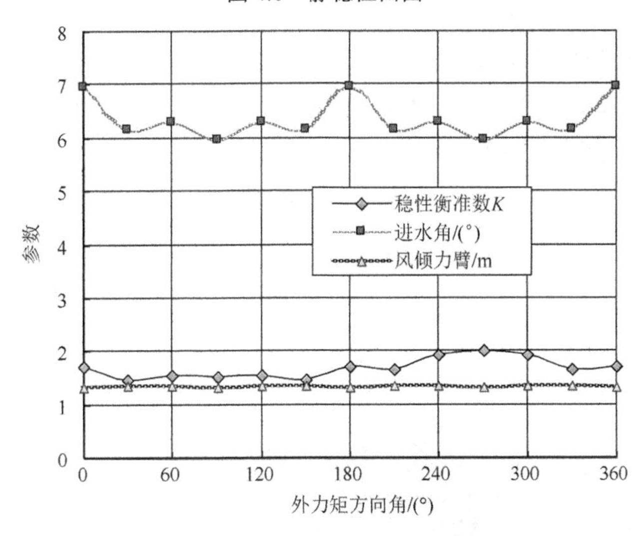

图 4.7　风倾力臂、进水角及稳性衡准数曲线

不同的规范、不同型式的平台需要校核的内容也不尽相同，但是都可以采用与上述计算稳性衡准数相似的方法，通过静稳性曲面完成。

4.6.5　工程实例

以胜利油田“胜利四号”坐底式钻井平台为例，验证上述算法的正确性。算法正确性验证包括两方面内容：一是基于三维实体的回复力臂迭代算法的正确性；二是通过稳性曲面计算稳性方法的正确性。

对于浮体几何形状特殊（如非对称的、离散的）的海洋平台，本节提出的算法可以精确计算其稳性。但是采用传统的计算方法则需要做一定的简化才能计算。所以，为了验证本节算法的正确性，算例采用的“胜利四号”是一个对称的、非离散的海洋平台。传统的算法在不做简化的前提下，能够相对准确地完成该平台的稳性计算，可以用以验证本节算法的正确性。

从回复力臂计算原理可以看出，算法对浮体的形式没有任何限制。本节方法只要能正确计算算例中海洋平台的稳性，就能证明其正确性。

如图 4.8 所示，平台浮体为长方形，尾部开凹槽。主尺度如下：型长 63 860mm；型宽 24 000mm；型深 4270mm；拖航排水量 4568t；重心高度 6130mm；重心纵向位置 33 590mm（距尾封板）；重心横向位置 0mm；凹槽尺寸 12 199mm×3048mm。

图 4.9 中的稳性曲面为采用本节算法得到的稳性曲面，表 4.8 为对应稳性曲面的型值表。该平台的浮体左右对称，而且重心横向位置为零，所以稳性曲面关于 $Y=0$ 平面对称，型值表中为 $Y=0$ 平面左侧（0°～180°）稳性曲面型值。

验证软件为中国船级社的 COMPASS 软件系统。采用该系统建立海洋平台模型并计算该平台的稳性曲线 l_{ccs}，即传统方法得到的静稳性曲线。通过稳性曲面，与 $X=0$ 平面求交，得到方向角为 0 时的静稳性曲线 l_{3d}，即本节方法得到的静稳性曲线。l_{ccs} 与 l_{3d} 如图 4.10 所示。

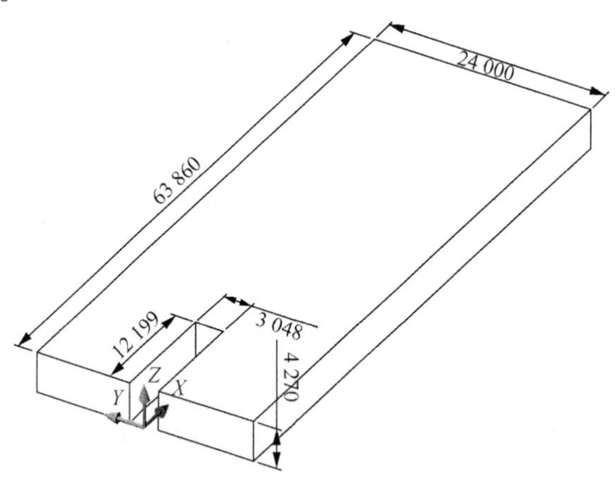

图 4.8　“胜利四号”平台浮体示意图（单位：mm）

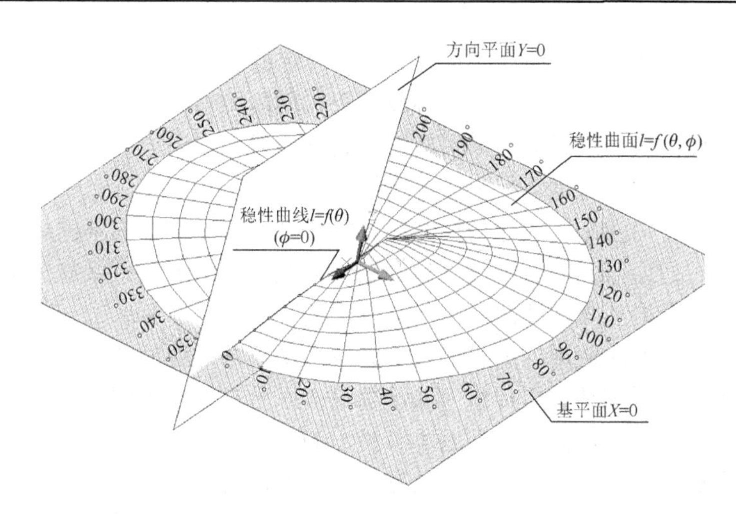

图 4.9　通过静稳性曲面计算静稳性曲线

表 4.8　稳性曲面型值表（二维回复力臂曲面）　　（单位：m）

方向角/（°）	横倾角/（°）							
	5	10	15	20	25	30	35	40
0	1.037	1.739	1.829	1.661	1.334	0.940	0.512	0.063
30	3.315	4.333	4.326	3.993	3.536	3.015	2.459	1.875
60	6.641	7.710	7.527	7.042	6.446	5.784	5.072	4.313
90	7.963	9.009	8.743	8.193	7.530	6.805	6.027	5.200
120	6.638	7.707	7.524	7.039	6.443	5.782	5.070	4.312
150	3.310	4.329	4.322	3.989	3.532	3.011	2.456	1.872

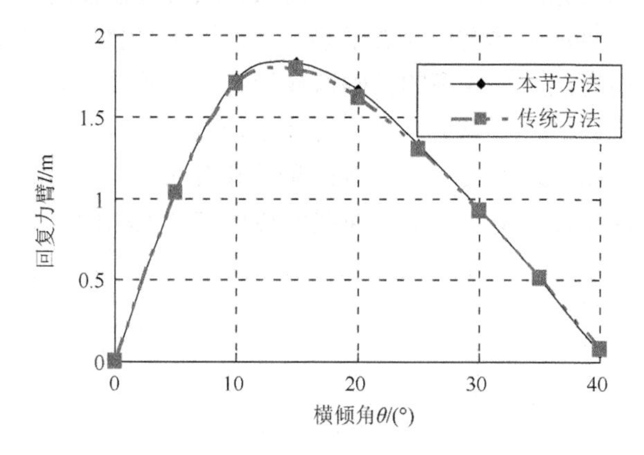

图 4.10　传统方法与本节方法计算稳性曲线

从图 4.10 中可以看出，两种方法计算得到的回复力臂曲线整体吻合得比较好，曲线中间部分存在一定的误差，最大误差为 2.4%。误差产生的原因有如下几点。

（1）COMPASS 系统通过二维线框模型表达平台浮体，而本节方法采用三维实体模型表达平台浮体。两个模型之间存在一定的差异。

（2）COMPASS 系统计算固定纵倾角下的回复力臂时，首先计算稳性插值曲线，通过稳性插值曲线插值得到对应的静稳性曲线。本节方法中回复力臂通过直接迭代求解的方法计算得到，不经过插值。

（3）计算自由浮态下的静稳性曲线，COMPASS 通过计算不同纵倾下的静稳性曲线，然后插值得到对应纵倾下的静稳性曲线，本节方法直接迭代求解自由浮态下的回复力臂得到静稳性曲线。

由于以上三方面原因，两种方法的计算结果不可避免的会产生一定的误差。误差存在的主要原因是采用传统方法计算海洋平台稳性时不够精确。但是误差在工程允许范围以内，从而可以证明本节提出的回复力臂计算方法以及通过稳性曲面校核平台稳性的方法是正确的，具有较强的工程实用性。

本节提出的海洋平台稳性计算方法是一种工程实用性较强的方法，可以准确、快速地完成自升式海洋钻井平台及其他各种型式海洋平台的拖航稳性计算。相对于传统的算法，该方法有如下几个优点。

（1）实体造型技术在稳性计算中的应用，使得该方法具有较高的精确性和较强的通用性。B-Rep 实体造型方法具有很强的表达能力，建模时不需要做太多的简化，所以能够准确地建立各类海洋平台的浮体模型。与常规的基于二维线框模型和三维曲面模型的方法相比，该方法具有较高的精确性。理论上，通过 B-Rep 可以建立包括各类船舶在内的各种海洋结构物的三维模型。该方法不考虑浮体是否对称、是否离散、截面是否连通等具体特点。只要正确建立海洋结构物的三维模型，就能够准确地完成其稳性计算，因而该方法具有较强的通用性。

（2）采用迭代算法求解自由浮态下的回复力臂不需要经过插值，也不需要事先计算浮态，因而算法具有较高的精确性和稳定性，而且具有较高的效率。

（3）通过稳性曲面，可以准确计算海洋平台在任意方向外力矩作用下的拖航稳性，也能够计算稳性最差的外力矩方向角及其对应的稳性值。通过稳性曲面校核海洋平台各方向稳性比基于静稳性曲线的传统方法更精确、更合理。

第 5 章　自升式海洋钻井平台方案评价技术

随着海洋油气资源开发力度的进一步加大，自升式海洋钻井平台的需求量将不断增加，其设计、建造技术和建造工艺越来越受到重视，如何对设计方案进行优化设计，从众多可行方案中选出技术先进、经济效益良好的最优方案是自升式海洋钻井平台方案优化设计技术中需要解决的问题。本章对自升式海洋钻井平台的方案评价指标体系和评价方法进行研究，提出一套适用于自升式海洋钻井平台的方案评价指标体系，并采用层次分析法（analysis hierarchy process，AHP）和改进的灰关联分析法进行平台方案的优选，初步分析和计算实例表明，该评价指标体系和评价方法是适用和可靠的。通过对灰关联分析方法进行改进，建立适用于自升式海洋钻井平台方案选优的灰关联多目标综合评价模型。该模型在灰关联分析的基础上引进层次分析法计算各指标的权重值，既在一定程度上考虑了设计方案各指标间的关联性，体现事物的客观本质，又能体现船东的主观偏好和设计者的设计需要。

5.1　系 统 评 价

评价或称评估，大致可以分为两类：一类是针对待建系统的评价，通常是对某个工程项目或拟开发系统的若干个不同的设计方案进行的分析和评价；另一类评价是针对现存的已有系统或被评价对象进行的，是根据一定的标准测量和判定被评对象的性能和质量。这种评价的出发点是：①存在有效的标准，可以根据这一标准收集系统的有关资料，确定系统实际存在的性能和质量状况；②可以将系统实际的性能和质量与某个选定的标准相比较，判断系统性能是否合格或优劣。第一类评价以获取最优方案为目的，评价是获取系统最佳方案的决策依据。第二类评价以获取评价结果为目的，虽然评价结果可以作为决策的依据，但是不必与决策发生直接的联系。本章中对自升式海洋钻井平台设计方案的评价属于第一类评价问题，评价的目的是确定最优设计方案，该评价可作为最终决策的依据。而对自升式海洋钻井平台的先进性进行评价，是对已建成并交付使用的自升式海洋钻井平台的性能水平等级进行评定，属于第二类评价问题，以获取评价结果为目的，可评估平台是否达到预期的效果，总结经验教训，以指导今后的设计工作。

系统评价的前提条件是熟悉可行方案和确定评价指标。对自升式海洋钻井平台方案设计进行系统评价，首先要掌握生成的各个可行设计方案的优缺点，充分估计系统各个目标、功能要求的实现程度，以及方案实现的条件和可能性；其次，要建立针对自升式海洋钻井平台方案设计的评价指标体系，各项指标能够反映项目和系统的要求，指标体系要完整、合理、科学；最后，选择适当的评价方法，利用得到的数据资料和评价指标进行计算，综合权衡得出最优设计方案。

评价的基本过程包括：确定评价标准、收集相关资料、对所收集的信息进行分析、建立评价指标体系、用适当的方法形成评价结果。因此，评价的目的是对系统的性能、状态有一客观的了解，为主管部门或决策人制定决策提供依据。可以这样说，没有正确的评价，就不可能有正确的决策[78]。从广义上说，无论对哪一类问题，要进行有效的评价一般包含图 5.1 中的第一步～第四步。

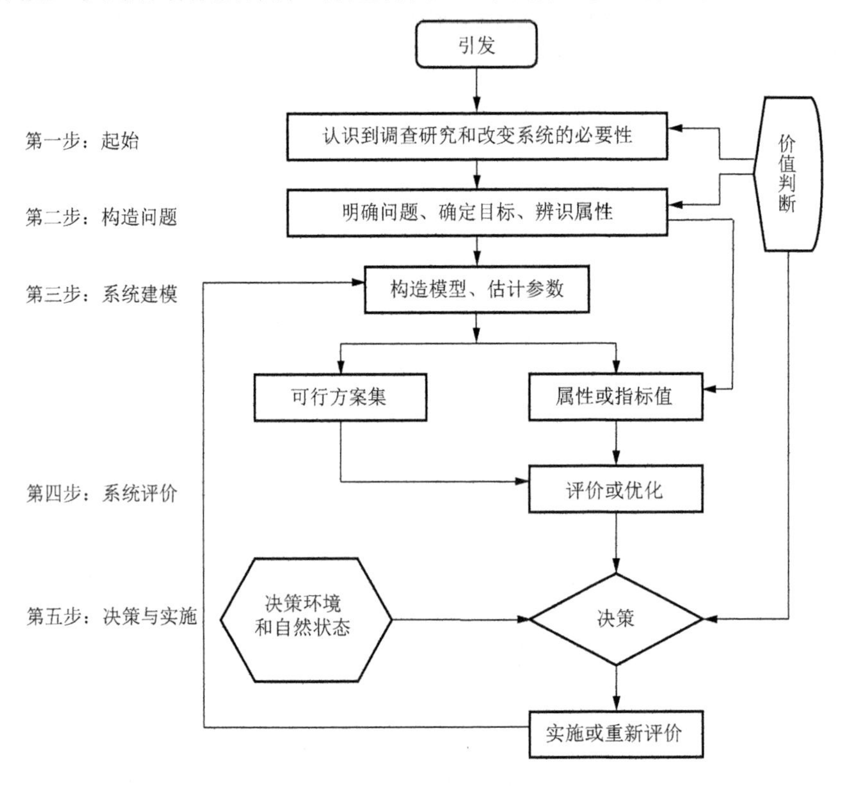

图 5.1　系统评价与系统决策

5.1.1　评价的实施

从理论上讲，评价应该分两个阶段进行。首先要搞清楚已有系统的实际性能和质量状况或者是待建系统可能达到的性能或质量状况，其次是把这些性能和质量状况与规定的标准相比较，对系统的性能和质量做出判断。对一个具体的系统进行评价，虽然从概念上看很简单，但实施起来却常常十分复杂。

针对自升式海洋钻井平台设计方案进行系统评价是对提供的各种可能方案，从各方面予以综合考察，全面权衡利弊得失，从而为选择最优设计方案提供科学依据。因此，设计方案的评价是自升式海洋钻井平台设计过程中的一项重要的基础工作。

当系统为单目标时，评价工作比较容易进行，但是自升式海洋钻井平台方案设计为多目标评价问题，评价工作要困难得多。对于这样的复杂系统，一方面要将它分解为若干子系统，分别建立模型，然后应用系统分析方法求得各个指标的最优解；另一方面还要将这些工作综合起来，对一个完整的可行方案做出正确的评价，对不同的可行方案进行谁优谁劣的比较，而且要用定量的结果来说明。这样系统评价工作主要存在以下两方面的困难：一是有的指标难以量化，二是不同的方案可能各有所长，难以取舍。因此要做好对自升式海洋钻井平台的设计方案的评价，获得有效的评价结果，应遵循以下几项基本原则：①将各项指标量化；②将所有指标归一化；③保证评价的客观性；④保证方案的可行性；⑤保证评价指标的系统性和政策性。

5.1.2　评价指标体系

评价指标体系是由若干个单项评价指标组成的整体，它应能反映所要解决问题的各项目标要求。指标体系要实际、完整、合理、科学，并基本上能够为有关人员和部门所接受。通常应该包括以下一些大类指标。

（1）政策性指标，包括政府的方针、政策、法令，以及法律约束和发展规划等方面的要求，这对重大项目或者大型系统尤为重要。

（2）技术性指标，包括产品的性能、寿命、可靠性、安全性等，以及工程项目的地质条件、设备、设施、建筑物、运输等技术指标要求。

（3）经济性指标，包括方案成本（有条件时应考虑生命周期成本，包括制造成本、使用成本和维修成本等）、利润和税金、投资额、流动资金占用量、回收期、建设周期，以及地方性的间接受益等。

（4）社会性指标，包括社会福利、社会节约、综合发展、就业机会、污染、生态环境等。

（5）资源性指标，如工程项目中的物质、人力、能源、水源、土地条件等。

（6）时间性指标，如工程进度、时间节约、调试周期等。

在对自升式海洋钻井平台进行相关评价的过程中，根据各被评价系统的不同及评价阶段的不同，可以按实际情况选取不同的评价指标大类。同时，在制定评价指标体系时，以下几个问题是必须解决的。

（1）指标大类和数量问题。这是一个很难解决的问题，有较大的处理难度，一般地说，指标范围越宽，指标数量越多，则方案之间的差异越明显，有利于判断和评价，但确定指标的大类和指标的重要程度也越困难，因而歪曲方案本质特性的可能性越大，所以分配指标大类和确定指标的重要程度十分关键。

（2）关于评价指标之间的相互关系问题。在制定单项指标时，一定要使指标间尽量相互独立、互不重复。

（3）评价指标体系的提出和确定问题。评价指标体系的制定要尽可能做到科学、合理、实用，而评价指标体系内容的多样性使得要达到上述要求很困难。为了解决这种矛盾，通常采用广泛征求专家意见、反复交换信息、统计处理和归纳综合等方法达到上述要求。

（4）评价指标体系的可操作性问题。在制订系统的评价指标体系时，应考虑单个指标的量化标准和方法。

一旦建立了系统的评价指标体系，就可以转入评价方法的选择，即根据一些与决策者行为相关的标准，采用相应的评价技术和方法对系统进行综合评价。

5.1.3 常用的综合评价方法

常用的系统评价指标数量化方法主要有数理统计法、排队打分法、专家评分法、两两比较法、连环比率法。将各评价指标数量化，得到各个可行方案所有评价指标的无量纲统一得分后，采用评价指标综合方法进行指标的综合，就可以得到每一个方案的综合评价值，再根据综合评价值的高低就能排出方案的优劣顺序。评价指标综合的主要方法有加权平均法、功效系数法、主次兼顾法、效益成本法、罗马尼亚选择法、层次分析法、模糊综合评判法等。选用系统评价方法应该根据具体问题而定。由于系统的类型和内容不同，系统测度也就不一样，评价方法也就随之不同。总的来说，这些方法分为两大类：一类为定量分析评价，另一类为定性与定量相结合的分析评价。使用较为广泛的是定量与定性相结合的评价方法。

5.1.4 自升式海洋钻井平台设计方案评价的重要性和复杂性

将自升式海洋钻井平台的方案设计看成一个大系统，在系统的设计、开发和实施过程中，经常要进行系统决策。系统决策是指通过系统评价技术从众多的可行设计方案中找出最优的方案。然而，要确定哪一个方案最优却并不容易，尤其对这样复杂的大系统来说，其设计内容覆盖了船体、轮机、电气、钻井、升降、试油等各个方面，“最优”这个词含义并不十分明确，具有相对性，而评价是否“最优”的标准也是随着时间而变化和发展的。可见对系统进行评价确实有重要性和复杂性。

1. 评价的重要性

针对自升式海洋钻井平台方案设计所进行的系统评价是系统分析中的一个重

要环节，是系统决策的基础，没有正确的评价也就不可能有正确的决策，这样会影响整个系统将来的损益。具体来说，其重要性主要体现在以下几个方面。

（1）对自升式海洋钻井平台的设计方案进行系统评价是系统决策的基础，是方案实施的前提。

（2）对可行设计方案优劣的评价是船东或设计者进行理性决策的依据。以设计目标为依据，从多个角度对多个方案理性评估，选择出最优方案实施。

（3）系统评价是决策者和方案执行者之间相互沟通的关键。通过对设计方案的评价活动可以促进设计方、船东、建造厂、船级社等相关人员对方案的理解。

（4）系统评价有利于事先发现问题，并对问题加以解决。在对设计方案进行系统评价过程中可进一步发现问题，有利于进一步改进设计方案。

2. 评价的复杂性

对自升式海洋钻井平台的设计方案进行评价固然重要，但它同时也是一件很复杂的事情。其复杂性主要来自以下几个方面。

（1）系统评价的多目标性。当系统为单目标时，其评价工作是容易进行的。但是自升式海洋钻井平台方案设计系统中的问题要复杂得多，设计要求达到的目标不止一个。而且各个方案往往各有所长，在某些指标上，方案甲比乙优越；而在另一些指标上，方案乙又比方案甲优越，这就让人很难选择。指标越多，方案越多，问题就越复杂。

（2）在自升式海洋钻井平台设计方案的评价指标中既有定量的指标又有定性的指标。对于定量指标，通过比较标准能容易地得出其优劣的顺序；但对于定性的指标，由于没有明确的数量观念，难以量化，往往需要依靠人的主观感觉和经验进行评价。

（3）人的价值观对评价往往会产生重大影响。对自升式海洋钻井平台的设计方案进行的评价活动是由人来进行的，评价指标体系和方案是由人确定的，在许多情况下，评价对象对于某些指标的实现程度也是人为确定的，对不同评价指标的重要性的确定也是一个复杂的问题。因此人的价值观在评价中起很大的作用。由于在大多数情况下，每个人都有自己的观点、立场、标准，因此需要有一个共同的尺度来把各人的价值观统一起来，这是评价工作的一项重要任务。

5.2　自升式海洋钻井平台方案评价指标体系

目前自升式海洋钻井平台的设计建造量逐年增加，中国建造的自升式海洋钻井平台大都是引进国外的技术设计，通过消化吸收再在国内建造，与国外相比，自主设计能力尚有一定的差距。作为自升式海洋钻井平台设计研究的起始点——方案设计，如何从多个设计方案中选出最优方案至关重要，它直接决定了设计的先进性、经济性和实用性。为便于方案优选，提高自升式海洋钻井平台的设计水平，针对自升式海洋钻井平台建立一套科学、实用的方案评价指标体系是必要的。

在自升式海洋钻井平台的方案设计过程中，对其工作环境、作业功能的影响因素是多方面的，包括：平台主尺度、总布置、舱室储存能力、最大可变载荷、钻台载荷、动力设备、升降系统、钻机能力、设计载荷、拖航稳性、完整稳性、破舱稳性、站立稳性、抗滑能力、静水力性能、固·完井系统、井控系统、环保性能、安全水平等。在对自升式海洋钻井平台的设计方案进行评价时，要将各个方面的影响都考虑进去是不可行的，也没有必要。依据评价指标体系建立的原则，要明确评价指标的大类和数量问题，各个指标之间要尽量相互独立、互不重复，选择对其性能有影响的主要因素，抓住主要矛盾。通过反复的分析探讨，影响平台的作业性能、技术水平的主要因素有：空船重量、钻机能力、大钩载荷，可变载荷能力、主机功率、悬臂梁移动范围、最大作业水深等。

根据前面的分析，作者结合近年来进行的自升式海洋钻井平台设计研究工作，征求了相关方面专家的建议，提出了一套适用于自升式海洋钻井平台的方案评价指标体系，该评价指标体系主要由以下 7 项评价指标组成[105]。

1. 钻深系数 R_{D_d}

该指标体现了平台在相同空船重量情况下钻井能力的大小，属于效益型指标，指标值越大越好，单位：m/t。

$$R_{D_d} = \frac{D_d}{W_L}$$

式中，D_d 为钻井深度，指钻井平台的最大钻井深度（m）；W_L 为空船重量，指主船体和船上机电设备的总重量，不包含油水、备品、供应品等重量（t）。

2. 作业水深系数 R_{D_w}

由于站立稳性的要求，一般作业水深越大船长会越长，在相同工作水深的情况下，船长越小越好。该指标属于效益型指标，指标值越大越好。

$$R_{D_w} = \frac{D_w}{L}$$

式中，D_w 为作业水深，指钻井平台的最大作业水深（m）；L 为船长，指平台主船体型长度（m）。

3. 可变载荷系数 R_F

该指标体现了平台在相同空船重量的情况下承载可变载荷的能力及其自持力的大小，属于效益型指标，指标值越大越好。

$$R_F = \frac{F}{W_L}$$

式中，F 为可变载荷，指钻井平台的最大可变载荷（t）。

4. 价性比系数 R_p

相同的作业水深，造价越小其经济性能越好，该指标属于成本型指标，指标值越小越好，单位：万元/m。

$$R_p = \frac{p}{D_w}$$

式中，p 为平台造价，指钻井平台建造总投资费用，包含设计费、船厂建造费、船东设备采购费和其他费用（万元）。

5. 单位进尺油耗 R_Q

相同的日进尺条件下，耗油量越小越好，该指标属于成本型指标，指标值越小越好，单位：t/m。

$$R_Q = \frac{Q}{D_a}$$

式中，Q 为日耗油量，指钻井平台钻井作业时一天的总耗油量，包含燃油和滑油（t）；D_a 为日进尺，指钻井平台钻井作业时一天的钻井深度（m）。

6. 悬臂梁移动范围系数 R_M

平台悬臂梁在主甲板以上前后左右可以移动的面积与平台船长、船宽乘积之比。该指标体现了钻井平台一次起升后钻井能力的强弱。

$$R_M = \frac{A}{L \times B}$$

式中，A 为平台悬臂梁在主甲板以上前后左右可以移动的面积（m^2）；B 为船宽，指平台主船体宽度（m）。

7. 多功能系数 N

该指标体现平台的服务范围和能力的强弱，如表 5.1 所示，每项功能对应一个功能系数，平台所有功能系数之和即为该平台的多功能系数。

表 5.1　自升式海洋钻井平台多功能系数计算表

平台作业功能	N
钻井	1.0
试油	0.1
固井	0.1
安装简易平台	0.1
其他	0.1

该评价指标体系建立之后，可以通过对各项评价指标进行比较分析，参考船东的具体要求，确定各指标的相对重要性，选择适用于该系统的定性分析与定量计算相结合的综合评价方法进行方案评价及方案选择。

5.3　自升式海洋钻井平台方案评价方法

5.3.1　层次分析法

层次分析法[106]由 Saaty 于 20 世纪 70 年代中期提出。该方法是一种定性分析与定量计算相结合的多目标决策分析方法，把数学处理与人的经验和主观判断相结合，将决策者对复杂对象的决策思维过程系统化、模型化、数学化，对于结构复杂的多准则、多目标决策问题，是一种有效的决策分析工具[107-109]。层次分析法具体实施步骤如下[110]。

1. 明确问题

包括明确系统目标、弄清所要解决问题的范围、了解系统包含的要素、确定要素之间的关联关系和隶属关系。

2. 建立递阶层次模型

在充分了解要分析的系统后，把系统的各要素划归不同层次，建立递阶层次模型。通常，模型结构分三个层次：目标层 G、准则层 C 和方案层 A。用层次框图说明层次的递阶结构及其要素间的从属关系，如图 5.2 所示。最高层为目标层，即系统要实现的目标；准则层表示采取某种措施、政策等来实现预定总目标所涉及的中间环节，该层可进一步细化为多层，如准则层、指标层；最底层为方案层，即要考核的方案。

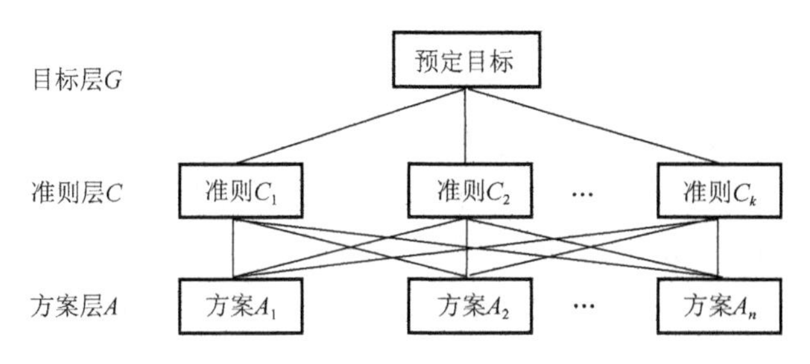

图 5.2　递阶层次结构示意图

3. 建立判断矩阵

建立了递阶层次模型，层次之间目标准则的隶属关系也就确定了，可以在此基础上构造判断矩阵。判断矩阵表述了每一层中各要素相对其上层某要素的相对重要程度。假定 C 层次中要素 C_k 与其下一层次（方案层）的要素 $A_1, A_2, \cdots, A_n$ 有关系，要分析 A 层次中各要素对 C_k 而言的相对重要程度，可以构造如下判断矩阵：

$$\boldsymbol{A}=\begin{bmatrix} a_{11} & a_{12} & \cdots & a_{1n} \\ a_{21} & a_{22} & \cdots & a_{2n} \\ \vdots & \vdots & \vdots & \vdots \\ a_{n1} & a_{n2} & \cdots & a_{nn} \end{bmatrix}$$

式中，a_{ij} 为对 C_k 而言，要素 A_i 相对 A_j 重要程度的数值，即重要性的标度。通常，层次分析法采用的是 1～9 比较标度，其各级标度的意义如表 5.2 所示。当然，在实际工作中也可以采用其他标度法则。

判断矩阵 $\boldsymbol{A}=(a_{ij})_{n\times n}$ 有如下性质：

$$a_{ij}>0, a_{ij}=1/a_{ji}, \ a_{ii}=1, \ i,j=1,2,\cdots,n$$

由以上性质可知判断矩阵 $\boldsymbol{A}$ 为正的互反矩阵。因此，构造判断矩阵只需要 $n(n-1)/2$ 个判断值。

表 5.2　层次分析法相对重要性标度[111]

重要性比较标度	意义
1	两因素同样重要
3	一因素较之另一因素稍微重要
5	一因素较之另一因素明显重要
7	一因素较之另一因素重要得多
9	一因素较之另一因素极端重要
2,4,6,8	两个相邻判断的折中
以上各数的倒数	反比较

4. 层次单排序计算

根据判断矩阵 $\boldsymbol{A}$ 计算该层次要素关于相邻上一层次要素 C_k 的优先权重，称为单层次排序。单层次排序可以归结为计算判断矩阵 $\boldsymbol{A}$ 最大特征值 $\lambda_{\max}$ 所对应的特征向量 $\boldsymbol{W}$，即满足 $\boldsymbol{AW}=\lambda_{\max}\boldsymbol{W}$，特征向量 $\boldsymbol{W}=(w_1,w_2,\cdots,w_n)^{\mathrm{T}}$，作为该层次 n 个要素的优先权重向量。常用求和法和方根法计算特征向量。

1）求和法

将判断矩阵每一列作归一化处理，即

$$\overline{a}_{ij}=\frac{a_{ij}}{\sum_{l=1}^{n}a_{lj}},\ i,j=1,2,\cdots,n$$

求出每一行各元素之和，即

$$\overline{w}_i=\sum_{j=1}^{n}\overline{a}_{ij},\ i=1,2,\cdots,n$$

对 $\overline{w}_i$ 进行归一化处理，即

$$w_i=\frac{\overline{w}_i}{\sum_{j=1}^{n}\overline{w}_j},\ i=1,2,\cdots,n$$

$\boldsymbol{W}=(w_1,w_2,\cdots,w_n)^{\mathrm{T}}$ 即为所求的特征向量，即本层次各要素对上一层某要素的相对权重向量。

2）方根法

计算判断矩阵每一行元素之乘积，即

$$M_i=\prod_{j=1}^{n}a_{ij},\ i=1,2,\cdots n$$

计算 M_i 的 n 次方根，即

$$\overline{w}_i=\sqrt[n]{M_i},\ i=1,2,\cdots n$$

对 $\overline{w}_i$ 进行归一化处理，即

$$w_i=\overline{w}_i\Big/\sum_{j=1}^{n}\overline{w}_j,\ i=1,2,\cdots,n$$

$\boldsymbol{W}=(w_1,w_2,\cdots,w_n)^{\mathrm{T}}$ 即为所求的特征向量。

5. 层次总排序计算

层次总排序是在各层单排序基础上，从上到下逐层排序进行的。假定层次结构模型共分三层，即目标层 G、准则层 C 和方案层 A。准则层各要素 $C_1,C_2,\cdots,C_k$ 对于目标层 G 的单排序已完成，其数值分别为 $w_{c,1},w_{c,2},\cdots,w_{c,k}$，且方案层各要素 $A_1,A_2,\cdots,A_n$ 对 $C_j(j=1,2,\cdots,k)$ 的层次单排序结果是 $w_{A_1,j},w_{A_2,j},\cdots,w_{A_n,j}$，则层次总排序如表 5.3 所示。

表 5.3　层次总排序

C 层	C 层权重	A 层对 C 层权重					A 的总排序
		A_1	…	A_i	…	A_n	
C_1	$w_{c,1}$	$w_{A_1,1}$	…	$w_{A_i,1}$	…	$w_{A_n,1}$	$\sum_{j=1}^{k} w_{c,j} w_{A_1,j}$
C_2	$w_{c,2}$	$w_{A_1,2}$	…	$w_{A_i,2}$	…	$w_{A_n,2}$	$\sum_{j=1}^{k} w_{c,j} w_{A_2,j}$
⋮	⋮	⋮	⋮	⋮	⋮	⋮	⋮
C_k	$w_{c,k}$	$w_{A_1,k}$	…	$w_{A_i,k}$	…	$w_{A_n,k}$	$\sum_{j=1}^{k} w_{c,j} w_{A_n,j}$

由方案层的总排序结果可以得出方案的优劣排序。

6. 一致性检验

如果判断矩阵 $\boldsymbol{A}$ 满足条件：

$$a_{ij} = a_{il} / a_{jl},\ i,j,l = 1,2,\cdots,n$$

则称判断矩阵 $\boldsymbol{A}$ 为一致性矩阵。由于客观事物的复杂性和主观判断的不稳定性，难以将同一准则的事物差异度量得十分准确，一般情况下，$\boldsymbol{A}$ 不具备一致性，因此，要对判断偏差程度进行一致性检验。

根据矩阵理论，n 阶对称的一致性矩阵具有唯一非零的最大特征根 $\lambda_{\max}$，并且 $\lambda_{\max}=n$，当判断矩阵不能保证具有完全的一致性时，其特征根也将发生变化。因此，可以利用判断矩阵特征根的变化来判断矩阵的一致性程度。一致性指标如下：

$$I_C = \frac{\lambda_{\max} - n}{n-1}$$

式中，$\lambda_{\max} = \frac{1}{n}\sum_{i=1}^{n}\frac{\sum_{j=1}^{n} a_{ij} \cdot w_j}{w_i}$。

对于不同阶段的判断矩阵，其 I_C 不同，阶数 n 越大，I_C 值就越大。为度量不同阶判断矩阵是否具有满意的一致性，引入判断阶矩阵的平均随机一致性指标 RI。RI 是一个系数，对于不同阶数其数值不同，如表 5.4 所示。

表 5.4　平均随机一致性指标 RI 的值

阶数	RI	阶数	RI	阶数	RI
1	0.00	4	0.90	7	1.32
2	0.00	5	1.12	8	1.41
3	0.58	6	1.24	9	1.45

当 I_C=0，即 $\lambda_{\max}=n$ 时，称矩阵具有完全一致性；当 I_C>0 时，常将 I_C 值与平均随机一致性指标 RI 比较，当随机一致性比率 $N=I_C$/RI<0.10 时，认为矩阵具有满意的一致性，否则还需对矩阵进行调整，直到满意为止。

5.3.2　改进的灰关联分析法

1. 灰关联分析

灰色系统理论是研究解决灰色系统分析、建模、预测、决策和控制的理论，是 20 世纪 80 年代初由中国著名学者邓聚龙教授提出并发展的[112-114]。它把一般系统论、信息论、控制论的观点和方法延伸到社会、经济、生态等抽象系统，运用数学方法，发展了一套解决信息不完备系统即灰色系统的理论和方法。灰色系统理论建立以来，已成功应用于工程控制、经济管理、未来学研究、社会系统、生态系统和农业系统等各个领域。灰关联分析是其主要组成部分之一，它以各种因素的样本数据为依据，用灰色关联度来描述因素间关系的强弱、大小和次序。如果样本数据列反映出两因素变化的态势（大小、方向、速度等）基本一致，则它们之间的关联度较大；反之则关联度较小。与传统的多因素分析方法相比，灰色关联分析对数据要求较低且计算量小，便于广泛应用，因此，基于灰色关联度大小的方案决策是一种行之有效的方法。灰色关联分析的核心是计算关联度。

灰色关联分析方法步骤如下。

（1）确定分析序列。在对所研究问题定性分析的基础上，确定一个因变量因素和多个自变量因素，设因变量数据构成参考 $\boldsymbol{X}_0'$，各自变量数据构成比较序列 $\boldsymbol{X}_{0j}'(j=1,2,\cdots,n)$，即

$$(\boldsymbol{X}_1',\boldsymbol{X}_2',\cdots,\boldsymbol{X}_n')=\begin{bmatrix} x_{01}' & x_{02}' & \cdots & x_{0n}' \\ x_{11}' & x_{12}' & \cdots & x_{1n}' \\ \vdots & \vdots & \ddots & \vdots \\ x_{m1}' & x_{m2}' & \cdots & x_{mn}' \end{bmatrix} \tag{5.1}$$

式中，$\boldsymbol{X}_j'=(\boldsymbol{X}_{0j}',\boldsymbol{X}_{1j}',\boldsymbol{X}_{2j}',\cdots,\boldsymbol{X}_{mj}')^{\mathrm{T}}$，$j=1,2,\cdots,n$，$m$ 为变量序列的长度（样本数量）。这里第 1 行实质为参考样本 $\boldsymbol{A}_0$ 的样本值，第二行为比较样本 $\boldsymbol{A}_1$ 的样本值，依次类推。

（2）变量序列无量纲化。由于各指标原始数据量纲不同，数量级差也相当悬殊，为使其具有可比性，需要对原始数据进行无量纲化处理。对指标序列的原始数据无量纲化处理的方法有级差变换和效果测度变换。

级差变换法：

$$X_{ij}'=\frac{X_{ij}-X_{j\min}}{X_{j\max}-X_{j\min}}$$

式中，$X_{j\max}$ 表示相对于第 j 个指标的最大值；$X_{j\min}$ 表示相对于第 j 个指标的最小值。

效果测度变换法：对于收益型指标，即指标值越大越好的指标

$$X_{ij}'=\frac{X_{ij}}{X_{j\max}}$$

对于成本型指标，即指标值越小越好的指标

$$X_{ij}'=\frac{X_{j\min}}{X_{ij}}$$

对于适中型指标，即指标值越接近标准值 X_0 越好的指标

$$X_{ij}'=1-\frac{\left|X_{ij}-X_0\right|}{\max\limits_{j}\left|X_{ij}-X_{j\max}\right|}$$

选取合适的无量纲化方法对（$\boldsymbol{X}_1',\boldsymbol{X}_2',\cdots,\boldsymbol{X}_n'$）处理后的序列为

$$(\boldsymbol{X}_1,\boldsymbol{X}_2,\cdots,\boldsymbol{X}_n)=\begin{bmatrix} x_{01} & x_{02} & \cdots & x_{0n} \\ x_{11} & x_{12} & \cdots & x_{1n} \\ \vdots & \vdots & \ddots & \vdots \\ x_{m1} & x_{m2} & \cdots & x_{mn} \end{bmatrix} \tag{5.2}$$

（3）求差序列、最大差和最小差。计算式（5.2）中的第一行（参考样本）与其余各行（比较样本）对应的绝对差值，形成如下的绝对差值矩阵：

$$\begin{bmatrix} \varDelta_{11} & \varDelta_{12} & \cdots & \varDelta_{1n} \\ \varDelta_{21} & \varDelta_{22} & \cdots & \varDelta_{2n} \\ \vdots & \vdots & \ddots & \vdots \\ \varDelta_{m1} & \varDelta_{m2} & \cdots & \varDelta_{mn} \end{bmatrix} \tag{5.3}$$

式中，$\Delta_{ij}=\left|x_{0j}-x_{ij}\right|, i=1,2,\cdots,m$， $j=1,2,\cdots,n$。

绝对差值矩阵中的最大数和最小数即为最大差和最小差：

$$\max_i \max_j \left\{\Delta_{ij}\right\} \triangleq \Delta_{\max}$$

$$\min_i \min_j \left\{\Delta_{ij}\right\} \triangleq \Delta_{\min}$$

（4）计算关联系数。将绝对差值矩阵中数据作如下变换：

$$\varepsilon_{ij}=\frac{\Delta_{\min}+\rho\Delta_{\max}}{\Delta_{ij}+\rho\Delta_{\max}} \tag{5.4}$$

得关联系数矩阵：

$$\begin{bmatrix} \varepsilon_{11} & \varepsilon_{12} & \cdots & \varepsilon_{1n} \\ \varepsilon_{21} & \varepsilon_{22} & \cdots & \varepsilon_{2n} \\ \vdots & \vdots & \ddots & \vdots \\ \varepsilon_{m1} & \varepsilon_{m2} & \cdots & \varepsilon_{mn} \end{bmatrix} \tag{5.5}$$

式中，分辨系数ρ在（0,1）内取值，一般情况下依据式（5.5）中情况多在 0.1～0.5 取值，ρ越小越能提高关联系数之间的差异。关联系数ε_{ij}是不超过 1 的正数，Δ_{ij}越小，ε_{ij}越大，它反映了第 i 个比较样本$\boldsymbol{A}_i$与参考样本$\boldsymbol{A}_0$在第 j 指标的关联程度。

（5）计算关联度。比较样本$\boldsymbol{A}_i$与参考样本$\boldsymbol{A}_0$的关联程度是通过 n 个关联系数来反映的，取其平均值即为关联度

$$r_i=\frac{1}{n}\sum_{i=1}^{n}\varepsilon_{ij} \tag{5.6}$$

（6）依据关联度排序。对各比较序列与参考序列的关联度从大到小排序，关联度越大，说明其比较序列与参考序列变化的态势越一致。

2. 自升式海洋钻井平台船型方案多目标综合评价模型

灰关联分析是灰色系统分析和处理随机量的一种方法，它采用曲线几何形状分析比较的方法，根据事物序列曲线几何形状的相似程度，用量化的方法评判事物间的关联程度，曲线形状彼此越相似，关联度越大，数值上越接近 1；反之，关联度越小，数值也越接近 0。关联度的大小反映了备选评价方案与相对最优方案之间的相似程度，从而以关联度大小为评价方案优劣的准则，这是一种客观评价方法。因此，利用灰色关联度大小进行方案决策是一种简洁而有效的方法[115,116]。

常用的灰关联方法是一种客观的评价方法，在评价方案优劣时没有考虑各评价指标的权重，不能体现船东或设计者的主观偏好[117]。鉴于此，本节在灰关联分析的基础上引进层次分析法来确定各指标的权值，将权值向量与关联系数矩阵的

乘积的均值作为各指标的关联度。根据以上分析，可以建立自升式海洋钻井平台船型方案多目标综合评价模型：将被评价方案的各项指标值构成的序列视为比较序列，选择各个可行方案中的最优样本数据作为参考序列，即将各方案评价指标中的最优值组成理想方案作为参考序列，与其关联度越大的被评价方案越好。图 5.3 为改进的灰关联分析法原理模型，随着各指标权重取值的不同，三个比较序列与参考序列之间的关联度排序将发生变化，这样在实际决策过程中，既考虑了设计方案各指标间的关联性，反映了事物的客观本质，又能体现船东的主观偏好和设计者的设计需要，既可以根据船东的要求及设计者的需要考虑各指标的相对重要程度，又可以减少主观臆断性，做到主观和客观的统一[118]。

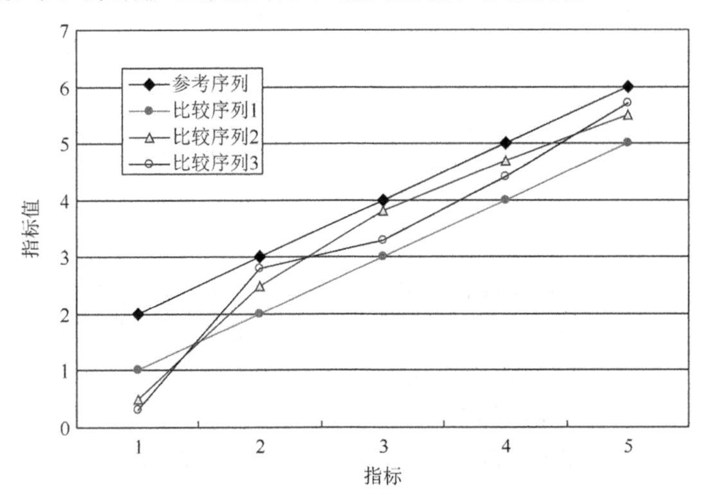

图 5.3　自升式海洋钻井平台船型方案多目标综合评价模型原理图

设用 n 个指标 $\boldsymbol{X}_1,\boldsymbol{X}_2,\cdots,\boldsymbol{X}_n$（不失一般性，设其均为正项指标），对 m 个样本（评价方案）进行评价，无量纲化后形成如下数据矩阵：

$$\begin{bmatrix} x_{11} & x_{12} & \cdots & x_{1n} \\ x_{21} & x_{22} & \cdots & x_{2n} \\ \vdots & \vdots & \ddots & \vdots \\ x_{m1} & x_{m2} & \cdots & x_{mn} \end{bmatrix}_{m\times n} \tag{5.7}$$

式中，第 i 个样本数据为 $\boldsymbol{X}_i=(x_{i1},x_{i2},\cdots,x_{in})$，$i=1,2,\cdots,m$。

构造最优样本（理想方案）：

$$\boldsymbol{X}_0=(x_{01},x_{02},\cdots,x_{0n})$$

式中，$x_{0j}=\max\left\{x_{ij}\right\}, j=1,2,\cdots,n$。

由以下公式计算出样本 $\boldsymbol{X}_i(i=1,2,\cdots,m)$ 与最优样本 $\boldsymbol{X}_0$ 的关联度 r_{0i}。

$$\varDelta_{ij}=\left|x_{0j}-x_{ij}\right|, i=1,2,\cdots,m\text{，}\quad j=1,2,\cdots,n$$

$$\begin{cases}\varepsilon_{ij}=\dfrac{\min\limits_{i}\min\limits_{i}\varDelta_{ij}+\rho\max\limits_{i}\max\limits_{i}\varDelta_{ij}}{\varDelta_{ij}+\rho\max\limits_{i}\max\limits_{i}\varDelta_{ij}}=\dfrac{\varDelta_{\min}+\rho\varDelta_{\max}}{\Delta_{ij}+\rho\varDelta_{\max}}\\ i=1,2,\cdots,m; j=1,2,\cdots,n\end{cases} \tag{5.8}$$

$$r_i=\frac{1}{n}\sum_{i=1}^{n}\omega_j\varepsilon_{ij}\text{，}\quad i=1,2,\cdots,m \tag{5.9}$$

式中，$\omega_j(j=1,2,\cdots,n)$是利用层次分析法计算出的指标$\boldsymbol{X}_j(j=1,2,\cdots,n)$的权重。$r_i$越大说明设计方案$\boldsymbol{X}_i$越接近于理想方案，继而可以对$m$个样本（评价方案）排出优劣顺序。当$r_i=\max$（$r_1,r_2,\cdots,r_m$）时，方案$\boldsymbol{X}_i$为设计方案中的最优方案。

5.4　自升式海洋钻井平台方案评价技术应用实例

5.4.1　项目背景

辽河石油勘探局根据企业长远发展战略，提出设计建造自升式海洋钻井平台的工作计划，该型平台工作区域初步定位在渤海湾，平台要求最大作业水深D_w=35m，最大钻井深度D_d=6000m。2004年初，由辽河油田设计院、辽河油田钻井公司与大连理工大学船舶工程学院组成联合课题组，针对辽河油田具体需求进行了认真研究分析和多次调研，先后形成了四个可行设计方案[119]。

5.4.2　可行设计方案简介

根据设计任务书的要求，由辽河油田设计院、大连理工大学船舶工程学院组织人员调研了胜利油田、中海油田等单位的自升式海洋钻井平台的技术情况，并上船实地考察了“渤海八号”“渤海九号”和“胜利八号”钻井平台的技术状态和使用情况。对辽河油田的不同井位的工程地质、海洋环境等情况进行了分析研究，力求设计方案切合实际需求，设计参数、性能参数选择恰当。在调查研究、分析比较过程中，借鉴国内外先进的设计技术和设计经验，不断修改完善设计，最终形成四个可行设计方案，如图5.4～图5.7所示，其主要尺度及性能指标如表5.5所示。

设计方案一：

平台总长×总宽：85.5m×51m

平台型长×型宽×型深：60m×50.4m×5.5m

双层底高：1m

桩腿数量：3 条

桩腿长度×直径：72m×3.0m

桩腿纵向中心距：33m

桩腿横向中心距：24m

桩靴（长×宽×高）：6m×6m×3m

悬臂梁（长×宽×高）：28m×14m×4m

悬臂梁移动范围：横向±3.5m；纵向 14m

直升机甲板：22m×22m

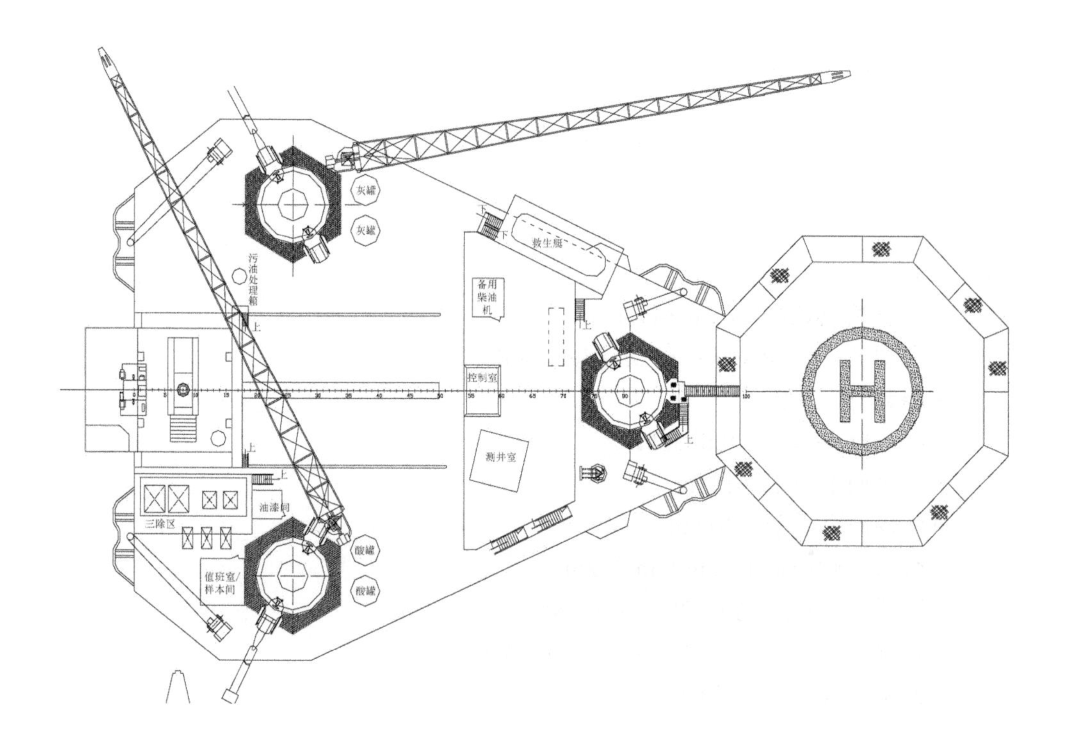

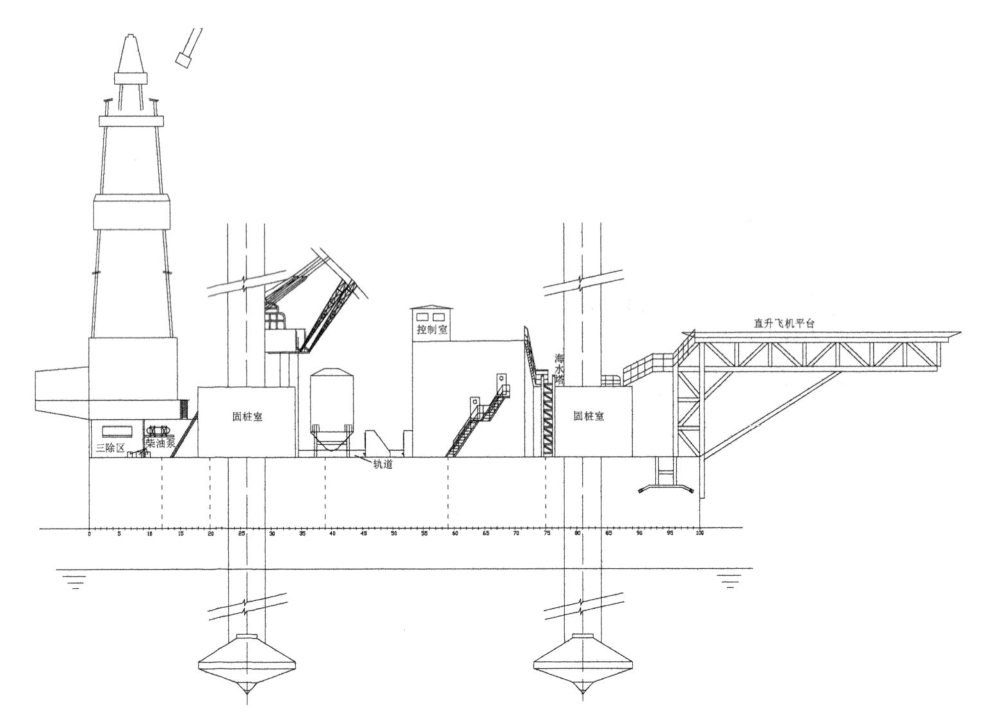

图 5.4　设计方案一布置图（单位：m）[119]

设计方案二：

平台总长×总宽：50.5m×49m

平台型长×型宽×型深：50.5m×49m×4.8m

桩腿数量：3 条

桩腿长度×直径：70m×3.0m

桩腿纵向中心距：38.8m

桩腿横向中心距：40.6m

桩靴（长×宽×高）：8m×8m×2.2m

悬臂梁（长×宽×高）：30m×15m×4m

悬臂梁移动范围：横向±3m；纵向 14m

直升机甲板：20m×20m

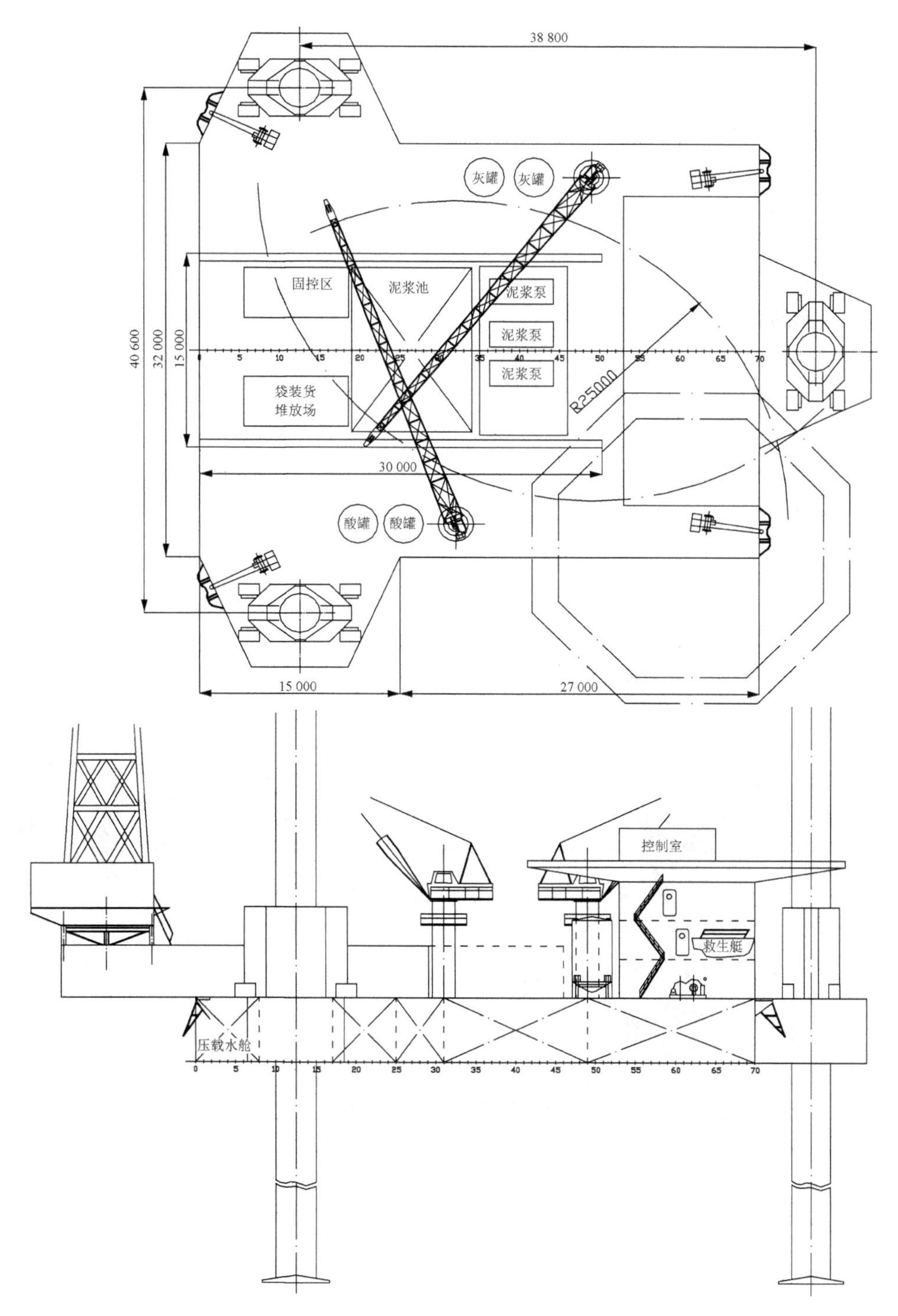

图 5.5　设计方案二布置图（单位：m）[119]

设计方案三：

平台总长×总宽：79.8m×48m

平台型长×型宽×型深：54m×48m×5m

双层底高：1m

桩腿数量：3 条

桩腿长度×直径：68m×3.0m

桩腿纵向中心距：33.8m

桩腿横向中心距：35.2m

桩靴（长×宽×高）：8m×8m×3m

悬臂梁（长×宽×高）：30m×15m×4m

悬臂梁移动范围：横向±3m；纵向 14m

直升机甲板：24m×24m

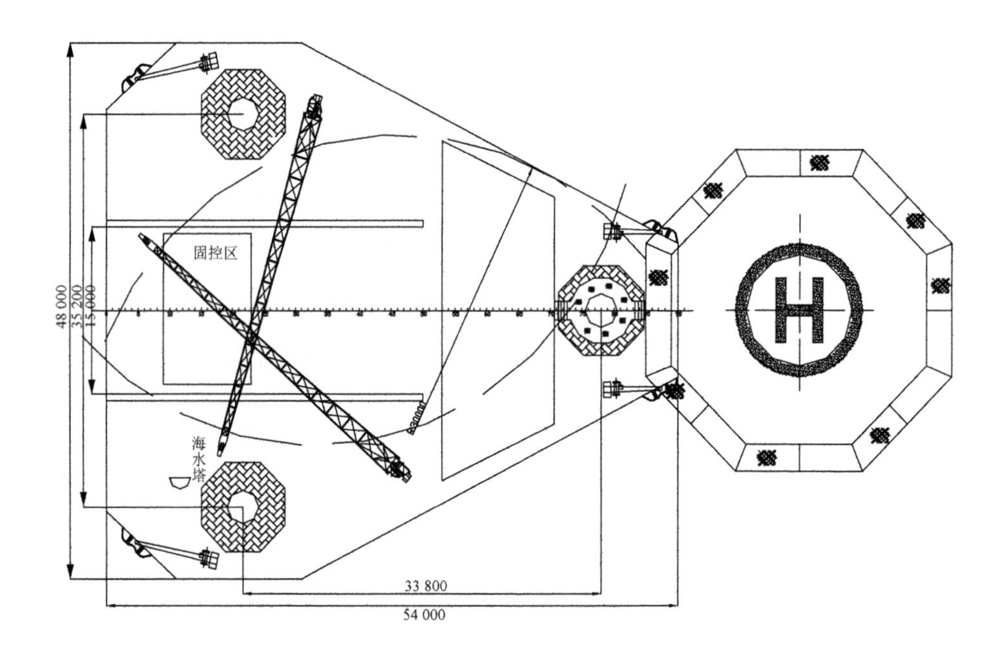

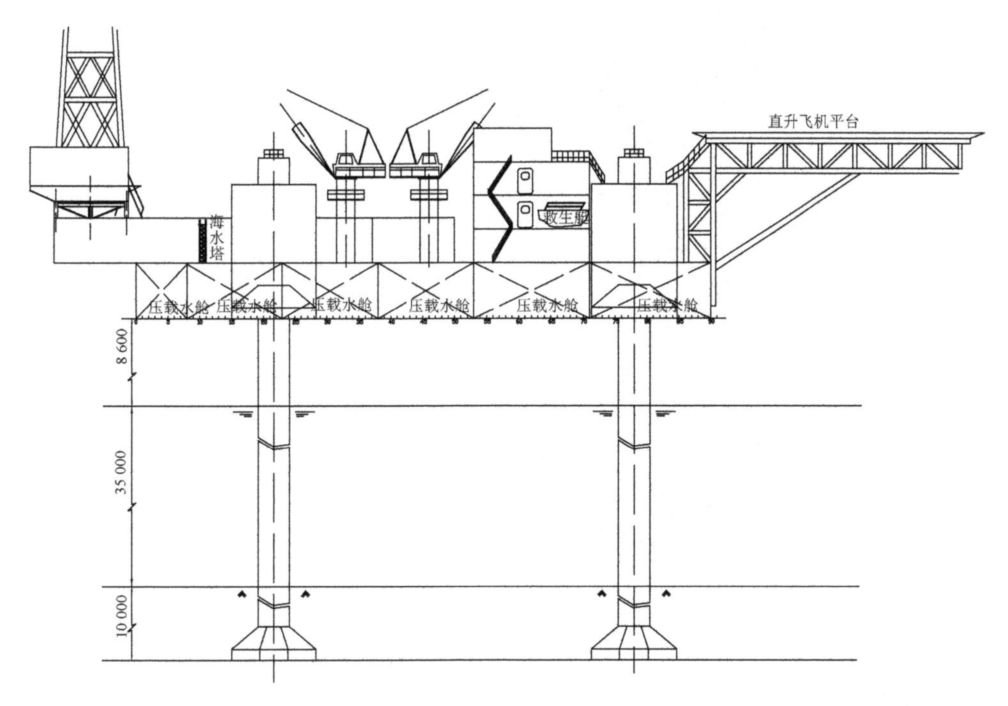

图 5.6　设计方案三布置图（单位：m）[119]

设计方案四：

平台总长×总宽：63.2m×53.2m

平台型长×型宽×型深：49.2m×45.2m×5m

双层底高：1m

桩腿数量：3 条

桩腿长度×直径：69m×3.0m

桩腿纵向中心距：37.6m

桩腿横向中心距：35.2m

悬臂梁移动范围：横向±3m；纵向 14m

直升机甲板：22m×22m

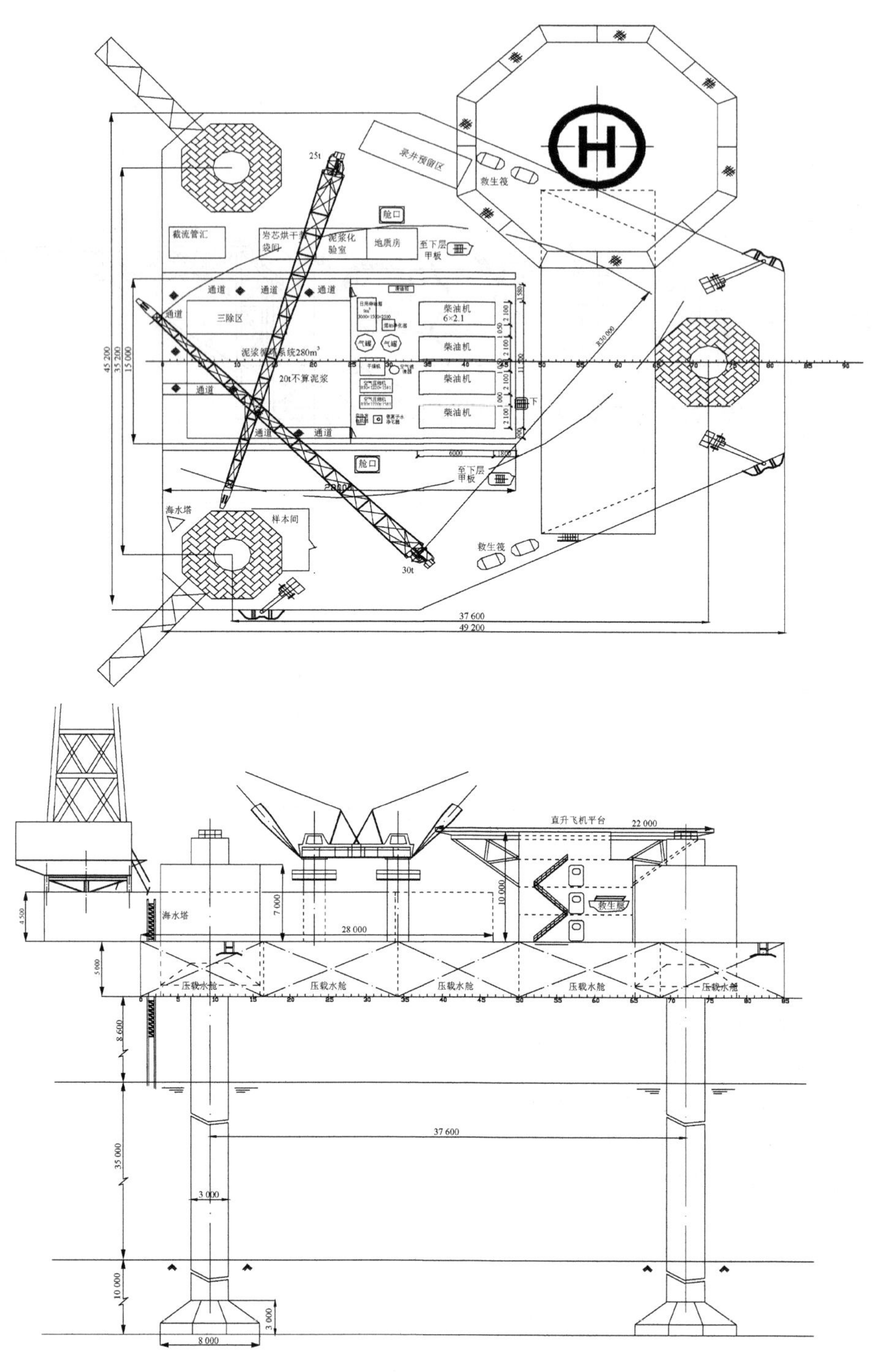

图 5.7　设计方案四布置图（单位：m）[119]

表 5.5　设计方案比较

项目	方案一	方案二	方案三	方案四
腿数/结构形式	3/圆柱	3/圆柱	3/圆柱	3/圆柱
桩腿尺度 l/D/m	70/3	70/3	68/3	69/3
桩腿纵向中心距/m	35.6	38.8	33.8	35.2
桩腿横向中心距/m	33.4	40.6	35.2	37.6
桩靴尺度 D/H/m	6/2.5	8/2.2	8/3	8/3
升降方式	齿轮齿条/液压驱动	齿轮齿条/电驱动	齿轮齿条/电驱动	齿轮齿条/电驱动
主船体形状	三角形	矩形	三角形	三角形
船体型尺度 $L/B/D$/m	60/50.4/5.5	50.5/49/4.8	54/48/5	49.2/45.2/5
钻台左右移动范围/m	±3.5	±3	±3	±3
悬臂梁移动范围/m	14	14	14	14
钻深/m	6000	6000	6000	6000
空船重量/t	4841	4604	4800	4583
3m 吃水排水量/t	5880	4935	5399	5536
3m 吃水可变载荷/t	1039	331	599	953
作业可变载荷/t	1517	1400	1400	1400
定员	80	100	100	100
钻井三污处理	无	无	无	有
造价估算/亿元	2.6	2.4	2.3	2.2

四个设计方案的主要评价性能指标列于表 5.6。

表 5.6　参与比较的各方案主要性能指标

方案	R_{D_d} / (m/t)	R_{D_w}	R_F	R_P/(万元/m)	R_Q/(t/m)	R_M	N
一	1.2394	0.5833	0.3134	743	12.1176	0.0324	1.2
二	1.3032	0.8333	0.3041	686	11.4048	0.0339	1.2
三	1.2500	0.6481	0.2917	657	11.5474	0.0324	1.2
四	1.3092	0.7114	0.3055	629	11.6899	0.0378	1.2

5.4.3　基于层次分析法的综合评价

1. 建立自升式海洋钻井平台的递阶层次模型

自升式海洋平台方案层次分析模型如图 5.8 所示。

2. 构造判断矩阵

考虑递阶层次模型中准则层各衡准的相对重要程度，采用 1～9 标度，建立判断矩阵为

$$
\boldsymbol{A}=\begin{bmatrix}
1 & 5 & 1/4 & 1/4 & 1 & 1 & 5 \\
1/5 & 1 & 1/6 & 1/6 & 1/5 & 1/5 & 1 \\
4 & 6 & 1 & 1 & 4 & 4 & 6 \\
4 & 6 & 1 & 1 & 4 & 4 & 6 \\
1 & 5 & 1/4 & 1/4 & 1 & 1 & 5 \\
1 & 5 & 1/4 & 1/4 & 1 & 1 & 5 \\
1/5 & 1 & 1/6 & 1/6 & 1/5 & 1/5 & 1
\end{bmatrix}
$$

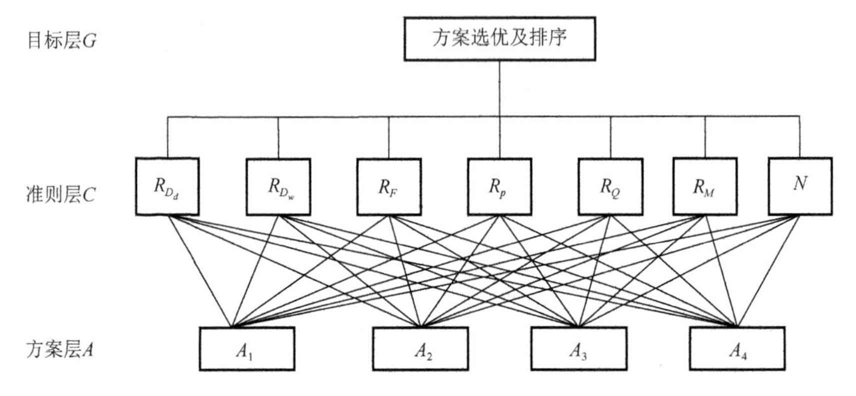

图 5.8　自升式海洋钻井平台方案层次分析模型

3. *层次单排序*

用求和法算出的 C 层单排序结果如下：

$$\boldsymbol{W}=(0.1100,0.0328,0.3022,0.3022,0.1100,0.1100.0.0328)^{\mathrm{T}}$$

$$\lambda_{\max}=7.3678,\ I_C=0.0613,\ \mathrm{RI}=1.32,\ N=0.0464$$

由于 $N<0.1$，矩阵具有满意的一致性，故目标层 G–方案层 A 的判断矩阵可以接受。

4. *层次总排序*

层次总排序结果如表 5.7 所示。

表 5.7　层次总排序

C 层	C 层权重	A_1	A_2	A_3	A_4
R_{D_d}	0.1100	0.2429	0.2554	0.2450	0.2566
R_{D_w}	0.0328	0.2213	0.2629	0.2459	0.2699
R_F	0.3022	0.2580	0.2504	0.2401	0.2515
R_p	0.3022	0.2275	0.2465	0.2572	0.2689
R_Q	0.1100	0.2411	0.2561	0.2530	0.2499

续表

C 层	C 层权重	A_1	A_2	A_3	A_4
R_M	0.1100	0.2374	0.2486	0.2374	0.2767
N	0.0328	0.2500	0.2500	0.2500	0.2500
总排序结果	—	0.2415	0.2506	0.2474	0.2605

从层次总排序的结果可以看出，方案四的综合性能最好，这与实际方案的选取相一致，说明该评价指标体系和评价方法是可行的。

5.4.4　基于改进的灰关联分析法的综合评价

1. 无量纲化处理

在表 5.6 中共 7 项评价指标，其中指标 R_{D_d}、R_{D_w}、R_F、R_M 和 N 属于效益型指标，即指标值越大越好的指标，指标 R_p 和 R_Q 属于成本型指标，即指标值越小越好的指标。采用效果测度变换法进行无量纲化处理结果如表 5.8 所示。

表 5.8　参与比较的各方案的主要性能指标数据无量纲化

方案	R_{D_d}	R_{D_w}	R_F	R_p	R_Q	R_M	N
一	0.9467	0.7000	1.0000	0.8466	0.9412	0.8580	1.0000
二	0.9954	1.0000	0.9703	0.9169	1.0000	0.8987	1.0000
三	0.9548	0.7778	0.9308	0.9574	0.9877	0.8580	1.0000
四	1.0000	0.8537	0.9748	1.0000	0.9756	1.0000	1.0000

2. 构造最优样本，求差序列、最大差和最小差

由表 5.8 可得最优样本（理想方案）$\boldsymbol{X}_0=(1,1,1,1,1,1,1)$，由 $\Delta_{ij}=\left|x_{0j}-x_{ij}\right|$ $(i=1,2,\cdots,m;j=1,2,\cdots,n)$ 得到绝对差值矩阵为

$$\begin{bmatrix} 0.0533 & 0.3000 & 0.0000 & 0.1534 & 0.0588 & 0.1420 & 1.0000 \\ 0.0046 & 0.0000 & 0.0297 & 0.0831 & 0.0000 & 0.1013 & 1.0000 \\ 0.0452 & 0.2222 & 0.0692 & 0.0426 & 0.0123 & 0.1420 & 1.0000 \\ 0.0000 & 0.1463 & 0.0252 & 0.0000 & 0.0244 & 0.0000 & 1.0000 \end{bmatrix}$$

式中，$\Delta_{\max}=0.3$；$\Delta_{\min}=0$。

3. 计算关联系数

按公式（5.8）将绝对差值矩阵中数据作变换，得关联系数矩阵：

$$\begin{bmatrix} 0.7378 & 0.3333 & 1.0000 & 0.4943 & 0.7183 & 0.5136 & 0.1304 \\ 0.9704 & 1.0000 & 0.8348 & 0.6435 & 1.0000 & 0.5969 & 0.1304 \\ 0.7684 & 0.4030 & 0.6842 & 0.7787 & 0.9239 & 0.5136 & 0.1304 \\ 1.0000 & 0.5063 & 0.8561 & 1.0000 & 0.8601 & 1.0000 & 0.1304 \end{bmatrix}$$

式中，ρ=0.5，ρ越小越能提高关联系数之间的差异，其取值不会对排序造成影响。

4. 确定评价指标权值

利用层次分析法建立判断矩阵并计算各评价指标权重。判断矩阵表示针对上一层某个元素，本层次空间有关元素的相对重要性。采用 1～9 标度法构造判断矩阵并进行一致性检验如下：

$$\begin{bmatrix} 1 & 5 & 1/4 & 1/4 & 1 & 1 & 5 \\ 1/5 & 1 & 1/6 & 1/6 & 1/5 & 1/5 & 1 \\ 4 & 6 & 1 & 1 & 4 & 4 & 6 \\ 4 & 6 & 1 & 1 & 4 & 4 & 6 \\ 1 & 5 & 1/4 & 1/4 & 1 & 1 & 5 \\ 1 & 5 & 1/4 & 1/4 & 1 & 1 & 5 \\ 1/5 & 1 & 1/6 & 1/6 & 1/5 & 1/5 & 1 \end{bmatrix}$$

计算各指标权重值及一致性检验：

$$\boldsymbol{\omega} = \begin{bmatrix} 0.1100 \\ 0.0328 \\ 0.3022 \\ 0.3022 \\ 0.1100 \\ 0.1100 \\ 0.0328 \end{bmatrix}$$

$$\lambda_{\max} = 7.3678,\ \mathrm{CI} = 0.0613,\ \mathrm{RI} = 1.32,\ M = 0.0464$$

由于M小于 0.1，故目标层G–方案层A的判断矩阵可以接受。

5. 计算关联度

按公式（5.9）可得各船型方案与理想方案的关联度，如表 5.9 所示。

表 5.9　各船型方案与理想方案的关联度

方案	关联度
一	0.6834
二	0.7662
三	0.7022
四	0.8964

从关联度排序的结果可以看出方案四的综合性能最好，这与实际方案的选取相一致，说明该评价指标体系和评价方法是可行的。

5.4.5 计算结果分析

从计算结果来看，该评价指标体系和两种计算方法都是可行的。常规的层次分析法是一种主观性为主的定性与定量相结合的综合评价方法；传统的灰关联分析是一种客观性为主的评价方法，不考虑各指标的权重，将其进行改进后，采用层次分析法确定各指标的权重，使其既能反映客观实际，又能体现设计者和船东的主观偏好，将主观和客观两个方面很好地结合起来，使评价结果更趋向于合理化。

5.5 多功能自升式海洋钻井平台方案设计中的综合安全评估技术

随着海洋开发事业的发展，自升式海洋钻井平台的服务范围将进一步扩大，作业功能将会逐步增加。针对平台新增作业功能的市场需求，首先需要从安全性、技术经济性等方面论证其可行性，才能对其进行设计，进而应用于生产。综合安全评估是一种利用风险评估与费用受益分析评估提高海上安全，包括生命、健康、环境与财产安全的结构化、系统化方法。将综合安全评估技术应用到新型多功能自升式海洋钻井平台方案的可行性论证中，可以从安全评估的角度论证其新功能得以实现的可能性。通过综合安全评估可以全面地、综合地考虑为实现新功能可能带来的影响安全的诸方面因素，提出合理并能有效地控制风险的措施，指出在设计、使用过程中应注意的问题，在增加新功能的同时，可以有效地提高海上安全的程度，是自升式海洋钻井平台新增作业功能方案设计的前提。

采用自升式海洋钻井平台对简易平台进行安装是自升式海洋钻井平台的一项新增作业功能。目前，中国尚没有采用自升式海洋钻井平台安装海洋简易平台的经验，也没有开展过相关的研究论证工作。如何在提高经济效益的同时，使钻井平台的安全得到保证，是该安装作业过程中必须解决的一个难题。作为实例，本节将综合安全评估方法应用到安装海洋简易平台的多功能自升式海洋钻井平台方案的可行性研究中，对其安装简易平台的作业过程进行综合安全评估，论证将自升式海洋钻井平台经过简单改造用于安装简易平台的可行性，验证该方法的可行性和有效性。

5.5.1 综合安全评估概述

1. 综合安全评估的提出及研究

风险评估最早于 20 世纪 50～60 年代开始应用于欧美核电厂的安全性分析，随后在诸如化学工业、环境保护、航天工程、医疗卫生、经济等领域得到推广和应用。风险评估在海洋工程中的应用始于 20 世纪 70 年代后期，至今已经有 40 多年的历史。最初的应用主要集中在船舶机械设备的可靠性分析等方面，后来，风险评估逐渐扩展到了海洋结构物上，特别是 20 世纪 80～90 年代，英国北海的 Piper Alpha 等平台的海损事故对此起了较大的推动作用，使得风险评估在海洋结构物中的应用有了较大的增长[120-124]。

近年来，在海洋界发生了很多严重的事故，发生事故平台/船舶包括 1987 年的 Herald of Free Enterprise 船舶、1988 年英国北海的 Piper Alpha 平台、1991 年挪威的 Sleipner A 平台等，这引起了人们对海洋平台以及船舶安全的极大关注。关于怎样预防类似事故发生的研究，在国内和国际的范围内被展开。1992 年，Lord Carver 的报告建议应该把重点放在基于性能的规范方法上，提出了船舶综合安全评估（formal safety assessment，FSA）的最初概念，通过采用这种方法，船舶安全可以极大地改进，新技术及其在船舶设计和营运上的应用可以被合理的处置[120-123]。Lord Carver 的报告受到了英国海事和海岸局（Maritime and Coastguard Agency，MCA）的欢迎，并于 1993 年呈交给了国际海事组织（International Maritime Organization，IMO）。在经过一段时间的考察后，IMO 在 1997 年全面接受了综合安全评估方法作为其规范制定的帮助工具，并立即展开了综合安全评估方法在制定船舶安全规则中应用的研究，很多国家参加了这项研究，取得了一定的成果。同时，由于 Piper Alpha 平台事故的发生，关于综合安全评估方法在海洋平台中的应用也展开了讨论。1995 年 11 月，英国所有的海洋装置都向英国保健安全部（Health and Safety Executive，HSE）提交了自己的安全事例报告，报告中应用了综合安全评估方法，并得到了 HSE 的认可。

从目前相关文献中可知，综合安全评估方法在海洋工程界中是一种比较新的方法，综合安全评估的研究无论是在理论上还是在应用中都还有许多问题需要解决，其在船舶与海洋结构物上的实施尚有许多关键技术有待研究。针对综合安全评估的研究和应用国外开展得较多。在国内，中国船级社于 1999 年 11 月出版了《综合安全评估应用指南》[125]且与上海规范研究所联合应用综合安全评估对长江地区高速船进行了风险评估研究；郭昌捷等对综合安全评估在船舶装卸载过程中的应用进行了研究，重点探讨了人为因素的风险分析[126]；樊红对船舶综合安全评估的方法进行了研究，将概率影像图理论和证据理论引入船舶综合安全评估中，分别用于解决综合安全评估中的定量风险分析问题和缺乏历史数据问题[127]。

2. 综合安全评估的定义及其目的

综合安全评估是一种利用风险评估与费用受益分析评估，提高海上安全（包括生命、健康、环境与财产安全）的结构化、系统化方法。综合安全评估是一种全新的安全评估方法，通过基于概率论的数据分析，人们可以在事故发生前预见风险，采取措施降低风险，避免遭受重大损失。其目的是要全面地、综合地考虑影响安全的各方面因素，通过风险评估、费用和受益评估，提出合理有效地控制风险的措施，从而有效地提高海上安全（包括保护生命、健康、海洋环境和财产安全）程度。

综合安全评估可以作为一种工具，用于帮助评估新制定的安全规范或对改进的规范与现有规范进行比较，以使得在各种技术、操作方面（包括人为因素），以及在费用和受益之间达到协调。综合安全评估的结果可以作为规范制定或修改的背景资料。为保持应用综合安全评估时的一致性，并确保综合安全评估过程的透明度，应采用统一的、系统的方式对应用过程提交正式报告，该报告应该能够被各方面人员理解。

3. 综合安全评估的应用范围

综合安全评估方法主要应用于以下两个方面[128]。

（1）制定规则，以建立风险和风险控制的概观。这方面的应用长期在 IMO 内讨论，为了获得应用这种方法的经验，很多机构被邀请参加综合安全评估的应用试验，IMO 发布了综合安全评估应用临时指南作为指导文件。

（2）具体的活动、操作、装置、船舶。这方面的应用通常称为一个“安全事例”，由于是以危险概率为基础考虑问题，一般针对某一大类的活动、操作、装置、船舶进行应用。通常对单一船舶应用此方法并不切合实际。

4. 综合安全评估的应用步骤与过程

综合安全评估包括下述五个步骤。

（1）危险识别。

（2）风险评估。

（3）风险控制方案。

（4）费用与受益评估。

（5）为决策提供建议。

前三个步骤包括了风险评估技术的使用，步骤（4）正如字面的意思，是费用效益评估，而步骤（5）是费用效益评估的逻辑结果。进行综合安全评估之前应先确定要评估的问题和范围以及有关的边界条件或约束条件。图 5.9 为综合安全评估方法流程图。

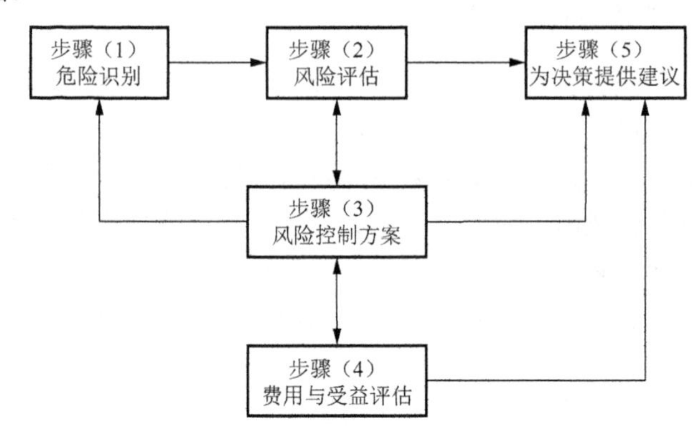

图 5.9　综合安全评估方法流程图

5.5.2　自升式海洋钻井平台安装简易平台

1. 研究的必要性

随着海洋油气勘探开发工作的进一步深入，海洋平台的服务功能也越来越广泛，多功能自升式海洋钻井平台的方案设计越来越受到重视，其中，用于安装简易平台的多功能自升式海洋钻井平台设计或改造在国外已经开始。目前，国内海洋边际油田的开发多采用简易平台，以便节省工程建造成本。相对于常规的大型导管架平台，简易平台具有体积小、重量轻的特点。海洋简易平台的安装当前国内仍沿用传统的海上浮吊安装方法，而在国外已经有利用自升式海洋钻井平台安装简易平台的成功案例，这样可以进一步节省海上安装费用、节约时间、提高经济效益。因此，对用于安装简易平台的多功能自升式海洋钻井平台方案的可行性进行论证，在进行自升式海洋钻井平台方案设计时，添加必要的辅助设备，增加平台的服务功能范围，对将其用于安装简易平台的作业功能进行考虑是有实际工程意义和应用价值的。

2. 国内外技术状态

表 5.10 是在该项技术应用比较有经验的澳大利亚 ICON 工程公司近年来从事的海洋钻井平台安装简易平台的基本信息[129]。

下面对其中典型的项目进行分析。

1）整体吊装——Buffalo 平台

该简易平台采用自升式海洋钻井平台整体一次性吊装完成，参见图 5.10。

表 5.10　**ICON 工程公司完成的工程基本信息表**

简易平台名称	起吊重量/t		作业水深/m	井口数
	水下模块	顶部模块		
Harriet B	420	100	30	6
Harriet C	420	100	30	6
Chervil	180	35	15	2
Yammaderry	85	35	12	2
Cowle	95	35	14	2
Roller A	134	132	10	2
Roller B	138	125	12	2
Roller C	138	123	11	2
Skate	136	135	11	3
Bunga Kekwa A	n.a.	220	55	6
Skiff	450	200	30	6
BK-A Annex	200	30	55	3
Wonnich	250	150	30	3
Buffalo	350（整体吊装）		30	5

图 5.10　Buffalo 平台整体一次吊装

整个简易平台重量 350t，直立状态下绑扎在驳船上进行拖航，安装过程中，依靠钻井平台悬臂梁及大钩起吊，吊起后悬臂梁无须纵向移动，平台无须空中翻转，安装过程不需要潜水员，整个安装过程 1 天完成。所使用的钻井平台 Ron Tappmeyer 主要参数如表 5.11 所示。

表 5.11　**钻井平台 Ron Tappmeyer 主要参数**

钻井平台名称	最大作业水深/m	悬臂梁工作范围/(m×m)	大钩负荷能力/t
Ron Tappmeyer	91.44	13.72×3.66	567

2）分块吊装——Skiff 平台

该简易平台是用自升式海洋钻井平台分水下模块和水上模块两部分安装的。如图 5.11 所示，用驳船进行海上运输时水下模块直立绑扎，水上模块也同时运来，然后首先吊起安装水下模块，不用空中翻转，下水安装，打好桩之后再进行水上模块的安装。水下模块重 450t，水上模块重 200t，在安装水下模块时悬臂梁负载不移动，在吊装水上模块时，悬臂梁需要在吊起模块后提升到超过水下模块的顶部后带载荷向船体方向收回，与水下模块对中、定位、安装。

图 5.11　Skiff 平台分两部分安装

Skiff 平台安装使用的钻井平台是 Maersk Endurer，主要参数如表 5.12 所示。

表 5.12　钻井平台 Maersk Endurer 的参数

钻井平台名称	最大作业水深/m	悬臂梁工作范围/(m×m)	大钩负荷能力/t
Maersk Endurer	106.7	16.76×4.57	454

在国内，中海油田服务股份有限公司于 2005 年立项，联合大连理工大学探讨利用自升式悬臂钻井平台安装海洋简易平台的可行性。在此课题开展之前，中国尚没有采用自升式海洋钻井平台吊装海洋简易平台的安装经验，也没有开展过相关的研究论证工作。

3. 自升式海洋钻井平台安装简易平台的工艺特点

通过分析用自升式海洋钻井平台安装简易平台的成功工程实例的技术和工艺状态，可以总结出如下工艺特点。

（1）费用低廉。浮吊安装租费较高，对于有些简易平台几乎相当于平台自身的造价。钻井平台的日费也高，但与租用浮吊船带来的昂贵的动/复员费相比仍然有明显优势。

（2）工期紧凑。如果使用自升式海洋钻井平台打井，继而用该钻井平台安装简易平台，那么一般几个工作日就可完成，所以工期紧凑，工序衔接紧密。

（3）需注意约束条件（几何与载荷）。对于某个规格的简易平台（确定的尺寸和重量）及其设计成的安装方式，可能适合于用某种型号的钻井平台安装。也就是说对于某个给定的钻井平台，其能够安装的简易平台是有几何约束和重量约束的，在设计简易平台时就应考虑将来用钻井平台安装的约束条件。

（4）辅助设备配置。用来安装简易平台的钻井平台为了更好地进行吊装作业，往往需要进行必要的改造和辅助设备的配置。如局部结构的加强、增加导向滑轮、辅助空中翻转机构、稳定吊点的牵索等。

（5）受动载荷的影响小，但定位能力差。目前大多数简易平台的安装通过海上浮吊来完成，用起重能力500t的浮吊可以完成总体重量约600t的简易平台的海上安装工作，在安装过程中一般至少要分为水下和水上两个部分甚至更多。用自升式海洋钻井平台来执行安装作业时，可以根据钻井平台起吊能力限制安装过程中每一部分的重量，并充分发挥大钩负荷能力。也就是说，用自升式海洋钻井平台安装简易平台，在起重能力上不存在先天的不足。而且由于自升式海洋钻井平台坐底，吊装过程中可以大大降低动载荷的影响。

浮吊除了自身可以在海上进行灵活的平面移动以外，还能通过悬臂完成吊载过程中吊点的水平和垂直移动，这些移动能力在安装工艺中十分重要，可以准确定位。而自升式海洋钻井平台恰恰欠缺这种吊点的灵活移动能力，钻井平台一旦站立压桩完成，想移动桩腿的位置是不可能的，只有通过悬臂梁的纵向伸缩和上底座的横向移动来实现吊钩位置的改变。

4. 自升式海洋钻井平台安装简易平台的系统建模和工艺流程分析

在吊装过程中，根据简易平台的重量、尺寸和自升式海洋钻井平台的大钩起吊能力及其悬臂梁下可作业空间的约束，可以整体吊装，也可以将简易平台分成上部模块和下部模块分别吊装[130]。通过对安装工艺过程的技术分析和论证，对主要安装过程建立的分析模型如图5.12、图5.13所示。图5.14是钻井平台安装简易平台工艺的流程图。

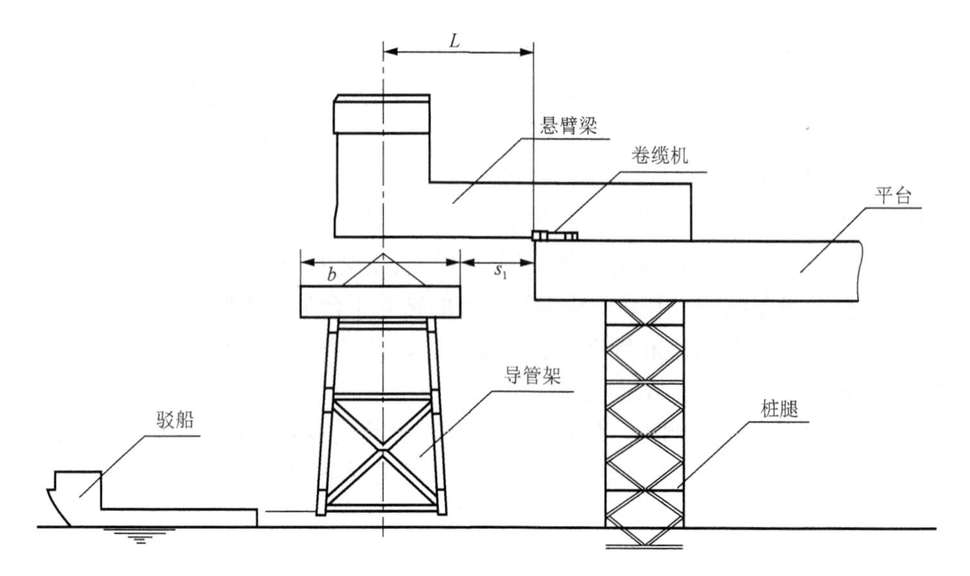

图 5.12　整体吊装过程模型

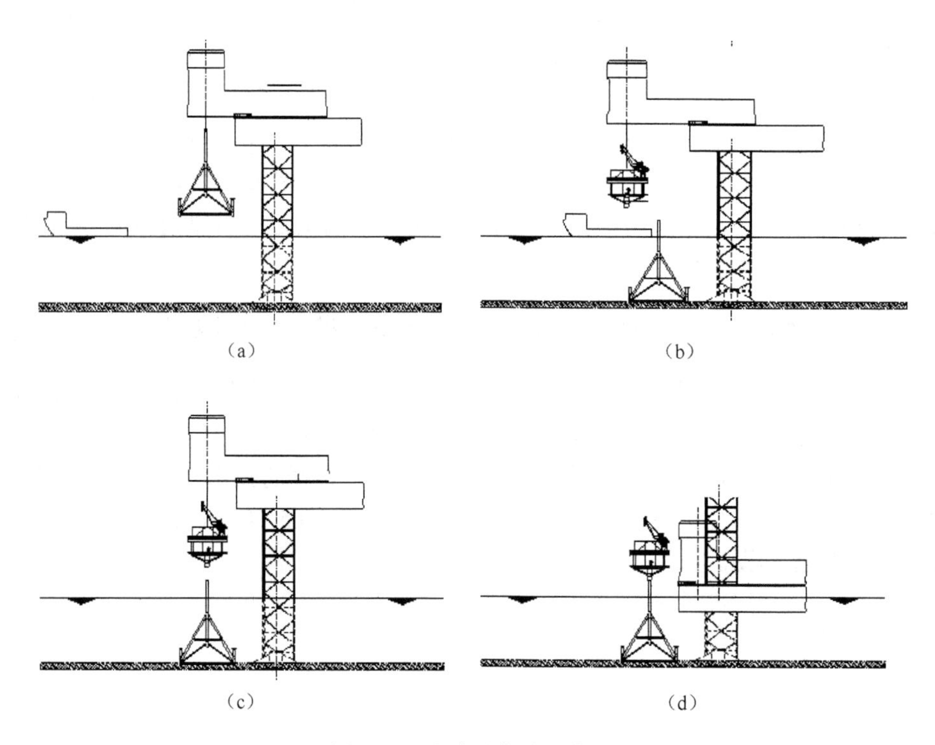

图 5.13　分块吊装过程模型

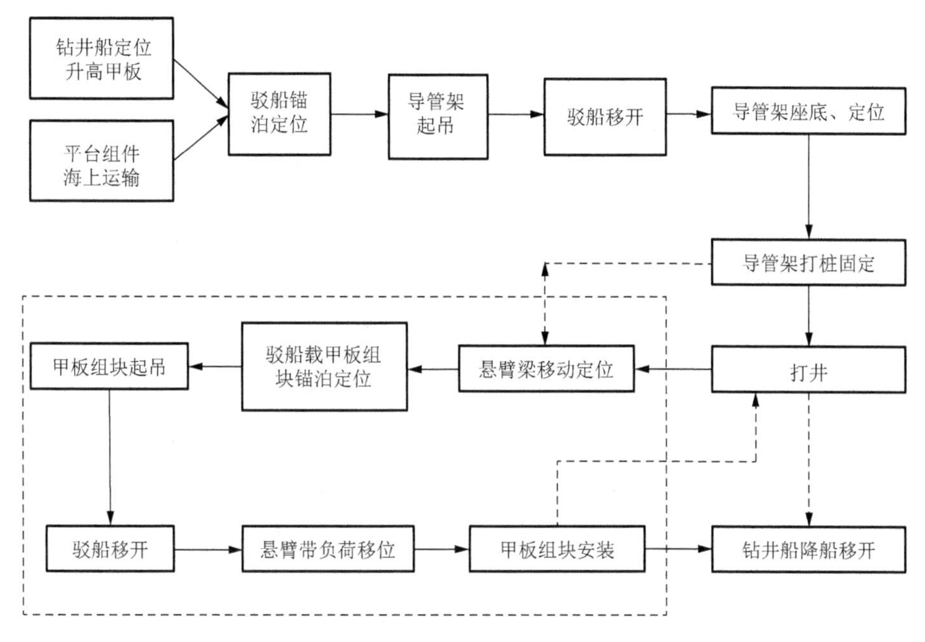

图 5.14　钻井平台安装简易平台流程图

5.5.3　基于综合安全评估的自升式海洋钻井平台安装简易平台方案可行性研究

1. 危险识别

危险识别的目的是对所评估的系统可能存在的所有危险进行识别，并将这些危险按照危险程度列出清单，以便对主要危险进一步分析和提出相应的控制方案。危险识别是确定危险存在并定义其特征的过程，可以通过标准技术识别对导致事故的所有危险分析事故情景的可能原因和可能导致的后果，并利用已有的数据或信息进行评价，最后将这些危险排序，其实施过程如图 5.15 所示。

进行危险识别可以使用很多方法，现在最常用的是头脑风暴（brainstorming）法。头脑风暴法的优点在于保证识别过程是积极的，并不仅限于对过去有材料记录的危险进行识别，利于找出事故和有关危险的原因及产生的影响。虽然国外已有自升式海洋钻井平台安装简易平台的作业，但对作业过程的风险评估，以及事故资料的积累方面未有公开的资料发表。由于缺乏历史数据，需要建立一个专家小组来完成这项工作。根据前面建立的分析模型和钻井平台安装简易平台流程，各方面的专家对潜在的危险和可能产生的后果进行了细致的讨论分析，经过识别，在作业状态下钻井平台主体结构及简易平台的主要危险有：①碰撞；②作业载荷过大；③落物冲击；④风暴过载。其作业过程中的危险识别工作表如表 5.13 所示。

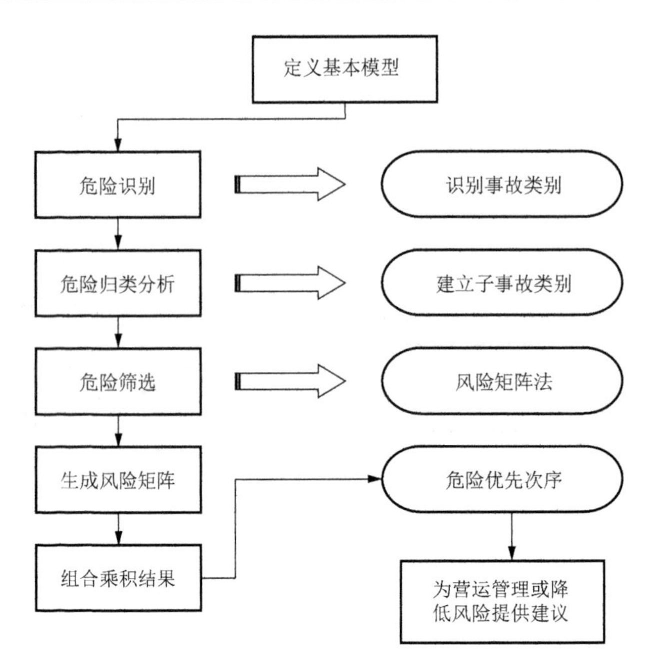

图 5.15　危险识别实施过程

表 5.13　钻井平台主体结构及简易平台危险识别工作表

危险识别工作表（日期：　）									
识别号	失效情况	阶段	影响	原因	如何发现	严重性	概率	适用规则	说明
碰撞——钻井平台主体结构失效或简易平台失效									
1	运输船舶与钻井平台主体碰撞	安装	桩腿失效	天气恶劣船舶失控	船员观察	严重	很少发生	船级要求	应该选择好天气
2	运输船舶与简易平台下部模块碰撞	安装	简易平台失效	天气恶劣船舶失控	船员观察	严重	很少发生	船级要求	与运输船舶保持距离
3	简易平台上部模块与下部模块碰撞	安装	简易平台失效	吊装速度过快	船员观察	严重	很少发生	船级要求	注意保持吊装速度
4	吊装模块与钻井平台主体碰撞	安装	钻井船主船体受损	吊装速度过快	船员观察	轻微	很可能发生	船级要求	注意控制吊装模块的尺寸
5	其他船舶与钻井平台主体碰撞	安装	桩腿失效	天气恶劣船舶失控	船员观察	严重	极少发生	船级要求	与周围船舶保持距离
6	海面漂浮物与桩腿碰撞	安装	桩腿损伤	海上漂浮物	船员观察	轻微	很可能发生	船级要求	应该注意作业海域环境
作业载荷过大——钻井平台主体结构失效									
7	悬臂梁伸出过长，使钻井平台尾部受损或悬臂梁结构受损	安装	对钻井平台结构造成损害	作业要求	监控钻井船结构	严重	很可能发生	船级要求	严格控制起吊重量和深处长度

续表

危险识别工作表（日期：　）									
识别号	失效情况	阶段	影响	原因	如何发现	严重性	概率	适用规则	说明
作业载荷过大——钻井平台主体结构失效									
8	钻井平台瞬时载荷过大，使钻井平台尾部受损或破坏固桩区	安装	损害钻井平台结构	作业要求	监控钻井船结构	轻微	很可能发生	船级要求	严格控制起吊重量
9	悬臂梁负载移动，悬臂梁卡住	安装	损害钻井平台结构	作业要求	监控钻井船结构	严重	很少发生	船级要求	注意载荷的限制
落物冲击——钻井平台主体结构失效或简易平台失效									
10	吊装简易平台上部模块落下击中下部模块	安装	简易平台失效	吊车事故	船员观察	严重发生	极少发生	船级要求	注意吊车安全检查
11	吊装简易平台上部模块落下击中井口	安装	简易平台失效	吊车事故	船员观察	严重发生	极少发生	船级要求	注意吊车安全检查
12	吊装简易平台上部模块落入水中	安装	简易平台失效	吊车事故	船员观察	严重发生	极少发生	船级要求	注意吊车安全检查
风暴过载——钻井平台主体结构失效或简易平台受损									
13	模块定位错误	安装	损害钻井平台结构，简易平台受损	自然环境恶劣	船员观察	严重	很可能发生	船级要求	注意天气选择

根据中国船级社《综合安全评估应用指南》对失效的严重性和频率级别的规定，可以列出风险矩阵，如表 5.14 所示。其中，水平 1 表示最高风险等级，水平 7 表示最低风险等级。

表 5.14　风险矩阵

概率	不明显	轻微	严重	灾难性
频繁发生	水平 4	水平 3	水平 2	水平 1
很可能发生	水平 5	水平 4	水平 3	水平 2
很少发生	水平 6	水平 5	水平 4	水平 3
极少发生	水平 7	水平 6	水平 5	水平 4

在危险识别工作表中共识别了 13 种失效情况，只要它们的影响被判定为“严重”或“灾难性”，它们就被注明为危险，除此之外，它们被定位为“轻微”或“不明显”的失效状况。为易于排列这些危险/失效状况，有必要评价失效影响的严重性和可能性。依据以上的定义，对每一个失效状况进行定性评价，再将危险识别工作表的结果转入风险矩阵，如表 5.15 所示。该风险矩阵作为危险/失效状况优先次序的依据。

2. 风险评估

本节主要评估针对自升式海洋钻井平台主体结构失效或简易平台受损而引起

的环境污染和经济损失的风险，在度量风险时，风险评价准则采用目前得到广泛承认的风险三层次：不可接受的风险区、合理可行的低风险区及可忽略风险区。在表 5.14 的风险矩阵中不可接受区可确定为水平 1～水平 3，合理可行的低风险区为水平 4 和水平 5，可忽略风险区为水平 6 和水平 7。根据对风险矩阵的评估可以得出以下结论。

表 5.15　失效状况的风险矩阵

概率	不明显	轻微	严重	灾难性
频繁发生	—	—	—	—
很可能发生	—	4、6、8	7、13	—
很少发生	—	—	1、2、3、9	—
极少发生	—	—	5、10、11、12	—

水平 3（这些风险视为不可接受）：7、13。

水平 4（这些风险视为合理可行的低风险区）：1、2、3、4、6、8、9。

水平 5（这些风险视为合理可行的低风险区）：5、10、11、12。

据严重性和概率级别的定义，两种危险（7、13）被列为不可接受的风险水平。在未来使用过程中在确定钻井平台主船体结构性能良好的同时，严禁进行使悬臂梁伸出过长、超过其允许范围的操作，严禁在外部环境超出钻井平台可承受范围的时间、地点进行安装作业。

有 11 种危险（1、2、3、4、5、6、8、9、10、11、12）被列为合理可行的低风险水平，属于可容忍的。但可容忍并不等同于可忽略，业主必须认真全面地研究“可容忍的”风险，找到其作用规律，采取必要的防范措施，做到心中有数。

3. 风险控制方案

下面针对以上分析，结合钻井平台的具体情况，对钻井平台安装简易平台提出以下几个控制方案。

（1）严格控制作业范围，将起吊重量和悬臂梁伸出船体的长度控制在允许范围内。

（2）严禁在外部环境超出钻井平台可承受范围的时间、地点进行安装作业。

（3）注意运输船移船操作，防止与钻井平台主体及桩腿、简易平台下部模块碰撞。

（4）对被安装的简易平台有严格的尺寸、重量限制，不要超标作业。

（5）在吊装过程中要注意升降速度的控制，防止产生碰撞，同时注意对吊装用具的维护和检查。

（6）培养一支业务水平高、责任感强、高素质、现代化的专业队伍。

4. 费用与受益评估

为实现自升式海洋钻井平台就近安装简易平台的功能，在新的自升式海洋钻井平台方案设计时对该功能进行考虑或者对已有钻井平台进行简单的改造是一个不错的选择，可以用很少的费用投入获得对简易平台的安装功能。用钻井平台就近对简易平台进行安装，不仅可以节省租用起重船的费用，而且如果使用钻井平台打井，继而用该钻井平台安装简易平台，几个工作日就可完成，所以工期紧凑，工序衔接紧密，为后续工作争取了时间，其效益是非常可观的。

此方案发生的费用主要包括：①改造和辅助设备费用，为实现作业功能安装简易平台的钻井平台需要进行必要的改造和辅助设备的配置，如局部结构的加强、增加导向滑轮、辅助空中翻转机构、稳定吊点的牵索等；②技术队伍的培训费用，发生的总费用与受益相比是微不足道的。

5. 提出对决策的建议

由于自升式海洋钻井平台本身具有起吊能力，在新的自升式海洋钻井平台方案设计时对该功能进行考虑或者对已有钻井平台进行简单的改造，用于简易平台的安装，在钻井平台结构允许的范围内是可行的。在安装过程中存在的风险，通过采取预防措施，可以控制在可接受的范围内。针对目前海洋工程市场的工期紧、大型浮吊租赁困难且费用昂贵的现状，对自升式悬臂梁钻井平台进行简单改造用于简易平台的安装是一个新的选择方向。同时，在进行自升式海洋钻井平台方案设计时，可以对其用于安装简易平台的作业功能进行考虑，添加必要的辅助设备，增加平台的服务功能范围。

随着海洋开发事业的进一步发展，自升式海洋钻井平台的服务范围将进一步扩大，作业功能将会逐步增加，新型的多功能自升式海洋钻井平台将会越来越多。将综合安全评估技术应用到新型自升式海洋钻井平台方案的可行性论证中，从安全评估的角度论证其新功能得以实现的可能性，提出合理的并能有效地控制风险的措施，指出在设计、使用过程中应注意的问题，在增加新功能的同时，可以有效地提高海上安全的程度，是新型自升式海洋钻井平台方案设计的前提。作为实例，本节在分析总结应用自升式海洋钻井平台安装简易平台的作业特点、探讨其工作原理和工作流程的基础上，将综合安全评估方法引入用于安装海洋简易平台的多功能自升式海洋钻井平台方案的可行性研究中，论证了该方法的可行性和有效性。该方法还可以用于其他类型的新型多功能钻井平台，从安全评估的角度论证其新增作业功能的可行性，提高海上作业的安全程度。

综合安全评估方法在海洋工程界中是一种比较新的方法，综合安全评估的研究无论是从理论上还是应用中都还有许多问题需要解决。为了加快综合安全评估方法在海事界由理论研究到实际应用的推广，有关技术人员和管理人员应熟悉综合安全评估的概念，建立起全面综合考虑问题和基于风险意识的新观念，并注意将工程技术与管理学、控制经济学有机结合起来，逐步参与和开展自身领域内综合安全评估的基础理论和工程应用的课题研究，同时应注重历史资料的收集和积累，建立数据资料的统计数据库。

第6章　绿色自升式海洋钻井平台方案设计技术

节能减排是当前各行各业普遍关注的热点，低碳经济已经成为全球共识。为了控制和减少航运业以及造船业温室气体排放，IMO不断推动减排进程。2011年，海洋环境保护委员会（Maritime Environment Protection Committee，MEPC）第62次会议正式通过了两项强制性能效规则——能效设计指数（energy efficiency design index，EEDI）和船舶能效管理计划（ship energy efficiency management plan，SEEMP），对全球航运业和造船业带来了一定的影响[131]。虽然目前EEDI适用的船型还不包括在海洋工程装备中占很大比重的海洋钻井平台，但就IMO推进EEDI的力度和决心来看，海洋工程装备相关领域最终也难以幸免，应提前做好研究及应对措施。

本章主要研究绿色自升式海洋钻井平台的方案设计技术。参照船舶EEDI计算公式形式，用自升式海洋钻井平台CO_2排放指标与代表其社会效益的主要参数尝试建立自升式海洋钻井平台EEDI计算公式。搜集全球现役的自升式海洋钻井平台资料，计算EEDI值并对计算结果进行回归分析，得到与船舶参考线形式相类似的自升式海洋钻井平台参考线公式。为了提高海洋钻井平台的能效水平，达到低能耗、低排放、安全绿色的发展目标，必须引进新工艺、新设备、新能源等节能技术。在减少温室气体排放、降低能耗的同时，提高经济效益和社会效益。本章通过对自升式海洋钻井平台EEDI计算公式的敏感性分析，找出提高自升式海洋钻井平台能效水平的方向，总结可用于自升式海洋钻井平台的工艺、装备以及可再生清洁能源等方面的节能技术和方法。列举一些已被应用并产生一定效果的节能实例，证明这些节能技术的可行性和经济性。在前面研究的基础上，尝试建立绿色自升式海洋钻井平台评价指标体系。

6.1　船舶EEDI公式和参考线公式

6.1.1　船舶EEDI发展过程

船舶EEDI始于1997年《国际防止船舶造成污染公约》（MARPOL公约）缔结国大会的一项决议：与《联合国气候变化框架公约》（United Nations Framework Convention on Climate Change，UNFCCC）合作，研究船舶CO_2的排放问题[132]。之后十年，IMO关于CO_2减排的各项措施仅仅停留在讨论上，并无实质进展。直至 2007 年 7 月，MEPC 第 56 次会议对船舶气体减排各项提案设立了专家组进行评议。专家组认为：营运船舶 CO_2 排放受营运过程中很多因素影响，因此评估世界营运船队 CO_2 排放水平并设定减排目标较难实现，而采用长期有效的技术性措施从新船设计入手更容易控制和减少 CO_2 排放[133]。会后由 23 名专家组成的专家组对相关问题进行了进一步研究。

2008 年 3 月 MEPC 第 57 次会议上，许多船东组织提交制定“强制性新造船 CO_2 设计指数”的提案，委员会同意并进行了审议，最终批准了改进 IMO 有关控制船舶温室气体排放工作的《国际防止船舶造成污染公约》附则 VI 规则修正案提案[134]。

2008 年 10 月 MEPC 第 58 次会议上，巴西代表团提议用“能效设计指数”代替“CO_2 设计指数”，以便更确切地反应 IMO 当前提高船舶能效水平方面的工作，该提议获得了委员会的同意[135]。IMO 从此致力于制定和推进“新造船能效设计指数”。

2009 年 7 月 MEPC 第 59 次会议上，由于各方分歧较大，虽然没有通过 EEDI 公式，但基本框架已得到认可。国际船级社协会（International Association of Classification Societies，IACS）提出，应优先考虑 EEDI 适用于散货船、油船、集装箱船三大主力船型。委员会对“临时导则”进行了修改，以通函的方式散发了该导则，供业界试用[136]。

2010 年 3 月 MEPC 第 60 次会议上，委员会特别注意到一些相关事项如船舶尺寸、目标日期以及折减系数等与 EEDI 有关的要求都尚需斟酌，决定下次会议再定稿 EEDI 和 SEEMP 草案。

2010 年 9 月 MEPC 第 61 次会议上，与会代表对推动船舶温室气体（greenhouse gases，GHG）减排进行了热烈讨论，会议起草了 EEDI 和 SEEMP 强制性草案。欧盟和部分发达造船国家力推 EEDI 计算公式，希望其尽快生效并实施。发展中国家强调，发达国家和发展中国家应体现共同但有区别的原则，目前采取一刀切的方式有失公允，这一问题还需要进一步讨论。最终，由于发展中国家的强烈反对，该强制性草案在该次会议上并未通过[137]。

2011 年 7 月 MEPC 第 62 次会议上，经过十多年的不懈努力，IMO 正式通过了关于船舶能效的《国际防止船舶造成污染公约》附则 VI 修正案，确定的 EEDI 和 SEEMP 两项强制性船舶能效准则于 2013 年 1 月 1 日正式生效，2015 年起执行[138]。

MEPC 第 63 次会议于 2012 年 2 月 27 日～3 月 2 日召开，为统一实施在 MEPC 第 62 次会议上通过的 EEDI 和 SEEMP 强制性规定，会议审议并通过了以下四个相关导则。

（1）2012 年新船实际能效指数（Attained EEDI）计算方法导则[139]。

（2）2012 年船舶能效管理计划（SEEMP）制定导则[140]。

（3）2012 年能效设计指数（EEDI）检验和发证导则[141]。

（4）用于能效设计指数（EEDI）的基准线计算导则[142]。

委员会制定了针对船舶能效技术和营运措施的工作计划，包括强制性规则覆盖之外的船舶能效审议框架和时间表，以及制定其他相关导则的进度安排。

6.1.2　船舶 EEDI 公式解读

1. 船舶 EEDI 适用的船型

2009 年，MEPC 散发供业界试用的“新造船 EEDI 计算方法临时导则”规定 EEDI 公式适用于集装箱、货船等 10 种船型。

MEPC 第 62 次会议通过的《国际防止船舶造成污染公约》附则 VI“防止船舶造成空气污染规则”中纳入船舶能效新规则的修正案，对适用范围做了进一步规定：EEDI 公式适用于 400 总吨位及以上的所有船舶，不适用于具有柴油-电力推进、涡轮推进或混合推进系统的船舶。由日本牵头成立的温室气体能源效率（greenhouse gas energy efficiency，GHG-EE）会间通信组向 MEPC 第 62 次会议提交了报告 MEPC 62/5/4，针对“新造船 EEDI 计算方法临时导则”未涵盖的船型进行了补充[143]，使适用船型由原来的 10 种变为 12 种，见表 6.1。

表 6.1　**EEDI 公式适用船型定义**（MEPC 62/5/4）

序号	船型	定义
1	客船	载客超过 12 人的船舶
2	散货船	主要用于运输散装干货的船舶，包括诸如《国际海上人命安全公约》第 XII 章第 1 条定义的矿砂船等船型，但不包括兼装船
3	气体运输船	经建造或改建用于散装运输任何液化气体的货船
4	液货船	在《国际防止船舶造成污染公约》附则 I 第 1 条中定义的油船、《国际防止船舶造成污染公约》附则 II 第 1 条中定义的化学品船或有毒液体物质液货船
5	集装箱船	专门设计成在货物处所和甲板上装载集装箱的船舶
6	滚装货船：车辆运输船	具有多层甲板的设计成载运空的小汽车和卡车的滚装货船
7	滚装货船：容积型船舶	设计成载运运货单元的每米车道载重量小于 4t（4t/m）的滚装货船
8	滚装货船：重量型船舶	设计成载运运货单元的每米车道的载重量不小于 4t（4t/m）的滚装货船
9	杂货船	设有多层甲板或单层甲板主要用于装载普通货物的船舶。该定义不包括专用干货船，干货船不属于普通货船基线计算范围，即牲畜运输船、载驳母船、重货运输船、游艇运输船和核燃料运输船
10	滚装客船	设有滚装货物处所或特殊处所的客船
11	冷藏货物运输船	专门设计成在货物处所装载冷藏货物的船舶
12	兼装船	设计成装载 100%载重量的散装液体和干货的货船

2. 船舶 EEDI 公式解读

EEDI 是衡量船舶能效水平的标准，简单地说，就是用船舶营运过程中 CO_2

排放量和所带来的社会效益（货运能力）的比值[143]，即

$$\mathrm{EEDI}=\frac{CO_2\ 排放量}{货运能力} \tag{6.1}$$

“新造船 EEDI 计算方法临时导则”[136]中规定的 EEDI 公式如下：

$$\mathrm{EEDI}=\frac{\left(\prod_{j=1}^{M}f_j\right)\left(\sum_{i=1}^{n_{\mathrm{ME}}}P_{\mathrm{ME}(i)}\cdot C_{F\mathrm{ME}(i)}\cdot \mathrm{SFC}_{\mathrm{ME}(i)}\right)+\left(P_{\mathrm{AE}}\cdot C_{F\mathrm{AE}}\cdot \mathrm{SFC}_{\mathrm{AE}}\right)+\left(\left(\prod_{j=1}^{M}f_j\cdot\sum_{i=1}^{n_{\mathrm{PTI}}}P_{\mathrm{PTI}(i)}-\sum_{i=1}^{n_{\mathrm{eff}}}f_{\mathrm{eff}(i)}\cdot P_{\mathrm{AEeff}(i)}\right)\cdot C_{F\mathrm{AE}}\cdot \mathrm{SFC}_{\mathrm{AE}}\right)-\left(\sum_{i=1}^{n_{\mathrm{eff}}}f_{\mathrm{eff}(i)}\cdot P_{\mathrm{eff}(i)}\cdot C_{F\mathrm{ME}}\cdot \mathrm{SFC}_{\mathrm{ME}}\right)}{f_i\cdot \mathrm{Capacity}\cdot V_{\mathrm{ref}}\cdot f_w} \tag{6.2}$$

公式（6.2）中各参数含义如下。

（1）C_F 为无量纲碳转换系数，根据含碳量把燃油消耗量转换成 CO_2 排放量，下标 $\mathrm{ME}(i)$ 和 AE 分别表示主机和辅机。不同的燃料类型，选取不同的 C_F，取值见表 6.2。

表 6.2　不同燃料的 C_F 值

序号	燃料类型	参照	碳当量	C_F/(t CO_2/t 燃料)
1	柴油/汽油	ISO 8217：2017 DMX 级～DMC 级	0.875	3.206 000
2	轻燃油	ISO 8217 RMA 级～RMD 级	0.860	3.151 040
3	重燃油	ISO 8217 RME 级～RMK 级	0.850	3.114 400
4	液化石油气	丙烷	0.819	3.000 000
		丁烷	0.827	3.030 000
5	液化天然气	—	0.750	2.750 000

（2）V_{ref} 为航速，单位为 kn。指无风、无浪，主机 75%额定功率、最大设计装载工况（装载量）下的航速。

（3）Capacity 指船舶装载量。不同船型装载量选取原则见表 6.3。

表 6.3　不同船型装载量选取原则

船型	装载量选取原则
干散货船、液货船、气体运输船、滚装货船、普通货船	载重量
客船、滚装客船	按照 1969 年国际吨位丈量公约附则 I 第三条的总吨位
集装箱船	载重量的 65%

（4）P 指主、辅机计算功率。

$P_{\mathrm{ME}(i)}$ 指各主机额定功率 MCR 除去安装的轴带发电机功率后，剩余功率的

75%，如图 6.1 所示。计算公式如下：

$$P_{\mathrm{ME}(i)} = 0.75 \times \left(\mathrm{MCR}_{\mathrm{ME}(i)} - P_{\mathrm{PTO}(i)}\right) \tag{6.3}$$

式中，$P_{\mathrm{PTO}(i)}$ 指各轴带发电机输出功率的 75%除以该发电机的转换效率。

$P_{\mathrm{PTI}(i)}$ 指各轴马达额定功率的 75%除以该发电机的加权平均效率。

$P_{\mathrm{eff}(i)}$ 指采取了创新性的机械能效技术所减少的主机功率的 75%。

$P_{\mathrm{AEeff}(i)}$ 指船舶在 $P_{\mathrm{ME}(i)}$ 状态下由于采取了创新性的电能效技术而减少的辅机功率。

P_{AE} 指设计装载工况下以 V_{ref} 航行时需要提供的最大辅机功率，包括船上生活以及导航系统/设备、主机泵等推进机械/系统所需的功率，但不包括起货装置、货泵、压载泵等非推进机械/系统的功率。

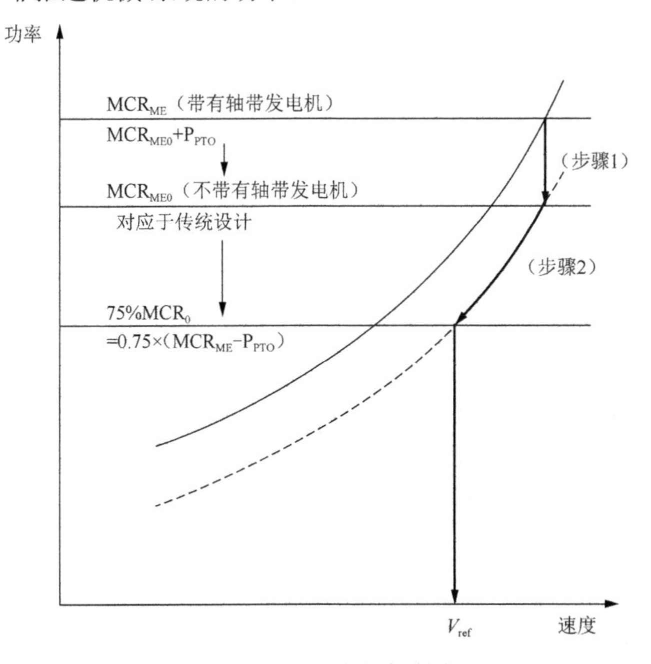

图 6.1　$P_{\mathrm{ME}(i)}$ 确定步骤图

P_{AE} 可根据主机功率大于或小于 10 000kW 用以下公式计算：

$$P_{\mathrm{AE(MCRME>10\,000kW)}} = \left(0.025 \times \sum_{i=1}^{n_{\mathrm{ME}}} \mathrm{MCR}_{\mathrm{ME}(i)}\right) + 250 \tag{6.4}$$

$$P_{\mathrm{AE(MCRME<10\,000kW)}} = 0.050 \times \sum_{i=1}^{n_{\mathrm{ME}}} \mathrm{MCR}_{\mathrm{ME}(i)} \tag{6.5}$$

一些船型（如客船）按式（6.4）和式（6.5）计算的 P_{AE} 与实际情况相差较大，则应根据主管机关验证认可的电功率表中航速 V_{ref} 对应的电功率除以发电机加权平均效率来估算。

（5）SFC 指柴油机经船级社审查、批准的特定燃油消耗率，单位是 g/(kW·h)。

按照《2008 年 NO_x 技术规则》（NO_x Technical Code 2008，2008NTC）中规定的 E2/E3 试验循环签发 EIAPP（Engine International Air Pollution Prevention Certificate）证书的发动机，$SFC_{ME(i)}$ 是证书中发动机处于 75% MCR 或扭矩时对应的燃油消耗量。

按照《2008 年 NO_x 技术规则》中规定的 D2/C3 试验循环签发 EIAPP 证书的发动机，$SFC_{AE(i)}$ 是证书中发动机处于 50% MCR 或扭矩时对应的燃油消耗量。

一些船型（如客船）按式（6.4）和式（6.5）计算的 P_{AE} 与实际情况相差较大，SFC_{AE} 选取 EIAPP 证书中发动机处于 75% P_{AE} 或扭矩时的燃油消耗量。

MCR 小于 130kW 不具备 EIAPP 证书的发动机，SFC 由制造商指定并经由主管权威机构认可后确定。

对于设计阶段，NO_x 测试报告文件不可用的情况下，SFC 由制造商指定并由主管权威机构认可确定。

（6）f_i 为装载量修正系数，补偿因技术或规定而限制的船舶装载量。如不考虑这些因素的限制，该系数取为 1.0。具体选取查表 6.4。

表 6.4　冰区加强船舶装载量修正系数 f_i

船舶类型	f_i	冰级极限			
		IC	IB	IA	IA Super
液货船	$\frac{0.000\,115L_{PP}^{3.36}}{Capacity}$	$\begin{cases}\max 1.31L_{PP}^{-0.05}\\ \min 1.0\end{cases}$	$\begin{cases}\max 1.54L_{PP}^{-0.07}\\ \min 1.0\end{cases}$	$\begin{cases}\max 1.80L_{PP}^{-0.09}\\ \min 1.0\end{cases}$	$\begin{cases}\max 2.10L_{PP}^{-0.11}\\ \min 1.0\end{cases}$
干散货船	$\frac{0.000\,665L_{PP}^{3.44}}{Capacity}$	$\begin{cases}\max 1.31L_{PP}^{-0.05}\\ \min 1.0\end{cases}$	$\begin{cases}\max 1.54L_{PP}^{-0.07}\\ \min 1.0\end{cases}$	$\begin{cases}\max 1.80L_{PP}^{-0.09}\\ \min 1.0\end{cases}$	$\begin{cases}\max 2.10L_{PP}^{-0.11}\\ \min 1.0\end{cases}$
杂货船	$\frac{0.000\,676L_{PP}^{3.44}}{Capacity}$	1.0	$\begin{cases}\max 1.08\\ \min 1.0\end{cases}$	$\begin{cases}\max 1.12\\ \min 1.0\end{cases}$	$\begin{cases}\max 1.25\\ \min 1.0\end{cases}$
集装箱船	$\frac{0.174\,9L_{PP}^{2.29}}{Capacity}$	1.0	$\begin{cases}\max 1.25L_{PP}^{-0.04}\\ \min 1.0\end{cases}$	$\begin{cases}\max 1.60L_{PP}^{-0.08}\\ \min 1.0\end{cases}$	$\begin{cases}\max 2.10L_{PP}^{-0.12}\\ \min 1.0\end{cases}$
气体运输船	$\frac{0.174\,9L_{PP}^{2.33}}{Capacity}$	$\begin{cases}\max 1.25L_{PP}^{-0.04}\\ \min 1.0\end{cases}$	$\begin{cases}\max 1.60L_{PP}^{-0.08}\\ \min 1.0\end{cases}$	$\begin{cases}\max 2.10L_{PP}^{-0.12}\\ \min 1.0\end{cases}$	1.0

（7）f_j 为冰区加强船舶功率修正系数。选取参见表 6.5，表中不包含的船型 $f_j = 1.0$。

（8）f_w 是指不同的风、浪、流等不利海况导致船舶失速的影响系数，可由模型试验获得或通过标准曲线求取。

（9）$f_{eff(i)}$ 指采用的第 i 种创新能效技术的利用率。

表 6.5　冰区加强船舶功率修正系数 f_j

船舶类型	f_j	冰级极限			
		IC	IB	IA	IA Super
液货船	$\dfrac{0.516L_{PP}^{1.87}}{\sum_{i=1}^{n_{ME}} P_{iME}}$	$\begin{cases}\max 1.0\\ \min 0.72L_{PP}^{0.06}\end{cases}$	$\begin{cases}\max 1.0\\ \min 0.61L_{PP}^{0.08}\end{cases}$	$\begin{cases}\max 1.0\\ \min 0.50L_{PP}^{0.10}\end{cases}$	$\begin{cases}\max 1.0\\ \min 0.40L_{PP}^{0.12}\end{cases}$
干散货船	$\dfrac{2.510L_{PP}^{1.58}}{\sum_{i=1}^{n_{ME}} P_{iME}}$	$\begin{cases}\max 1.0\\ \min 0.89L_{PP}^{0.02}\end{cases}$	$\begin{cases}\max 1.0\\ \min 0.78L_{PP}^{0.04}\end{cases}$	$\begin{cases}\max 1.0\\ \min 0.68L_{PP}^{0.06}\end{cases}$	$\begin{cases}\max 1.0\\ \min 0.58L_{PP}^{0.08}\end{cases}$
普通货船	$\dfrac{0.045L_{PP}^{2.37}}{\sum_{i=1}^{n_{ME}} P_{iME}}$	$\begin{cases}\max 1.0\\ \min 0.85L_{PP}^{0.03}\end{cases}$	$\begin{cases}\max 1.0\\ \min 0.70L_{PP}^{0.06}\end{cases}$	$\begin{cases}\max 1.0\\ \min 0.54L_{PP}^{0.10}\end{cases}$	$\begin{cases}\max 1.0\\ \min 0.39L_{PP}^{0.15}\end{cases}$

6.1.3 船舶参考线公式

EEDI 是考核船舶营运过程当中 CO_2 排放量的指标，EEDI 参考线则是判断船舶 CO_2 排放量是否合格的标准。各类型船舶计算所得的 EEDI 值应当小于或等于对应该船型参考线公式的计算值。

EEDI 参考线公式最早是由丹麦代表团根据英国劳氏船级社（Lloyd's Register of Shipping，LR）Fairplay 数据库中的数据为样本，采用当时 EEDI 计算公式，通过一定的假定计算 EEDI 值，然后以 Capacity 为自变量，选用指数形式，回归分析计算所得 EEDI 值，得出分船型的参考线公式，并在 MEPC 第 58 会议之前提交了提案 MEPC58/4/8[144]。

$$\text{BLV} = a \cdot \text{Capacity}^{-c} \tag{6.6}$$

中国代表团采用英国 LR Fairplay 中相对不同的样本数据，采用与丹麦相似的计算方法回归分析，得出了相应船型的参考线公式。但是得出的相应船型 a 和 c 值却与丹麦的结果大相径庭，提案 MEPC58/4/34[145]也在 MEPC 第 58 次会议之前提交给了 IMO。

之后，丹麦和中国又分别根据最新的 EEDI 公式，采用 MEPC 第 58 次会议上讨论确定的相对固定的样本（LR Fairplay 数据库中 1998 年 1 月 1 日～2007 年 12 月 31 日建造的船舶），对 EEDI 进行了回归分析，分别在 MEPC 第 59 次会议之前提交了提案 GHG-WG 2/2/7[146]和 MEPC59/4/20[147]。如图 6.2 所示，此次相应船型的 a 和 c 数值已经非常接近了，丹麦的计算结果对 EEDI 的要求更高些。丹麦提案 GHG-WG 2/2/7 中 EEDI 的计算基于以下假设。

（1）取 $C_{FME} = C_{FAE} = C_{Feff} = 3.13$。

（2）$\text{SFC}_{ME} = 190\text{g/(kW}\cdot\text{h)}$。

（3）$\text{SFC}_{AE} = 210\text{g / (kW}\cdot\text{h)}$。

（4）$P_{ME(i)}$为每台主机额定装机功率的 75%，kW。

（5）辅机功率：

$$P_{AE(MCRME>10\,000kW)} = \left(0.025 \times \sum_{i=1}^{n_{ME}} MCR_{MEi}\right) + 250$$

$$P_{AE(MCRME<10\,000kW)} = \left(0.050 \times \sum_{i=1}^{n_{ME}} MCR_{MEi}\right)$$

（6）f_i、f_j、f_w 均取 1.0。

（7）不考虑使用热回收系统提供额外的推进功率，$P_{WHR} = 0$。

（8）忽略辅机提供的额外电推进功率，$P_{PT(i)} = 0$。

（9）不考虑使用创新性能效技术，$P_{eff} = 0$。

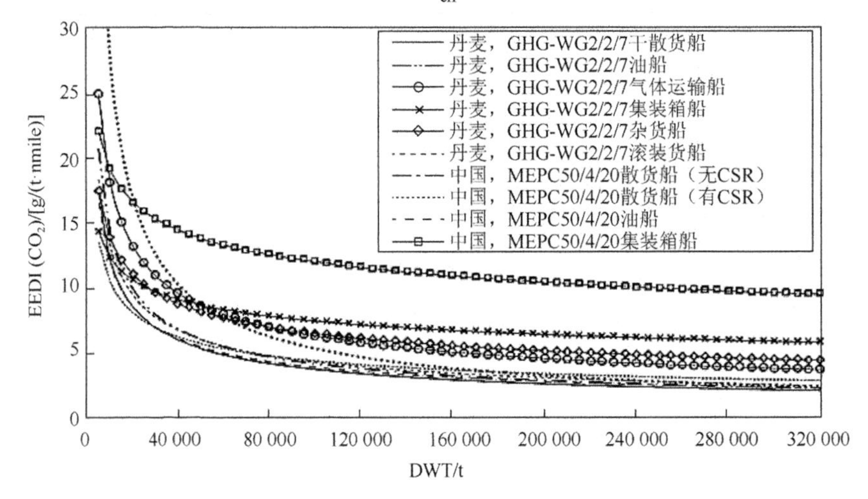

图 6.2　MEPC 第 59 次会议上丹麦、中国提案中参考线公式回归结果比较[146,147]

CSR 指船舶结构共同规范；1mile=1.609 344km

表 6.6 列出了丹麦提案 GHG-WG 2/2/7 中对参考线公式重新计算的结果。

表 6.6　丹麦提案 GHG-WG 2/2/7 中对参考线公式重新计算的结果[146]

船型	Capacity	a	c	样本船数/艘	剔除船数/艘	R^2
干散货船	DWT	1354.0	0.5117	2365	59	0.9287
油船	DWT	1950.7	0.5337	3116	59	0.9687
气体运输船	DWT	1252.6	0.4597	416	11	0.9346
集装箱船	DWT	139.38	0.2166	2189	87	0.6565
杂货船	DWT	290.28	0.3300	1824	90	0.6259
滚装货船	DWT	19788	0.7137	402	27	0.7846

注：R^2 表示实际值和参考线的吻合度，该值越接近于 1，说明与样本吻合度越高

之后的几次 MEPC 大会，委员会对 EEDI 参考线公式的样本（LR Fairplay 数据库中 1999 年 1 月 1 日～2009 年 1 月 1 日建造的船舶）和船型做了进一步扩展，

基本假设做了调整，各船型的参考线计算公式也得到了更新，MEPC 第 62 次会议上，通过的提案 MEPC 62/6/4[148]回归得出的部分船型参考线公式如表 6.7。

表 6.7　根据 MEPC 62/6/4 的 EEDI 参考线公式计算结果[148]

船型	Capacity	a	c	样本船数	剔除船数	R^2
散货船	DWT	961.79	0.4770	2512	16	0.9289
油船	DWT	1218.80	0.4880	3655	14	0.9574
气体运输船	DWT	1120.0	0.4560	354	0	0.9446
集装箱船	DWT	186.52	0.2000	2406	32	0.6191
杂货船	DWT	107.48	0.2160	2086	47	0.3344
冷藏运输船	DWT	227.01	0.2440	61	1	0.5130
兼装船	DWT	1219.00	0.4880	6	0	0.9575

6.2　自升式海洋钻井平台 EEDI 公式

6.2.1　公式的建立

随着海洋勘探、开采技术的不断发展，海洋工程装备制造业蓬勃发展，将来会有更多的海洋平台投入使用。在全球航运业和造船业节能减排的大背景下，海洋工程领域也不可能独善其身，必须提前做好应对措施[133]。

自升式海洋钻井平台的动力系统一般为柴油发电机组，可分为主发电机组和应急发电机组。其中，主发电机组是自升式海洋钻井平台的心脏，为整个钻井工程的生产、生活等设施提供电力能源，以保证钻井平台正常、连续、安全地进行生产。柴油发电机组发出的绝大部分高压交流电经可控硅交/直流转换电驱动装置输出直流电，绞车、转盘、泥浆泵等钻井机械由各直流电动机分别驱动。同时交流发电机发出的另一部分高压交流电经变压器输出低压交流电，供其他辅助设备使用。

钻井、桩腿升降以及固井、完井时消耗较多电力。钻井平台主要用电设备如下。

（1）绞车。自升式钻井绞车采用单独直流电驱动，且绞车驱动功率较大。随着钻井深度的不同，绞车常配备到 750～2200kW。

（2）转盘。转盘主要由转盘壳体、轴总成、轴承等几部分组成。在钻、修井机各部件中工作条件最恶劣，除要承受大的扭矩和负载外，还会遭受钻井液喷溅、油水污蚀和井中钻具振跳的冲击等。

（3）泥浆泵。钻井平台多选用功率较大的三缸单独作业泥浆泵。单泵功率可达 1300～1600hp①。在纯钻井工况中，泥浆泵属于连续负载，长期工作制。

① 1hp=745.7W。

（4）顶部驱动钻井装置。顶部驱动钻井装置将动力通过垂直的转轴驱动顶部的装置以驱动方钻杆旋转，是近代钻井装备三大新技术之一，目前海洋钻井平台已基本普及。

（5）辅助设备。主要有泥浆净化装置、钻井油泵、水泵、风机以及生活、照明用电等。

IMO 通过的 EEDI 公式适用的船型不包含自升式海洋钻井平台，因为自升式海洋钻井平台工作形式有别于常规船舶。

（1）自升式海洋钻井平台不具有动力推进系统，但具有类似船舶的辅机系统，如发电机组、锅炉等。

（2）自升式海洋钻井平台一般是非自航式的，没有航速。

（3）自升式海洋钻井平台并非用来运送货物或人员，没有载重量的概念。

基于以上几点，借鉴常规船 EEDI 计算公式，针对自升式海洋钻井平台引入“自升式海洋钻井平台 EEDI”——根据自升式海洋钻井平台工作中消耗燃油产生的 CO_2 排放量和平台的社会效益的比值来表示平台的能效。公式考虑以下参数。

（1）自升式海洋钻井平台没有动力推进的主机系统，只考虑其辅机系统，即柴油发电机系统。

（2）自升式海洋钻井平台没有航速，用钻井深度和作业水深来反映平台的社会效益。

（3）自升式海洋钻井平台没有载重量这一概念，用最大可变载荷代替。以最大可变载荷与平台空船重量之比来反映钻井平台的相对工作能力。

由此建立如下自升式海洋钻井平台 EEDI 计算公式，一般考虑耗能最大的工况（满载钻井作业工况）：

$$\mathrm{EEDI}=\frac{(P_{\mathrm{AE}}\cdot C_{F\mathrm{AE}}\cdot \mathrm{SFC}_{\mathrm{AE}})-(\sum_{i=1}^{n_{\mathrm{eff}}} f_{\mathrm{eff}(i)}\cdot P_{\mathrm{AEeff}(i)}\cdot C_{F\mathrm{AE}}\cdot \mathrm{SFC}_{\mathrm{AE}})}{f_i\cdot D_W\cdot D_d\cdot f_c} \tag{6.7}$$

式中，C_F 为量纲碳转换系数，基于含碳量将燃油消耗量转换为 CO_2 排放量，下标 AE 代表主发电机，不同的燃油类型，选取不同的 C_F，具体选取见表 6.2；P 为在设计钻井工况下主柴油发电机功率的 75%；D_W 为最大作业水深（m）；D_d 为最大钻井深度（m）；SFC 为柴油机经船级社审查、批准的特定燃油消耗率[g/(kW·h)]；f_i 为由平台作业海域的海况和地质条件引起的修正系数，如对于半潜平台，采用动力定位会消耗电能，对于自升式海洋钻井平台，则无须考虑，默认为 1.0；f_{eff} 为第 i 种创新能效技术的可利用率，如未采用创新能效技术则 $f_{\mathrm{eff}(i)}$ 取 1.0；f_c 为平台作业的能力系数，取值为最大可变载荷 F 与空船重量 W_L 之比。

6.2.2 计算实例分析

选取“Aban III”自升式海洋钻井平台为例，此平台 1974 年建造，2003 年大修改造，入 BV 级，现服役于印度孟买。平台主要尺寸及主要性能参数如表 6.8 所示。

表 6.8 平台主要尺寸和主要性能

项目	名称	单位	数值
主要尺寸	总长	m	70.10
	总宽	m	60.96
	型长	m	66.14
	型宽	m	60.96
	型深	m	7.92
	设计满载吃水	m	4.88
	空船重量	t	7818
	桩腿总长	m	124.9
	桩腿数		3
	前后桩腿间距	m	16.46
	两后桩腿间距	m	43.28
	直升机平台直径	m	18.29
	钻台面积	m	464.5
主要性能	最大作业水深	m	91.44
	最大钻井深度	m	6096
	最大作业工况可变载荷	t	1912
	升降工况可变载荷	t	1518
	风暴自存工况可变载荷	t	1389
	定员	人	94
	作业区域	无冰区作业	

主动力系统如下。

主发电机组：5×Caterpillar D-399，850kW，1215hp。

应急发电机组：GM 330kW 柴油发电机组。

根据以上平台资料，用建立的自升式海洋钻井平台 EEDI 计算公式［式(6.7)］计算其能效设计指数。公式中各参数取值如下。

（1）P_{AE} 为五台主柴油发电机总功率的 75%，P_{AE}=850×5×75%=3187.5kW。

（2）C_{FAE}，燃料类型为重燃油，查表 C_{FAE}=3.1144。

（3）CAT D-399 型柴油机的燃油消耗率 $SFC_{AE} = 240g/(kW \cdot h)$。

（4）该平台未采用节能创新技术，故 $P_{AEeff(i)}$ =0。

（5）该平台类型为自升式海洋钻井平台，没有动力定位系统，f_i 默认为 1.0。

（6）最大作业水深 D_W=91.44m。

（7）最大钻井深度 D_d=6096m。

（8）平台作业能力系数 $f_c=F/W_L$，最大可变载荷 F=1912t，空船重 W_L=7818t。

由以上参数计算“Aban III”自升式海洋钻井平台的 EEDI 值为

$$\text{EEDI}=\frac{3187.5\times3.1144\times240}{1.0\times1.0\times91.44\times6096\times\dfrac{1912}{7818}}=17.4275\ \text{g}(\text{CO}_2)/(\text{m}\cdot\text{m})$$

6.3　自升式海洋钻井平台参考线回归公式

自升式海洋钻井平台是有多个（3～4 个）桩腿插入海底，并可自行升降的移动式钻井平台。自升式海洋钻井平台基本由两部分组成：一部分是可以安装钻井设备、器材和生活区的平台；另一部分是可升降并可插入海底的桩腿。升降装置由电动或液压驱动。自升式海洋钻井平台的优点是：对水深适应性强；无桩腿沉箱时，用钢量较少，造价较低；桩腿插入海底时，有良好的抗侧向移动性；出现意外高海浪时，工作平台有可能增大空气间隙；当工作平台在水面之上时，能够维修整个船体。缺点是：桩腿下部分为桩靴或沉箱时，易受海底冲刷，容易造成整个装置漂移；由于受到桩腿长度的限制，不适于在更深海域工作；拖航时容易遭受风暴袭击而受到损害。

自升悬臂式钻井平台是在自升式海洋钻井平台的基础上发展而来的。这类平台的出现弥补了自升式海洋钻井平台因钻井作业区槽口小，一次就位可钻井工作范围有限的缺点。其结构特点除了在钻井工作甲板上多了一个用于把钻台悬臂推出去的结构悬臂梁以外，基本与自升式海洋钻井平台一致。钻井时，钻机沿结构悬臂梁向外移至合适位置，以便进行钻井作业。完井后，钻机滑移回到钻井甲板上原来位置以便拖航。自升悬臂式钻井平台的最大优点是扩大了自升式海洋钻井平台一次就位的可钻井工作范围。不足之处是由于悬臂梁承载能力有限，限制了钻机钻更多和更深的井。近年来，新的悬臂梁结构设计已大大改变了这一弱点。为了进一步扩大自升式海洋钻井平台的工作范围，还可借助特制的外推悬臂滑轨将钻机完全推到井口平台或导管架上，以便钻机能够钻更多更深的井。

自升式海洋钻井平台的适用水深为 10～150m，是目前海洋钻井使用最多的钻井平台。图 6.3 是截至 2012 年 4 月世界各型海洋钻井平台数量对比，可见自升式海洋钻井平台所占比例超过 40%。

本节统计的自升式海洋钻井平台数据是基于美国船级社、挪威船级社、德国船级社等船级社船舶录以及美国 Transocean、Ensco、Noble Drilling 等各大海洋油气开发商、海洋工程承包商、海洋钻井公司官网信息。共搜集 20 世纪 50～60 年代至 2012 年现服役或在建的 577 座自升式海洋钻井平台的数据，其中建造时间较早的自升式海洋钻井平台都已经过改造升级。利用上节建立的自升式海洋钻井平台 EEDI 计算公式（6.7）对统计平台进行 EEDI 计算，对计算结果进行回归分析，得出自升式海洋钻井平台参考线公式，验证数学模型的有效性，分析这些回归公式的误差范围。为评估目前世界上自升式海洋钻井平台能效水平以及今后绿色海洋钻井平台设计提供一定的参考[149]。

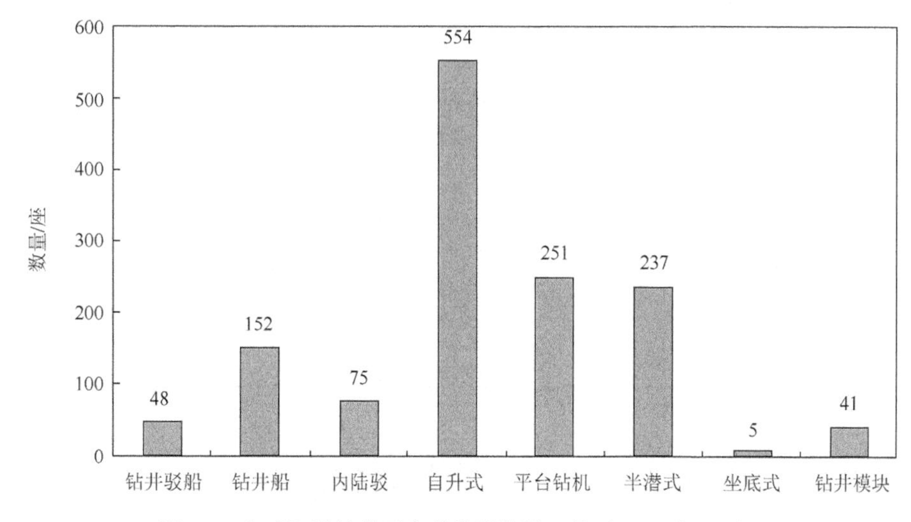

图 6.3　全球海洋钻井平台种类及数量（截至 2012 年 4 月）

6.3.1　基本信息

本节统计的 577 座自升式海洋钻井平台样本基本信息如表 6.9 所示。

表 6.9　自升式海洋钻井平台基本信息统计表

项目	名称	值
基本信息	IMO 编号 英文船名 完工时间 船级 船舶所有人 船舶登记号 中文船名 改造时间 船旗国 船舶管理公司 最大工作水深 D_W /m 最大可变载荷 F /t L_{pp} /m D /m 桩腿数	

续表

项目	名称	值
基本信息	悬臂梁移动范围：纵向/m×横向/m	
	钻井状态波高 H/m	
	最大钻井深度 D_d /m	
	拖航排水量 Δ /t（空船重 W_L /t）	
	B /m	
	d /m	
	桩腿总长/m	
	钻井状态风速 V_W /kn	
	钻井状态波频 T/s	
主柴油发电机组信息	型号	
	单机功率（MCR）/kW	
	燃油类型	
	SFC（100%MCR）/[g/(kW·h)]	
	数量	
	转速 n/(r/min)	
	无量纲 CO_2 转化因子	
	SFC（75%MCR）/[g/(kW·h)]	
应急发电机组信息	型号	
	燃油类型	
	SFC（100%MCR）/[g/(kW·h)]	
	应急发电机组总功率/kW	
	无量纲 CO_2 转化因子	
	SFC（75%MCR）/[g/(kW·h)]	
其他信息	创新技术减少的辅机功率 /kW	
	燃油锅炉耗油量/(t/h)	

由表 6.9 中的信息，可计算得到表 6.10 中的各个参数。

表 6.10　用于 EEDI 计算的参数表

名称	值
主柴油发电机组机额定功率的 75% P_{AE} /kW	
创新技术减少的辅机功率 75% P_{AEeff} /kW	
平台作业能力系数 f_c	
作业海况系数 f_i	
创新能效技术的可用系数 f_{eff}	

6.3.2　参考线回归模型的建立

由于搜集到的 577 座自升式海洋钻井平台资料不是很全，每座平台不能全部包含计算所要求的全部数据信息，最终得到 196 个有效样本。样本建造时间分布如表 6.11 所示。

表 6.11　样本平台建造时间分布情况

建造时间	数量/座
1970 年前	3
1970～1979 年	31
1980～1989 年	75
1990～1999 年	14
2000～2009 年	40
2010 年后	33
合计	196

根据样本资料计算各平台 EDDI 值，并对计算结果进行回归分析。由于存在时间上的敏感性，同时考虑 IMO 通用的最新参考线公式是基于 LR Fairplay 船舶数据库中 1999 年 1 月 1 日～2009 年 1 月 1 日的船舶数据回归的，故对所搜集到的信息按照时间分为 1999 年以前建造的和 1999 年以后建造的，分别对两组数据进行回归分析。本节对计算公式中各参数对自升式海洋钻井平台 EEDI 值回归分析结果显示，以 f_c、$D_W \cdot f_c$、$D_d \cdot f_c$ 为自变量的回归结果相关性较高，回归结果见图 6.4～图 6.12。

（1）以 f_c 为自变量的参考线回归结果。

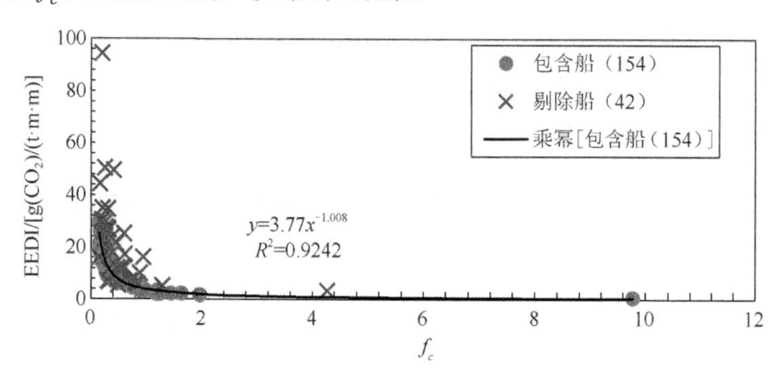

图 6.4　以 f_c 为自变量的参考线回归结果（1967～2013 年）

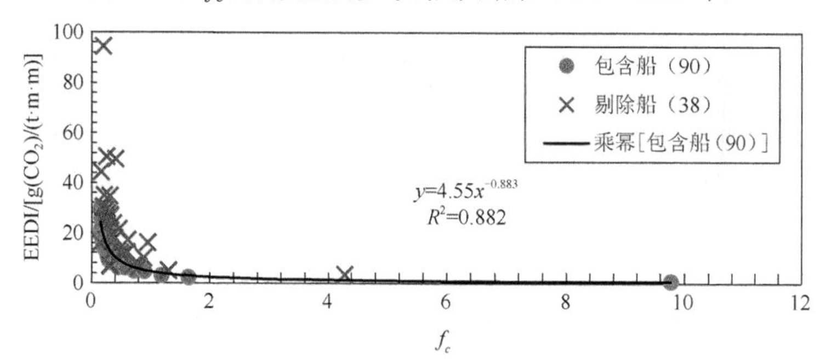

图 6.5　以 f_c 为自变量的参考线回归结果（1967～1998 年）

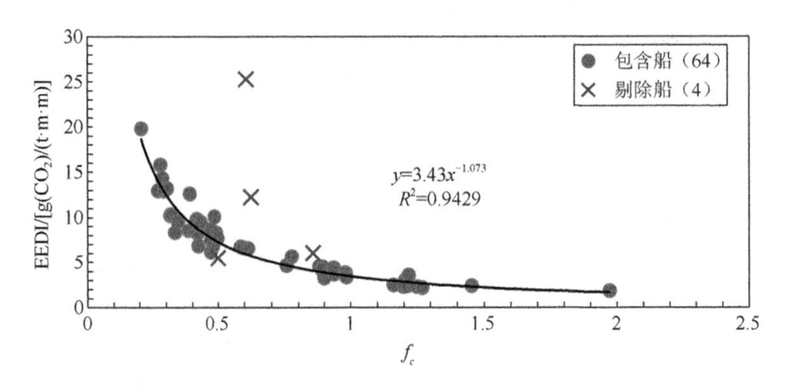

图 6.6　以 f_c 为自变量的参考线回归结果（1999～2013 年）

（2）以 $D_W \cdot f_c$ 为自变量的参考线回归结果。

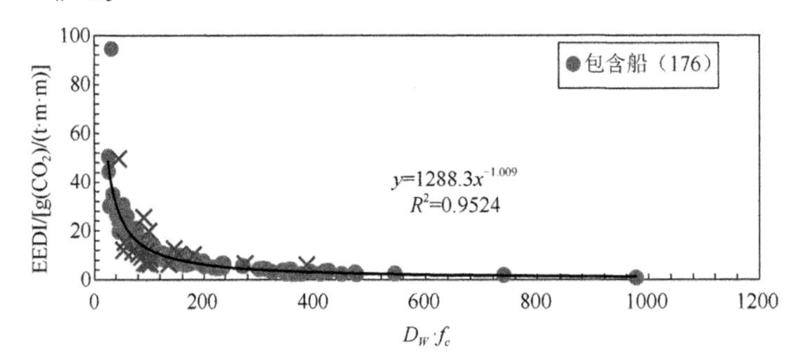

图 6.7　以 $D_W \cdot f_c$ 为自变量的参考线回归结果（1967～2013 年）

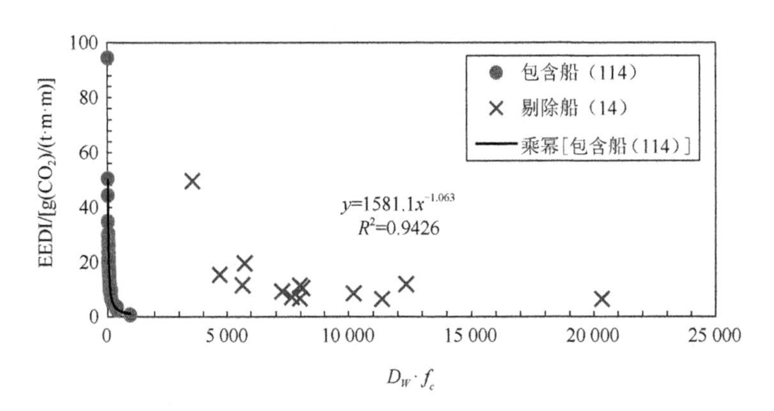

图 6.8　以 $D_W \cdot f_c$ 为自变量的参考线回归结果（1967～1998 年）

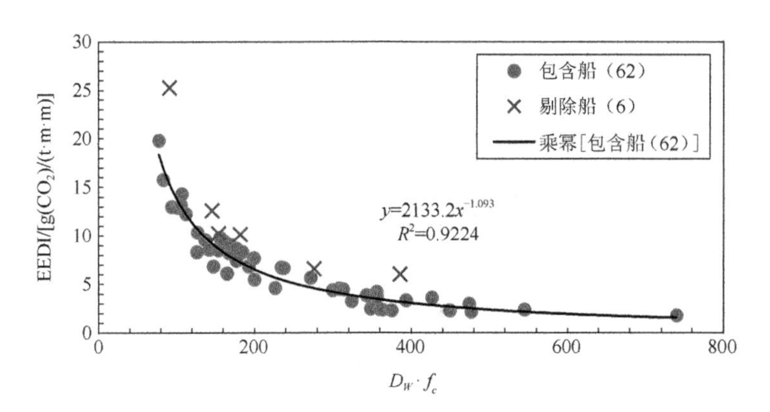

图 6.9　以 $D_W \cdot f_c$ 为自变量的参考线回归结果（1999～2013 年）

（3）以 $D_d \cdot f_c$ 为自变量的参考线回归结果。

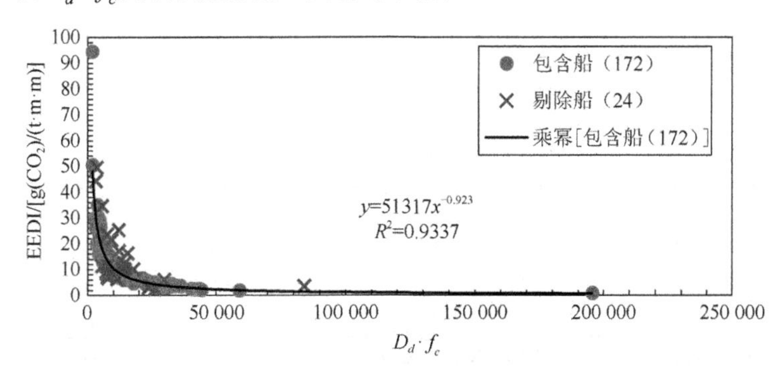

图 6.10　以 $D_d \cdot f_c$ 为自变量的参考线回归结果（1967～2013 年）

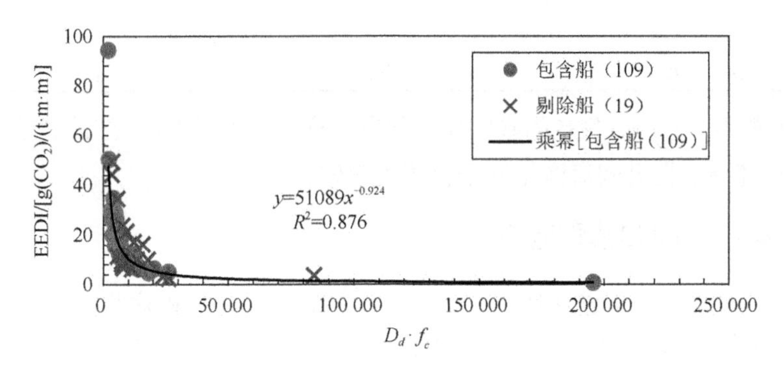

图 6.11　以 $D_d \cdot f_c$ 为自变量的参考线回归结果（1967～1998 年）

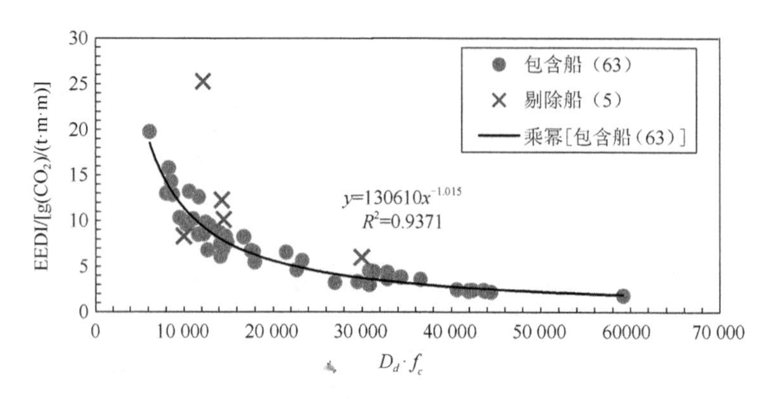

图 6.12　以 $D_d \cdot f_c$ 为自变量的参考线回归结果（1999～2013 年）

对于所搜集的自升式海洋钻井平台资料，三个时间区间回归数据都比较集中，相关度比较高（相关系数 R^2 越接近 1，相关度越高），即数据拟合得比较好。结果见表 6.12。

其中，以 $D_W \cdot f_c$ 为自变量的数学模型相关度最高，所有样本统一分析（R^2=0.9524）比划分时间区间分析（R^2=0.9426，R^2=0.9224）的相关度高。

表 6.12　EEDI 参考线回归结果比较

自变量	时间区间/年	回归公式	样本平台数	剔除平台数	R^2
f_c	1967～2013	$\text{RLV} = 3.77 \times f_c^{-1.008}$	154	42	0.924 2
	1967～1998	$\text{RLV} = 4.55 \times f_c^{-0.883}$	90	38	0.882 0
	1999～2013	$\text{RLV} = 3.43 \times f_c^{-1.073}$	64	4	0.942 9
$D_W \cdot f_c$	1967～2013	$\text{RLV} = 1\ 288.3 \times (D_W \cdot f_c)^{-1.009}$	176	20	0.952 4
	1967～1998	$\text{RLV} = 1\ 518.1 \times (D_W \cdot f_c)^{-1.063}$	114	14	0.942 6
	1999～2013	$\text{RLV} = 2\ 133.2 \times (D_W \cdot f_c)^{-1.093}$	62	6	0.922 4
$D_d \cdot f_c$	1967～2013	$\text{RLV} = 5\ 1317 \times (D_d \cdot f_c)^{-0.923}$	172	24	0.933 7
	1967～1998	$\text{RLV} = 5\ 1089 \times (D_d \cdot f_c)^{-0.924}$	109	19	0.876 0
	1999～2013	$\text{RLV} = 1\ 30610 \times (D_d \cdot f_c)^{-1.015}$	63	5	0.937 1

以 f_c 和 $D_d \cdot f_c$ 为自变量的数学模型与所有样本以及 1999 年之前建造的相比，1999 年后建造的自升式海洋钻井平台相关度较高。

6.3.3　参考线回归模型验证

为了验证所提出的参考线回归数学模型的有效性，分析这些回归公式的误差范围，分别选取样本中的 6 座自升式海洋钻井平台进行误差分析，表 6.13～表 6.21 分别是按 f_c、$D_W \cdot f_c$、$D_d \cdot f_c$ 对回归建立数学模型的误差分析结果。

（1）所有数据回归公式验证。

表 6.13　以 f_c 为自变量的参考线回归数学模型验证

序号	平台名称	建造时间/年	f_c	EEDI /[g(CO_2) / (t·m·m)]		
				实际值	计算值	误差/%
1	Rowan Fort Worth	1978	0.1974	18.8692	19.3666	2.57
2	Transocean Nordic	1984	0.1805	21.4578	21.1855	−1.29
3	Chiles Tonala	1999	0.2687	12.9996	14.1908	8.39
4	Ensco76	2000	0.4068	8.5849	9.3405	8.09
5	Emerald Driller	2008	0.4085	8.6078	9.3032	7.47
6	Rowan EXL II	2010	0.9372	3.6959	4.0278	8.24

表 6.14　以 $D_W \cdot f_c$ 为自变量的参考线回归数学模型验证

序号	平台名称	建造时间/年	$D_W \cdot f_c$	EEDI /[g(CO_2) / (t·m·m)]		
				实际值	计算值	误差/%
1	Rowan Fort Worth	1978	69.0743	18.8692	17.9534	−5.10
2	Transocean Nordic	1984	54.1620	21.4578	22.9467	6.49
3	Chiles Tonala	1999	94.0354	12.9996	13.1512	1.15
4	Ensco76	2000	142.3925	8.5849	8.6526	0.78
5	Emerald Driller	2008	153.1702	8.6078	8.0385	−7.08
6	Rowan EXL II	2010	356.1243	3.6959	3.4312	−7.71

表 6.15　以 $D_d \cdot f_c$ 为自变量的参考线回归数学模型验证

序号	平台名称	建造时间/年	$D_d \cdot f_c$	EEDI /[g(CO_2) / (t·m·m)]		
				实际值	计算值	误差/%
1	Rowan Fort Worth	1978	4 933.88	18.869 2	20.019 3	5.74
2	Transocean Nordic	1984	4 513.50	21.457 8	21.734 3	1.27
3	Chiles Tonala	1999	8 060.18	12.999 6	12.726 4	−2.15
4	Ensco76	2000	12 205.07	8.584 9	8.677 3	1.07
5	Emerald Driller	2008	12 253.62	8.607 8	8.645 6	0.44
6	Rowan EXL II	2010	32 800.93	3.695 9	3.484 2	−6.08

（2）1967～1998 年数据回归验证。

表 6.16　以 f_c 为自变量的参考线回归数学模型验证

序号	平台名称	建造时间/年	f_c	EEDI /[g(CO_2) / (t·m·m)]		
				实际值	计算值	误差/%
1	Aban III	1974	0.2446	17.4776	15.781 4	−10.75
2	Petrobaltic	1980	0.2611	13.8674	14.895 9	6.90
3	Ensco56	1982	0.2336	15.5010	16.435 1	5.68
4	Transocean Nordic	1984	0.1805	21.4578	20.631 2	−4.01
5	Maersk Giant	1986	0.1817	19.0692	20.512 4	7.04
6	GSF Adriatic II	1998	0.3045	11.8766	13.004 0	8.67

表 6.17　以 $D_W \cdot f_c$ 为自变量的参考线回归数学模型验证

序号	平台名称	建造时间/年	$D_W \cdot f_c$	EEDI /[g(CO_2) / (t·m·m)]		
				实际值	计算值	误差/%
1	Aban III	1974	73.3658	17.4776	15.7863	−10.71
2	Petrobaltic	1980	78.3240	13.8674	14.7262	5.83
3	Ensco56	1982	70.0698	15.5010	16.5768	6.49
4	Transocean Nordic	1984	54.1620	21.4578	21.7963	1.55
5	Maersk Giant	1986	63.6034	19.0692	18.3739	−3.78
6	GSF Adriatic II	1998	106.5735	11.8766	10.6147	−11.89

表 6.18　以 $D_d \cdot f_c$ 为自变量的参考线回归数学模型验证

序号	平台名称	建造时间/年	$D_d \cdot f_c$	EEDI /[g(CO_2) / (t·m·m)]		
				实际值	计算值	误差/%
1	Aban III	1974	4891.05	17.4776	19.9214	12.27
2	Petrobaltic	1980	6527.00	13.8674	15.2592	9.12
3	Ensco56	1982	5839.15	15.5010	16.9130	8.35
4	Transocean Nordic	1984	4513.50	21.4578	21.4564	−0.01
5	Maersk Giant	1986	4543.10	19.0692	21.3270	10.59
6	GSF Adriatic II	1998	7612.39	11.8766	13.2374	10.28

（3）1999～2013 年数据回归验证。

表 6.19　以 f_c 为自变量的参考线回归数学模型验证

序号	平台名称	建造时间/年	f_c	EEDI /[g(CO_2) / (t·m·m)]		
				实际值	计算值	误差/%
1	Ensco76	2000	0.4068	8.5849	9.0148	4.77
2	GSF Constellation I	2003	0.4809	6.8535	7.5331	9.02
3	West Prospero	2007	0.9838	3.3503	3.4951	4.14
4	Emerald Driller	2008	0.4085	8.6078	8.9765	4.11
5	Greatdrill Chitra	2009	0.2914	12.9294	12.8985	−0.24
6	Rowan EXL II	2010	0.9372	3.6959	3.6822	−0.37

表 6.20　以 $D_W \cdot f_c$ 为自变量的参考线回归数学模型验证

序号	平台名称	建造时间/年	$D_W \cdot f_c$	EEDI /[g(CO_2) / (t·m·m)]		
				实际值	计算值	误差/%
1	Ensco76	2000	142.3925	8.5849	9.4465	9.12
2	GSF Constellation I	2003	192.3786	6.8535	6.7990	−0.80
3	West Prospero	2007	393.5309	3.3503	3.1097	−7.74
4	Emerald Driller	2008	153.1702	8.6078	8.7224	1.31
5	Greatdrill Chitra	2009	101.9744	12.9294	13.6066	4.98
6	Rowan EXL II	2010	356.1243	3.6959	3.4684	−6.56

表 6.21　以 $D_d \cdot f_c$ 为自变量的参考线回归数学模型验证

序号	平台名称	建造时间/年	$D_d \cdot f_c$	EEDI /[g(CO_2) / (t·m·m)]		
				实际值	计算值	误差/%
1	Ensco76	2000	12 205.07	8.5849	9.292 6	7.62
2	GSF Constellation I	2003	14 428.40	6.8535	7.841 0	12.59
3	West Prospero	2007	29 514.82	3.3503	3.792 2	11.65
4	Emerald Driller	2008	12 253.62	8.6078	9.255 2	7.00
5	Greatdrill Chitra	2009	8 740.66	12.9294	13.040 9	0.86
6	Rowan EXL II	2010	32 800.93	3.6959	3.406 8	-8.48

可以看出，通过回归公式计算所得计算值与实际值误差较小，可以为自升式海洋钻井平台能效水平计算和绿色自升式海洋钻井平台初步设计提供一定的参考建议。

6.4　自升式海洋钻井平台节能减排措施

海洋钻井与陆地钻井相比，面对的条件和环境更复杂、恶劣，环节更多。海洋钻井装备相比陆地钻井装备要复杂得多，因而其钻井成本和耗能也就大大高于陆地，反过来想节能潜力也更大。

钻井节能就是指在消耗相同能源下，取得更大的钻井效益。一方面是指在钻井全过程中减少燃料和动力等有形能源和原材料、机械设备等无形能源消耗的措施；另一方面也涵盖从勘探到完井全过程的其他一些节能措施，如在油气勘探方面，利用二维、三维建模技术和地震数据三维、四维处理技术，提高对油气藏评价的技术精度，重点研究并合理布置探井位置，提高钻井成功率，有效提高海上能源利用率；全面推广“优快钻井”作业技术，缩短海上钻井、完井时间，降低成本，减少能耗；做好海上作业和生产所用钻井船、拖轮、运输船和飞机的合理配置、调度和管理，杜绝人为浪费，提高大型能耗设备的节能综合效益等。

海洋钻井主要能耗为柴油，平台所有动力设备和生活设施运行均需电力驱动，而电力来自柴油发电机。

钻井平台作为一个钻井设备，既是作业施工的装备和场地，又是作业人员的食宿场所。海洋钻井平台作业耗能贯穿整个钻井施工全过程，包括生活用能、生产用能和第三方用能。

（1）生活用能，主要指照明、饮食生产和空调等用能。无论平台处于何种作业状态，上述用能一直存在。

（2）生产用能，是指钻井平台钻井作业时，如钻进、起下钻、通井、下套管和固井时，绞车、转盘、驱动装置以及各类辅助机械的能耗。

（3）第三方用能，指完井作业时，如测井、测试等井筒技术服务作业用能，均依赖平台提供。

6.4.1 钻井工艺节能

相比于陆地钻井作业，海洋钻井工艺更重视安全、质量、成本和效率，效率提高的同时也节省了能耗。要提高效率首先应保证作业安全，常常发生复杂情况和事故的钻井平台是不可能获得高效率、低能耗的；其次，提高效率必须采用新工艺、新设备、新技术以及新能源。海洋石油钻井生产成本昂贵，因此缩短海洋钻井、完井时间，就能降低成本，减少能耗[150]。不断改进钻井工艺，推广各种行之有效的新工艺，提高钻探成功率，是海洋钻井节能的主要措施。目前海洋钻井节能新工艺有以下几种。

（1）减少套管层次，减小套管尺寸和下深。在对地区熟悉、能够保证安全的情况下，详探井和开发井的井身结构设计应尽可能减少套管层次；尽量减少表层套管和技术套管的下深；在钻井液保护井壁、使井筒规则的能力越来越大的情况下，海洋钻井除隔水管在海水较深海域为抵抗风浪侵袭必须具有相当强度不能随便减小外，其他套管可以尽量减小每层套管尺寸。这样既节约了成本、提高了效率，同时也节约了能源。例如，现在东海钻井与传统井身结构相比已经减少了一层ϕ508mm 套管；在渤海浅海，把表层套管和第一层技术套管合为一层，即用ϕ339.7mm 套管，下深 800～1000m，比原来的表层套管下到 500m 左右深，并且尺寸小；比原来的第一层技术套管下到 1500m 左右浅。

（2）导向钻井技术。导向钻井系统由高效能钻头、导向动力钻具和随钻测量组成，并辅之计算机软件。应用于石油钻井工程中，可适时变更定向和开转盘两种工况，快速钻出高质量的井眼轨迹。在海洋油气勘探和油田开发阶段，越来越多地采用井下动力导向钻井系统来钻大位移井、复杂结构井、多分支水平井和在一个平台上钻更多的井，以提高效率、节约成本、节省能源。

（3）水平井钻井技术。水平井是井斜角达到或接近 90°、井身沿着水平方向钻进一定长度的井。在对海洋油气田进行开发时，需要在一个开发平台上打较多的井，控制较多的面积，每口井出较多油气，就需要钻水平井、大位移井、分支井、小井眼水平井等，以利于集中输出油气，降低开发成本。而这些都需要利用水平井技术。

（4）小井眼钻井技术。一般认为一口井 90%的井身直径小于ϕ177.8mm 或 70%的井身直径小于ϕ127mm 的井为小井眼。小井眼可用于勘探井和开发井，但更多的用于开发井，如套管开窗侧钻井、水平井和多分支井。

（5）大位移井钻井技术。大位移是位移和垂深之比大于 2 的井，比值大于 3 的称为超大位移井。大位移井可以用较少的钻井平台进行海洋油气资源开采或从陆地开发近海油气田，从而减少海洋平台和海底井口开发设备，节约资金。

（6）多分支井钻井技术。多分支井是指在一个主井眼的底部钻出两个或多个进入油气藏的分支井眼——二级井眼，甚至再从二级井眼中钻三级子井眼，并回接到一个主井眼中。这一钻井技术可在一个主井筒内开采多个油气层，既可从老井也可从新井再钻几个分支井或水平井。

（7）套管钻井技术。套管钻井技术是用顶部驱动钻井装置带动套管，进而带动安装在套管端部的钻头旋转并钻进。由于钻头直径比套管内径小，所钻井眼外径不可能大于套管外径。要想解决这一问题，就需要在钻头上安装扩眼器，钻进时张开扩眼器即可将井眼钻大。更换钻头通过绞车钢丝绳起下十分方便，起下钢丝绳时可循环泥浆泵。这一技术用套管代替了钻杆，下套管的过程即是钻进过程。

（8）挠性连续管钻井技术。挠性连续管是一种高强度、高韧性钢管，均匀绕在卷筒上，通过导向器、注入头、防喷器组合进入井内，再靠液压泵井下马达完成钻井作业。连续管钻井主要用于陆地及海洋的垂直再入钻井、老井侧钻以及浅油层钻新井，钻的都是小井眼探井或小井眼开发井，在小井眼井和水平井中进行欠平衡钻井，尤其能显示其优越性。

6.4.2　钻井装备节能

这里讨论的装备主要是指安装在平台上的耗能设备，包括为整个平台提供动力的柴油发电机组，完成钻进作业必需的钻井设备，维持平台正常工作、保障人员生活和安全的各种设备等。装备节能的总思想包括以下几点。

（1）通过采用新技术、新产品，提高钻井装备效率，降低能耗。推广应用节能关键技术，如变频调速技术。

（2）选用设备要合理，使电动机、泵类、风机等设备和系统经济运行。掌握各种设备的性能，合理优选，使设备以最高效率运行，做到最大程度的节能。

（3）余热利用。合理利用余热是节能的一项重要措施。余热回收利用方法很多，但总体可分为热回收和动力回收两大类。利用余热发电技术、余热供热技术、余热助燃技术、热泵技术、热管技术，合理利用各种余热。

1. 柴油发电机组节能

柴油机体积小、重量轻、机动性好、热效率较高，除此之外转速变化范围广，造价相对低廉，使用维修方便，因此钻井平台动力装置多选用柴油机。

作为一种发电设备，柴油机和发电机组合在一起的柴油发电机组，在钻井工程尤其是海洋石油钻井工程中得到了广泛的应用，除少数浅海钻井工程动力来源可利用电力网供电外，海洋石油钻井平台都是通过柴油发电机组发电作为钻井装置动力，钻井平台上主电站通常由 3～5 台柴油发电机组成，容量在 4000～

5000kW。因此，柴油发电机组节能是海洋石油钻井工程装备节能的主要途径之一，可以由以下几方面着手。

（1）优选柴油机组。近年来，随着科技的发展和全球节能、环保日益受到重视和关注，柴油机在节能环保方面有了很大的进步，各类柴油机的油耗均有大幅度的降低。但在各种机型间不可避免存在较大差别。因此选用性能稳定、经济性好、节能环保的柴油机是柴油发电机组节能的第一步。

柴油机燃烧柴油将燃料的化学能转变为热能做功，要提高柴油机的效率首先要减少其燃烧损失。因此必须改进燃烧过程，提高燃烧温度，在热负荷允许的条件下提高压缩比或提高压力升高比，从而提高循环热效率。改善柴油机的燃烧，关键取决于其喷油系统。海洋平台上使用较多的卡特彼勒（Caterpillar）B 系列柴油机如 CAT 3512B、CAT 3516B（图 6.13），大都采用了先进的电控共轨喷射系统[151]，见图 6.14。

图 6.13　CAT 35 B 系列柴油机

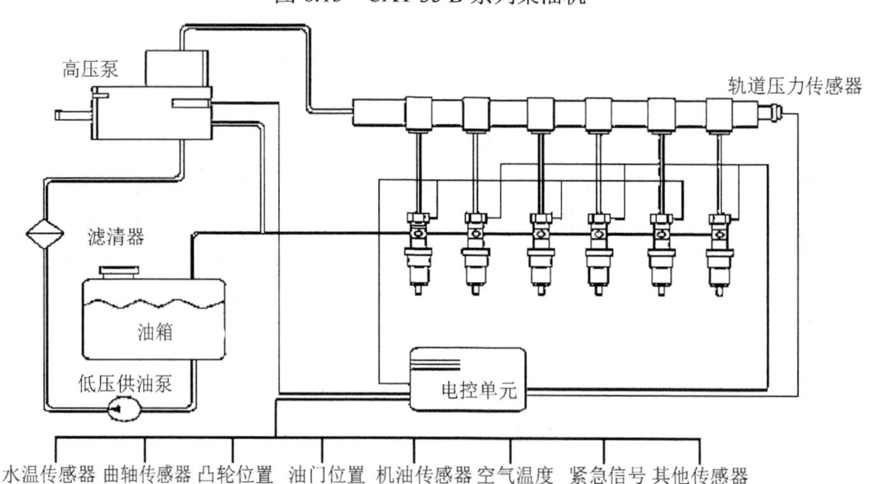

图 6.14　柴油机电控共轨喷射系统

该系统由管道传感器、电控单元、高压油泵、公共喷油管、喷油器组成。工作原理为：电控单元控制高压油泵产生高压将燃油压入公共油管，再进入高压油管，经由喷油器的作用，燃油进入燃烧室。通过燃油在气缸内燃烧过程的最佳控制，实现燃油的更完全燃烧，达到节能减排的效果。20 世纪 80 年代，在海洋钻井平台普遍使用的 CAT D399 柴油机的耗油率为 225g / (kW·h)，而采用了电喷系统的 CAT 3500B 系列柴油机的耗油率为 208g / (kW·h)，卡特彼勒公司新推出的节能型 C 系列柴油机的耗油率仅为 193g / (kW·h)[150]。德国 DETUZ 公司的 TBD620 系列环保柴油机通过减少各缸排气干扰，采用油膜燃烧与强化油气混合的方法，燃油消耗率降低至 188～198g / (kW·h)[152]。

（2）使用新型燃油添加剂。燃油添加剂是一种节油产品。节油原理是：燃油中加入燃油添加剂后，可以对燃油进行化学处理，处理后燃油燃烧更稳定、充分，燃烧质量得到明显改善，在提升柴油机效率的同时减少尾气中有害气体含量。燃油添加剂生产厂家给出的节油率数据在 8%～22.5%。为了验证其节能效果，2008 年 7 月，中国渔船渔机具行业协会对国内使用较多的四种品牌的燃油添加剂进行了台架试验。试验结果表明：燃油添加剂有一定的节油效果，但并没有那么明显，另外老机器使用后节油效果较明显。另外，使用燃油添加剂不用改变发动机的结构或加装新装置，因此是有效、便捷的节能减排措施。

大庆油田钻井一公司钻井队为了最大限度节约燃油，近几年来，该公司设立专门项目研究引进推广应用国内外先进的燃油添加剂节能技术。2006 年以来，该公司组织各钻井队清洗燃油储存罐，大面积推广使用了燃油添加剂，先后购进了两种型号的 2t 燃油添加剂，共配比应用在 6400t 柴油中，在内蒙古海拉尔地区，大庆庆深气田等 22 支钻井队应用后，实际节油率在 8.5%，节约柴油 547.84t，节约资金 260.70 万元，收到了良好的节能效果。

（3）合理利用柴油机余热。由图 6.15 可见，柴油机燃烧燃油所释放的能量只有一部分转化为有用的机械能，其余均以热的形式排放到大气中了。柴油机的余热主要是排气和冷却两部分，一般这两部分占燃料热量的 45%～50%，因此，合理利用这些热量是柴油机节能的又一重要途径和措施。尤其是平台上的大功率柴油机，功率在 4000kW 以上，余热量相当可观。

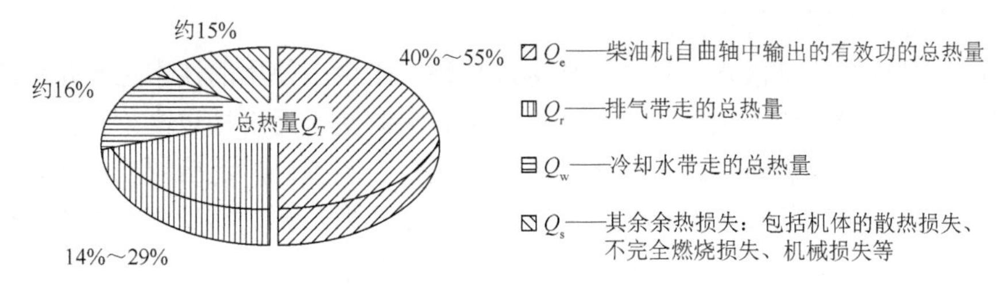

图 6.15　柴油机热量分布[150]

余热利用的方式有两种：一种是热利用，即把余热用作热源，直接利用热能；另一种是动力利用，即采用动力机械利用余热对外做功，将热能转化成机械能。这两种利用方式都需要换热设备，因此余热利用最主要、最基本的设备是各类热交换器，按用途来看，有余热锅炉、加热器、冷凝器、干燥器等。按其工作原理来说，最常用的是表面式换热器、混合式换热器以及蓄热式换热器。此外还有热管换热器、热泵技术等，这些都是近几年来开发应用的新型高效换热器，具有很高的热性能。

利用这些热量首先要合理，因为余热品质有高低之分，对于品质较高、可动力利用的余热，应优先动力利用。反之，若将低品质能的余热用于做功，则是一种得不偿失的用法。同时在热能使用过程中，也要遵循“按质用能”的原则，做到“热尽其用”。

柴油机动力装置可回收的余热有排气余热和冷却水余热两种。

从理论上讲，排气余热品质较高。柴油机排气温度为 400℃左右（以卡特彼勒 35B 系列产品为例，排气温度约在 350～400℃），排气余热很大。从节能减排角度出发，在排气量较大时可考虑采用动力回收办法来提高能量利用率。当然，要动力回收就得增加一套动力回收设备，应先做投入产出比较。最为普遍的方法是用作发电、制冷空调、产品干燥、海水淡化、采暖供热、生活热水等。冷却水温度在 65～80℃，属低温余热，作为低品质能量，这时对它的再利用不是勉强做功，而是作为加热的热源供热较为合适。

余热回收利用具体方法有以下几种。

（1）利用余热发电。利用余热锅炉产生蒸汽推动汽轮机发电。通过余热回收装置，把热、电生产有机地结合起来，构成热、电同时生产的形式，降低总的能耗消耗，提高经济效益。

（2）利用余热制冷。利用低温余热作为热源来加热吸收式制冷系统（如氨水循环或溴化锂循环）的蒸发器，达到制冷或空调的效果。吸收式制冷系统有别于压缩式制冷系统，不需要压缩机，具有以热能为动力、吸收柴油机余热、装置耗电量小、运行费用低等优点。

（3）利用余热制淡水。钻井平台远离陆地，平台上使用的淡水主要是依靠运输船从陆地运输，成本很高。而配备制淡装置来制淡水经济性更高。目前生产的海水淡化装置主要有蒸馏式和反渗透式两大类型，装置已广泛应用在渔船、作业船和海岛上。蒸馏式海水淡化装置是以低品质废热为热源，利用真空低温沸腾原理的制淡装置。装置具有结构紧凑、运行可靠、易维护、自动化程度高、成品水水质高（含盐量低于 10mg/L）等特点。反渗透式海水淡化装置利用的是反渗透原理。

（4）利用余热作热泵低温热源。热泵是一种加热设备，但它与传统的加热设备不同，但与水泵相似，即通过耗费部分动能（或热能）把低温物体中的热能传递给高温物体的装置。热泵技术是一种高效节能的余热回收技术，是回收低温余热的主要技术之一。

（5）利用余热生产热水或蒸汽。利用中低温余热，生产热水或蒸汽，以供生产或生活方面的需求。排气余热方面，可在柴油机排气管中的消音器上安装一个热交换器，将排出的热能转换给冷水，供应平台冬季取暖和日常生活用水及其他需要取暖的地方使用。冷却余热方面，现在平台上柴油机用淡水冷却，再用海水冷却淡水。这种冷却模式大量热能被浪费。可以转换一种模式，即用循环的淡水冷却柴油机，再用另一路淡水冷却上述冷却水柴油机的冷却水，被加热后的另一路淡水就可以被直接利用。

2. 交流变频电动钻机节能

目前绝大部分海洋平台钻井作业的钻机都是 SCR 直流电动钻机，即柴油发电机组发出交流电，经 SCR 输出直流电后，驱动直流电动机，再由电动机带动各种钻井机械，包括绞车、转盘、泥浆泵等。

随着交流变频技术的发展，其在钻井机械上也得到了应用。从节能角度来讲，交流电动机比直流电动机优越，交流变频系统的综合功率因数高于直流系统 20%以上，因此系统能耗小，钻机动力设备可减少 20%，运行经济性好。由于钻井机械的电动机消耗的电能占整个平台电站容量的 80%以上，因而钻机电动机的节能对于整个平台的节能是举足轻重的。

采用交流变频技术的交流变频钻机与机械驱动的石油钻机和 SCR 直流电动钻机相比，有以下突出优点。

（1）交流变频钻机可恒功率无级变速，调速范围更宽，可充分利用钻机功率，同时还可简化钻机结构。

（2）低速性能好，可以在一个很低的转速下输出恒定扭矩，利于井下钻具事故处理、侧钻、修井等作业。

（3）扭矩限定、过载保护功能，可防止钻杆扭断和机件破坏。

（4）负载功率因数接近 1，具有软启动性能，因此使用交流变频钻机可降低供电电源的装机容量。

（5）体积小，价格便宜，不需要炭刷换向器，使用更安全，维护费用低，安装、拆卸方便灵活。

（6）易于实现钻机的自动化、智能化。

由于以上优点，海外钻井承包商纷纷发展、使用这类钻机。20 世纪 90 年代，北海油田很多平台都使用交流变频钻机，或将原直流钻机改造为交流变频钻机。国内钻井平台目前使用交流变频钻机还比较少，是今后的发展方向。

3. 顶部驱动钻井装置节能

顶部驱动钻井装置是将动力通过垂直的转轴驱动顶部的装置以驱动钻杆旋转，而不是将动力通过传动箱，使转盘转动驱动钻杆旋转的传统方法。从节能的角度来看，顶部驱动钻井装置具有以下优点。

（1）可明显减少钻井辅助时间，提高效率。

（2）倒划眼防止卡钻。顶部驱动钻井装置的 27m 立柱倒划眼能力强，不增加起钻时间就能顺利地从井眼提出钻具。

（3）特别适用于钻定向井、水平井，显著提高其钻定向井、水平井的钻井能力且降低其钻井费用。对于钻大斜度井和水平井，可以大大减少提钻时的摩擦阻力。

（4）可以获得更长的、连续取样的岩芯样品，通常岩芯长度是常规钻井的 2～3 倍。

（5）减少钻台上的旋转。减少传动部件，特别是转盘旋转，操作更加安全。

（6）设备安全。顶部驱动钻井装置通过马达旋转平稳上扣，还可查看扭矩表的上扣扭矩，避免扭矩过盈或不足。

采用交流变频技术的顶部驱动装置还具有以下优点：有更宽的调速范围；交流电动机没有电刷、换向器，结构简单、运行可靠坚固、易于维修、维修费用低、运行效率高，防爆性能好；功率因数高；通过用两台小功率交流电动机驱动，可使重量更轻、体积更小。总之，顶部驱动钻井装置特别是交流变频顶部驱动钻井装置具有高效、节能的优点。

4. 提高平台电站效率节能

平台电站（包括高低压配电系统）担负着为整个平台提供发电、配电、输出电能的责任，平台电站效率的高低直接影响平台节能效果。合理选择柴油发电机组的容量和台数、保持柴油发电机组的经济运行、降低无功功率提高电网效率因数等措施是平台节能的重要方面。

（1）合理选择柴油发电机组的容量和台数。应根据平台全部用电设备在每一工况下所需功率，考虑同时系数、储备系数、有功功率和无功功率等综合情况来确定柴油发电机组的容量和台数。总容量应保证各工况运行状态下最大的用电量；机组台数不宜过多，防止造成整个电站装置复杂，管理和维修、保养不便，但也不能太少使发电机组长期轻载运行而不经济，一般选用 3～5 台。机组型号、功率应尽可能一致，以方便机组之间的互换性和减少备件。

（2）保持柴油发电机组的经济运行。钻井平台上的工作机械数量多、品种杂，但并不是所有的设备同时开动，而是有时多，有时少，所消耗的功率经常变化。

如果发电系统不能随时调节输出功率，必然造成能源的浪费。

（3）提高电网效率因数。目前钻井平台用电设备主要是直流电动机和大量异步电动机，这类负载都是感性负载，为使它们能正常运行，平台电站除必须向它们提供足够的有功功率外，还必须向它们提供一定的无功功率。因此尽量降低这部分无功功率，提高平台电网的效率，也可提高平台能源利用率。

5. 其他节能途径

以上几种节能途径都是针对耗能较大的设备来考虑节能办法，除此之外还有一些在平台生命周期总耗能中所占比重较小的用电设备或工况，如照明系统、平台升降工况等，也有一定的节能潜力。节能减排应考虑能源消耗的方方面面，充分利用宝贵的能源。

6.4.3　可再生清洁能源利用

社会需要靠能源服务来满足人类的基本需要（如照明、炊事、空间舒适度、出行和通信等）并用于各种生产过程。1850 年以来，全球对化石燃料（煤、石油和天然气）的利用不断增加，已成为主要的能源供应方式，导致 CO_2 排放迅速增加。人类越来越关注并使用可再生能源等清洁能源，如生物能、太阳能、风能、水电、地热能以及海洋能等。由图 6.16 可见，近几年来可再生能源的推广和利用已呈迅速加快的趋势。

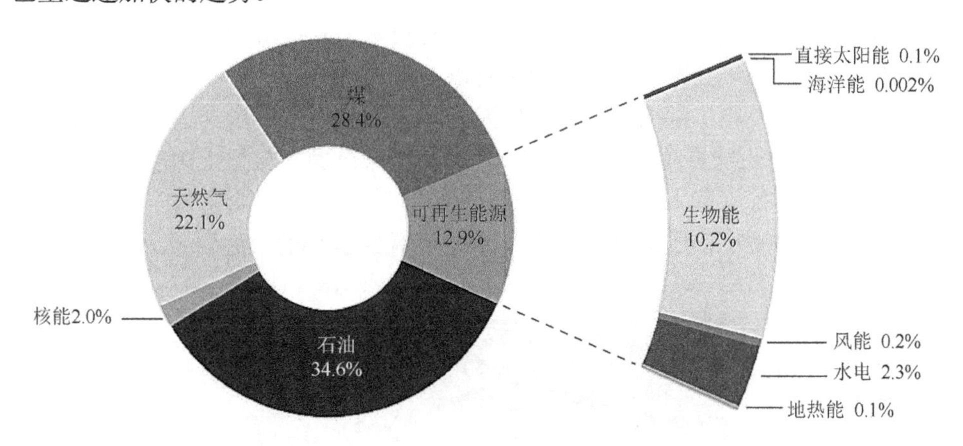

图 6.16　不同能源占 2008 年全球一次性能源供应总量（492EJ）的份额[153]

图中的基本数据已按核算一次能源供应量的“直接当量”方法进行了换算

1. 太阳能

太阳能是地球一切能源的来源，是可再生的清洁能源，由于太阳能技术不断进步，太阳能在人类能源利用中所占的比例也越来越大。太阳能利用有两种途径：一种是太阳能的热利用，另一种是太阳能的光利用。

热利用需要太阳能集热器来将太阳辐射能转化成热能。其中真空管集热器、平板集热器、聚光集热器是使用较多的集热器。2008 年北京奥运会帆船比赛场——青岛奥林匹克帆船中心（以下简称青岛奥帆中心）根据当地的光照、光辐射具体情况，在中心屋顶铺设平板集，把太阳能应用于后勤保障中心的室内制冷和采暖、运动员中心的生活热水制备、泳池供热，实现了绿色奥运理念。

太阳能的光利用是利用光伏效用原理将太阳光转化为电能。青岛奥帆中心就安装了 168 盏太阳能景观灯，每盏可供 35W 的钠灯每天照明 8h，年节约用电 17 000kW·h。

海洋平台不论是夏季或冬季，晴好的天气日平均接受日照的时间一般都不会少于 10h，所以在海洋平台上利用太阳能至少有以下几个有利条件：与世界上试制成功的太阳能汽车和飞机相比，平台受光面积更大；与快速行驶的汽车和飞机相比，平台固定在海上，更便于安装、使用各种太阳能利用装置；与陆地上相比，平台敞露条件好，光照效率更高。尤其在热带、亚热带工作的平台，利用太阳能的条件更有利。

可见利用太阳能作为平台能源或辅助能源有着良好的发展前景，可将太阳能利用装置作为平台电站的一个组成部分，即设计、安装“柴油机-太阳能装置”组合电站，根据阳光照射和电站负荷情况，合理利用，以节约能源。

当然，利用太阳能作为平日能源现在还有技术上和经济上的问题，有待科技的发展，但目前在平台利用太阳能至少有以下几种方法。

（1）太阳能发电。随着光电技术的发展，太阳能发电逐步走进人们的生活。图 6.17 所示为太阳能屋顶发电。目前一些发达国家已颁布保护太阳能发电家庭利益的法律，以支持家庭太阳能发电。2009 年 11 月 1 日，日本实施了针对太阳能发电的固定价格制度，预计到 2030 年，日本将有约 30%的家庭安装、使用太阳能发电[154]。

图 6.17　太阳能屋顶发电

可以利用硅化片收集板把太阳能转化为电能，收集储存于蓄电池中，用于夜间点亮航标灯、应急照明灯等。这种方式机动灵活，很适合在平台上见缝插针的利用。例如，20 世纪 90 年代，在某自升式海洋钻井平台的三条桩腿箱顶上，就曾试用过这种太阳能航标照明灯，取得了很好的效果。它的缺点是成本较高，一次性投入较大，强烈的震动可能导致损坏。安装时要注意防潮、防震、防碰击。随着光伏电池的发展，生产成本不断降低，太阳能发电将在平台上得到广泛应用。

（2）太阳能热泵。太阳能热泵是以太阳能为蒸发器热源的热泵系统。结合热泵技术和太阳能热利用技术，提高太阳能集热器效率的同时热泵的性能也得到改进。由于热泵的节能性和集热器的高效性，在相同热负荷的情况下，太阳能热泵的蓄热器容积和集热器面积等都远小于常规系统，使得系统机构紧凑，布置灵活，因此很适合在海洋平台上安装。太阳能热泵与其他类型热泵一样，冬季用于供暖，夏季用于制冷，全年可供生活热水。

（3）太阳能热水器。在钻井平台上的生活区顶部可以装一些太阳能热水器，这些太阳能热水器目前已在陆地上广泛使用，效率高又经济耐用，很适合在平台上推广。

（4）其他。除以上三种太阳能收集系统外，在钻井平台上还有一种经济简便的办法是直接收集太阳能，每天从日出到日落，平台的侧板、顶板都能接受阳光普照，并不断吸收大量热能，使得外壳板的温度不断上升。在阳光充足时，壳板的温度可达 50℃以上，局部地区甚至可以超过 60℃，如果用水或空气循环把这些热能收集储存起来加以利用，可以节省不少燃油。而收集利用这些热量，也不需要很大投入。例如，在自升式海洋钻井平台上，为了保证安全性，船体四周均采用双层隔舱，这些隔舱仅在平台插桩时用作压载水舱使用，正常钻井作业时都是空着的。由于外壁受到阳光照射，辐射到舱内，使得舱内的气温达到 50℃左右，而舱内未放尽的残存海水被气化，加速了舱内钢板的盐雾腐蚀。如果我们用抽风机把舱内的热气抽吸出来，通过热交换器，把热量储存起来加以利用，或者将这里的热空气直接吹入烘衣房、砂样烘干房加以利用，这样既充分利用了里面的热量，又可以减少船体的腐蚀。

2. 风能

风能是可再生的清洁能源，中国风能资源丰富，发展潜力巨大。丰富的海上风力资源为我们在钻井平台上利用风力发电创造了条件，如图 6.18 所示。由于特殊条件的限制，钻井平台上只能在局部地区安装一些小型（100～200W）风力发电机组，用以负担部分辅助照明用电。对于稍大些的机组（500～1000W），放在井架上、自升式海洋钻井平台的桩腿上或桁架结构的桩腿内部比较安全。

图 6.18 海上风力发电机组

3. 地热能

地球的内部除了有丰富的矿产资源外，还有丰富的热能。通常地表向地下每一百米温度就升高 3℃。中国绝大部分地区地表 10m 以下的温度稳定在 5～25℃，地源热泵系统全年使用过程中能效比在 313～415，也就是说，1kW·h 的热量输出只需要122～130kW·h 电量，这比空气热泵高出 40%，而运行成本仅是中央空调系统的 50%～60%[150]。

当前，由于用于低热开采的设备和钻探成本太高，妨碍了地热技术的广泛应用和发展。如果我们在进行海洋石油开采的同时利用地热资源，则是一举两得的好事。如钻井时，通过循环泥浆就可把大量的热量带到钻井平台上，当钻井深度达到 3000m 左右时，平台泥浆池内泥浆的温度就可以达到 50～60℃。泥浆池中的热能是可以利用的。在这些泥浆回流槽、泥浆池的底部及侧壁放一些交换器，把吸收的热能储存起来加以利用，可用于采暖和加热等。

4. 海洋能

海洋能指通过海浪、潮汐落差、潮汐和洋流以及热和盐梯度从海洋中获得的能源。这些能源都是可再生的清洁能源，是一项具有战略意义的待开发新能源。就海洋平台来说，海水温差能和波浪能的利用是完全有可能的。

（1）海水温差能。夏季海水的温度随水深的增加有明显的梯度变化。表面海水的温度最高，底层海水的温度明显低于表面的温度。因此，可利用底层的低温海水，用于平台需冷却的部分（如用于冷却柴油机的冷却水），其效果将大大高于用表面高温海水的冷却效果。因此，冷却所需要的海水量就可以减少。对于有桩腿的固定式平台和自升式平台，具备采用这种方法的可能性。

（2）波浪能。海浪中储存有丰富的动能。工作中钻井平台长期处于海水包围中，为我们开发利用波浪能创造了很好的条件。如果我们沿着自升式海洋钻井平台的桩腿或沿着半潜式钻井平台的立柱加一个轨道，再把一种波浪能量收集传感器下放到海面下的波浪里，利用波浪的力量把海水通过管道提升到平台上，驱动叶轮发电机，或者直接利用这些海水作为平台上设备的冷却水，或者利用这些海水的温度与夏季、冬季的空气之间的温差进行制冷、制热来调节空气等，都可以节约平台上的能耗，达到节能减排的效果。

5. 天然气、液化天然气

随着世界能源需求的不断增长，天然气资源的利用越来越广泛。2010年，世界天然气消费增长7.4%，为1984年以来最大增幅。美国天然气的消费增长（按量计算）居世界首位，增幅为5.6%，达到历史最高。俄罗斯和中国均分别达到各自历史上天然气消费增长的最大增幅。亚洲其他国家的消费快速增长，平均增幅为10.7%，其中印度增幅最大，达到21.5%。

海洋油气田过程中，主电站原动机用燃料品种主要有：①轻柴油；②重质油料；③原油；④天然气或油田伴生气。由于液化天然气（liquefied natural gas，LNG）具有价格便宜、含碳量少、热值较高等优点，随着近年来技术的不断发展，LNG应用范围不断扩大。

“以气代油”LNG双燃料/纯气体发动机项目已经列入国家船舶行业“十二五”发展规划船舶配套业重点发展的产品及技术。LNG双燃料/纯气体发动机是指既可用天然气作为燃料（需喷入引燃油点燃），也可单独采用燃油作为燃料的发动机。

8R32E型往复机在各种燃料下的功率、耗油量等对比及燃料综合比价见表6.22和表6.23。

表6.22 8R32E型往复机不同燃料耗油率

燃料	额定功率/kW	转速/(r/min)	耗油率 g_e/[kg/(kW·h)]或耗热率 g_E/[kJ/(kW·h)]（天然气）			燃料热值 H_U/(kJ/kW)
			100%负荷	75%负荷	50%负荷	
轻柴油	3 280	750	0.190	0.191	0.198	42 700
重质油料	3 280	750	0.203	0.204	0.211	40 000
原油	3 280	750	0.203	0.204	0.211	40 000
天然气	3 280	750	8 100	8 140	8 440	38 000

表 6.23　四种燃料综合比价

燃料	商品价格/（10^4 元/t）	运输、储存等费用占商品价格比例/%	燃料预处理费用占商品价格比例/%	综合比价（上述三项的累计费用）
轻柴油	F_1	4～6	0	$1.04F_1$～$1.06F_1$
重质油料	F_2	5	5	$1.10F_2$
原油	F_3	0	5～6	$1.05F_3$～$1.06F_3$
天然气	F_4	0	3	$1.03F_4$

下面用一个算例进行分析。

渤海锦州 9-3 油田（年产原油 50×10^4t），生产期 n 为 15 年，年运行小时数 m 取 8400h，生产期内的年或总平均电负荷 N_P 均为 3600kW，拟选用表 6.22 中的 8R32E 机型各种燃料的发电机组 3 台（2 用 1 备），分别估算它们的年或总燃料费用。

（1）机组的总平均负荷率为 3600/(2×3280)=55%，取为 50%。

（2）F 和 g_e（$g_E=g_e\times H_U$）分别由表 6.23 查取。

（3）轻柴油、重质油料、原油、天然气的商品价格分别取为 0.30×10^4 元/t，0.15×10^4 元/t，0.15×10^4 元/t，0.10×10^4 元/10^3S·m^3。

（4）年燃料费用 G_a（元）可按下式计算：

$$G_a=N_P\times m\times g_e\times F\times10^{-3}$$

轻柴油：

$$G_{a1}=3600\times8400\times0.198\times1.04\times0.30\times10^4\times10^{-3}=1868\times10^4 \text{ 元}$$

重质油料：

$$G_{a2}=3600\times8400\times0.211\times1.10\times0.15\times10^4\times10^{-3}=1053\times10^4 \text{ 元}$$

原油：

$$G_{a3}=3600\times8400\times0.211\times1.05\times0.15\times10^4\times10^{-3}=1005\times10^4 \text{ 元}$$

天然气：

$$G_{a4}=3600\times8400\times8440/38\,000\times1.03\times0.10\times10^4\times10^{-3}=692\times10^4 \text{ 元}$$

（5）n=15，总累计燃料费用 G_Σ为

$$G_{\Sigma1}=15\times G_{a1}=15\times1864\times10^4=28\,020\times10^4 \text{ 元}$$

$$G_{\Sigma2}=15\times G_{a2}=15\times1053\times10^4=15\,795\times10^4 \text{ 元}$$

$$G_{\Sigma3}=15\times G_{a3}=15\times1005\times10^4=15\,075\times10^4 \text{ 元}$$

$$G_{\Sigma4}=15\times G_{a4}=15\times692\times10^4=10\,380\times10^4 \text{ 元}$$

（6）把轻柴油费用作为 100%，则其他燃料的总费用相对比价见表 6.24。

表 6.24　四种燃料总费用对比

油料	总费用/10^4 元	相对费用/%
轻柴油	28 020	100
重质油料	15 795	56
原油	15 075	54
天然气	10 380	37

从以上计算实例可以看出，采用 LNG 作为燃料的燃料总费用较其他三种燃料低，经济性好。

6.5　自升式海洋钻井平台绿色度评价

随着海洋油气资源开发力度的逐渐加大，海洋钻井平台的数量在逐年增加。其建造、使用、销毁过程中造成的能源消耗、大气污染、垃圾污染、噪声污染、海洋污染长期以来受到了人们的广泛关注。如何有效地将绿色钻井平台的技术先进性、环境协调性以及经济合理性有机地融合为一体，在提高钻井平台的技术性能和经济性能的同时，将钻井平台对环境的影响减小到最低限度，使资源能源效率达到最高，是绿色海洋钻井平台设计过程中亟待解决的问题。在进行绿色海洋钻井平台的设计和评价时应从海洋钻井平台的整个生命周期出发，对绿色海洋钻井平台的机理进行深入研究，建立基于绿色度的评价指标体系和评价准则，指导绿色海洋钻井平台的设计、建造，最终实现海洋钻井平台的技术先进性、经济合理性和环境协调性的有机结合，目前该方面的研究尚少。

6.5.1　绿色自升式海洋钻井平台的内涵

基于低碳经济的绿色自升式海洋钻井平台是环境协调性绿色产品的一种，其内涵是在可持续发展理论指导下，以保护自然资源和生态环境作为主要价值目标之一，以生态系统良性循环为原则，以绿色经济为基础，绿色科技为支撑，绿色环境为标志的新型海洋油气勘探开采工具。它寿命周期长，包含绿色材料、绿色设计、绿色制造、安全使用、平台污染治理、绿色回收等方面的内容，在整个寿命周期中，采用先进的技术，经济地完成功能和使用性能上的要求，实现节省资源和能源，减小或消除平台造成的环境污染。

绿色自升式海洋钻井平台具有三个基本要素，它们分别是钻井平台的技术先进性、经济性合理性和环境协调性。这三个要素相互制约、相互联系，共同形成绿色钻井平台产品。绿色自升式海洋钻井平台在强调产品技术和经济性的传统海洋钻井平台基础上有了新的发展，提出了自升式海洋钻井平台的环境协调性——

产品在其寿命周期中要有效地节省资源和能源，保护环境和人类的健康，只有在产品寿命周期中将技术先进性、环境协调性以及经济合理性有机地融合为一体，才能获得真正意义上绿色自升式海洋钻井平台。在全生命周期的各个阶段钻井平台的绿色性都有其特点，要根据其特征，针对环境影响显著的生命阶段和主要影响要素来进行分析和论证。

率先进行绿色自升式海洋钻井平台相关技术的研发，掌握相关技术、标准，将使我们处于新经济模式下的领先位置，在提高海洋钻井平台的设计水平的同时，实现中国造船业的可持续发展。所以无论是从现在的状况还是从将来产品的技术储备来考虑，绿色自升式海洋钻井平台相关技术的研究都具有重要意义：①有助于明确自升式海洋钻井平台绿色设计、建造的研究内容和任务。绿色自升式海洋钻井平台是自升式海洋钻井平台绿色设计、建造的最终目的，研究绿色自升式海洋钻井平台的定义和内涵，可以为自升式海洋钻井平台绿色设计指明方向。②有助于建立自升式海洋钻井平台的绿色规范和标准。绿色自升式海洋钻井平台机理及其评价体系的研究，为造船业、海洋开发及相关产业提供满足国际公约的低碳技术规范、标准，具有参考实用价值。③低碳经济将产生新的技术标准和贸易壁垒。随着低碳经济的发展，以低碳为代表的新技术、新标准及相关专利也会随之出现，最先开发并掌握相关技术的国家将成为该领域新的领导者、主导者乃至垄断者，该研究对中国开发低能耗、低排放、低污染、高能效的符合低碳经济需求的绿色自升式海洋钻井平台具有推动作用，保护中国海洋钻井平台产品在未来世界贸易中的平等地位。④有助于低碳技术、优化设计技术在海洋钻井平台设计、建造、使用、销毁全生命周期中的研究、推广和应用，降低自升式海洋钻井平台的碳排放量，实现节能降耗、环保减排的战略目标。

6.5.2　绿色自升式海洋钻井平台的评价指标体系

根据前面对绿色自升式海洋钻井平台内涵的阐述，绿色自升式海洋钻井平台评价指标体系的建立应综合考虑低碳经济下海洋钻井平台的技术先进性、经济合理性、环境协调性这三大基本要素和特点。在技术先进性方面主要包括设计/制造的技术先进性、功能/性能的技术先进性、可再生能源利用的技术先进性、能源回收处理的技术先进性四个方面；经济合理性主要考虑产品建造成本的经济合理性和产品在营运过程中经济效益的合理性；环境协调性考虑了能源属性指标、资源属性指标和环境属性指标。在综合考虑以上各个方面的基础上搭建的绿色自升式海洋钻井平台评价指标体系如图 6.19 所示。

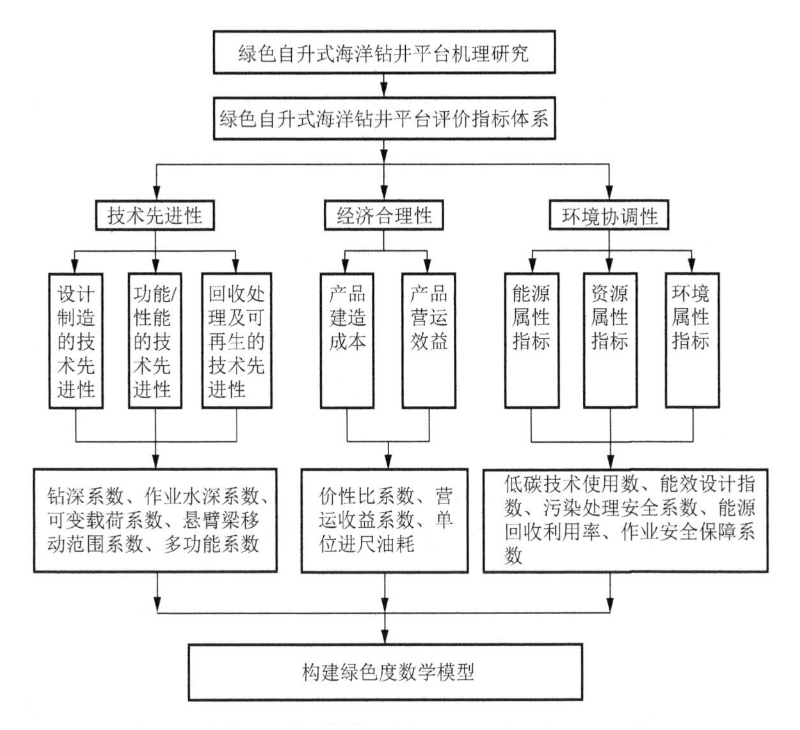

图 6.19　绿色自升式海洋钻井平台评价指标体系架构图

在自升式海洋钻井平台的设计、应用过程中，对其工作环境、作业功能的影响因素是多方面的。在对绿色自升式海洋钻井平台进行评价时，应选择对其性能有影响的主要因素，抓住主要矛盾。依据评价指标体系建立的原则，要明确评价指标的大类和数量，各个指标之间要尽量相互独立、互不重复。通过反复的分析探讨，影响平台的作业性能、技术水平的主要因素包括平台的空船重量、最大作业水深、可变载荷能力、大钩载荷、钻机能力、主机功率、悬臂梁移动范围等方面。综合考虑平台建造及营运过程中的经济合理性、环境协调性，总结近年来进行的平台设计研究成果，建立了一套适用于绿色自升式海洋钻井平台的评价指标体系。

1. 技术先进性评价指标

绿色自升式海洋钻井平台设计、制造和使用的前提是技术先进性。一座海洋钻井平台如不能满足客户最基本的使用要求，那么经济合理性和环境协调性就无从谈起。技术先进性包括设计、制造、功能、性能、可再生能源利用、回收处理技术等方面。代表技术先进性的因素见表 6.25。

表 6.25　海洋钻井平台技术先进性因素

评价准则	代表因素	单位
技术先进性准则	工作水深 D_W	m
	钻井深度 D_d	m
	空船重量 W_L	t
	最大可变载荷 F	t
	悬臂梁移动范围 A	m·m
	钻井平台功能 N	—
	型长 L	m
	型宽 B	m

由以上代表因素组成的技术先进性指标见表 6.26。

表 6.26　技术先进性指标

序号	名称	计算公式	单位	备注
1	钻深系数 R_{Dd}	D_d/W_L	m/t	效益型指标，越大越好
2	作业水深系数 R_{DW}	D_W/L	—	效益型指标，越大越好
3	可变载荷系数 R_F	F/W_L	—	效益型指标，越大越好
4	悬臂梁移动范围系数 R_M	$A/(L\cdot B)$	—	效益型指标，越大越好
5	多功能系数 N	见表 6.27	—	功能型指标，越大越好

多功能系数的选取见表 6.27。

表 6.27　多功能系数 N 的选取

平台作业功能	钻井	试油	固井	安装简易平台	其他
N	1.0	0.1	0.1	0.1	0.1

2. 经济合理性评价指标

从全生命周期的角度来看，海洋钻井平台的成本应包括企业成本、用户成本和社会成本，即所谓的寿命周期成本。一型海洋钻井平台无论其技术有多先进、环境协调性有多好，若不具备用户可以接受的价格，就不可能走向市场，可见经济性是绿色海洋钻井平台必不可少的因素之一。代表钻井平台经济合理性的因素见表 6.28。

表 6.28　海洋钻井平台经济合理性因素

评价准则	代表因素	单位
经济合理性	平台造价 P	万元
	平均日收益 R_D	万元
	平均日费用 C_D	万元
	日进尺 Q	m
	日油耗 D_a	t

由以上代表因素组成的经济合理性指标见表 6.29。

表 6.29　经济合理性指标

序号	名称	计算公式	单位	备注
1	性价比系数 R_P	P/D_W	万元/m	成本型指标，越小越好
2	营运收益率 I	R_D/C_D	—	成本型指标，越大越好
3	单位进尺油耗 R_Q	Q/D_a	t/m	成本型指标，越小越好

3. 环境协调性评价指标

绿色海洋钻井平台的环境协调性主要体现在：在海洋钻井平台寿命周期中节省资源、节省能源、保护环境。某个阶段中具备环境协调性的并不能称为绿色海洋钻井平台，所以绿色海洋钻井平台的定义包含的范围很广。代表钻井平台环境协调性的指标见表 6.30。

表 6.30　环境协调性指标

序号	名称	计算公式、定义	备注
1	能效设计指数 EEDI	见公式（6.7）	效益型指标，越小越好
2	低碳技术使用数 N_{eff}	绿色能源在平台设计、建造、使用过程中所占的比例	技术型指标，越大越好
3	污染处理安全系数 C_P	针对压载水污染、垃圾污染、污油水污染、废气污染、溢油事故等采取处理、控制措施	技术型指标，越大越好，取值在 0～1 范围内。0 为无任何防污染措施，1 为零污染，零排放
4	能源回收利用率 η_R	采用新技术，对作业过程中耗散的能源进行回收利用的比例	效益型指标，越大越好
5	作业安全保障系数 C_S	对海上作业过程中可能出现的危险，是否进行了综合安全评估，是否采取了预防措施或应急措施	技术型指标，越大越好，取值在以 0～1 范围内。0 为无任何防范措施，1 为安全、有效的防范措施

在全生命周期的各个阶段海洋钻井平台的绿色性都有其特点，要根据其特征，针对环境影响显著的生命阶段和主要影响要素来进行分析和论证。综合考虑，本节建立图 6.20 所示的评价指标体系。

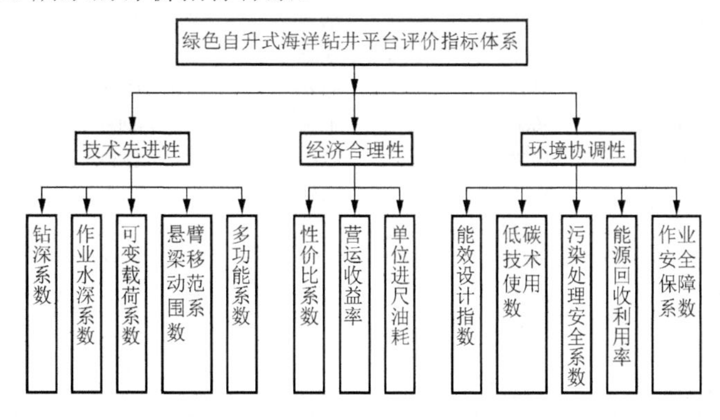

图 6.20　绿色自升式海洋钻井平台评价指标体系框图

该评价指标体系建立之后，可以通过对各项评价指标进行比较分析，确定各指标的相对重要性，选择适用于该系统的评价方法进行绿色自升式海洋钻井平台的评价。

6.5.3 绿色自升式海洋钻井平台绿色度计算模型

自升式海洋钻井平台绿色度要对海洋钻井全生命周期的技术先进性、环境协调性和经济合理性进行综合评价，可以表示为下面的形式：

$$G = f(T, E, C)$$

式中，G 为自升式海洋钻井平台绿色度；f 为关于钻井平台全生命周期的 T、E、C 的增函数；T 为由各项指标组成的技术先进性衡量指标；E 为由各项指标组成的环境协调性衡量指标；C 为由各项指标组成的经济合理性衡量指标。

该自升式海洋钻井平台绿色度计算模型既可用于自升式海洋钻井平台设计方案的优选评价，又可用于已建造并投入使用的自升式海洋钻井平台绿色度水平等级评价。

6.5.4 应用实例

以中国石化集团胜利油田海洋钻井公司的“胜利七号”“胜利八号”“胜利九号”以及由大连船舶重工集团制造 2010 年交付完工的“胜利十号”四座自升式海洋钻井平台为例，比较这四座自升式海洋钻井平台绿色水平等级。平台主要参数见表 6.31。

表 6.31　四座平台主要参数

主要参数	胜利七号	胜利八号	胜利九号	胜利十号
建造时间/年	1982	1981	1978	2010
船籍	CCS	CCS	CCS	CCS
桩腿数/形式	3/圆柱	3/圆柱	3/圆柱	3/圆柱
桩腿长度 L_l/m	70	69.19	56.7	80
桩腿直径 D_l/m	3	3.05	2.74	3.5
作业水深 D_W/m	30	42.67	35.05	55
最大钻井深度 D_d/m	5000	4500	6000	7000
最大可变载荷 F/t	1028	320	1360	1850
空船重量 W_L/t	1075	1590	2187	2964
主船体形状	三角形	三角形	三角形	三角形
型长 L/m	44	44.5	48.16	54
型宽 B/m	32.3	40.16	47.55	52
型深 D/m	5.2	4.27	4.27	5.5
自持力/天	15	15	15	20
井架移动范围/m	± 1.5	± 2.29	± 2.29	± 3.6

续表

主要参数	胜利七号	胜利八号	胜利九号	胜利十号
悬臂梁移动/m	5.5	8.53	10.67	12
主机台数/型号	4/DEVTZ TBD620V12	2/DEVTZ TBD620V12	4/Caterpillar3516	4/Caterpillar3516
平台功能	钻井、固井、试油	钻井、固井、试油	钻井、固井、试油	钻井、固井、试油

由以上各参数可计算上节建立的评价指标体系中的 13 项评价指标，指标值见表 6.32。

表 6.32　四座平台评价指标

指标	胜利七号	胜利八号	胜利九号	胜利十号
R_{D_d} / (m / t)	4.6511	2.8302	2.7435	2.3617
R_{D_W}	2.2273	3.1461	2.3879	3.3333
R_F	0.9563	0.2013	0.6219	0.6242
R_M	0.5108	0.9729	1.0278	1.6615
N	1.2000	1.2000	1.2000	1.2000
R_P / (万元 / m)	833.6012	583.5208	710.3732	605.1327
I	1.3600	1.3600	1.3600	1.3900
R_Q / (t / m)	24.8700	136.3600	16.1400	16.1400
EEDI / [g(CO_2) / (t · m · m)]	16.2860	30.0927	17.2314	12.2639
N_{eff}	0.2000	0.2000	0.2000	0.2000
C_P	0.5000	0.5000	0.5000	0.8000
η_R	0.2000	0.2000	0.2000	0.2000
C_S	1.0000	1.0000	1.0000	1.0000

利用灰关联分系方法对以上四座平台的 13 项评价指标值进行处理，具体步骤如下。

1. 无量纲化处理

13 项评价指标中除性价比系数 R_P、单位进尺油耗 R_Q、能效设计指数 EEDI 三项指标越小越好外，其余指标均越大越好。利用效果测度变换法进行无量纲化处理，结果见表 6.33。

表 6.33　四座平台评价指标无量纲化

指标	胜利七号	胜利八号	胜利九号	胜利十号
R_{D_d} / (m / t)	1.0000	0.6085	0.5899	0.5078
R_{D_W}	0.6682	0.9438	0.7164	1.0000
R_F	1.0000	0.2105	0.6503	0.6527
R_M	0.3074	0.5855	0.6186	1.0000
N	1.0000	1.0000	1.0000	1.0000
R_P / (万元 / m)	0.7000	1.0000	0.8214	0.9643

续表

指标	胜利七号	胜利八号	胜利九号	胜利十号
I	0.9784	0.9784	0.9784	1.0000
R_Q / (t / m)	0.6490	0.1184	1.0000	1.0000
EEDI / [g(CO_2) / (t · m · m)]	0.7530	0.4075	0.7117	1.0000
N_{eff}	1.0000	1.0000	1.0000	1.0000
C_P	0.6250	0.6250	0.6250	1.0000
η_R	1.0000	1.0000	1.0000	1.0000
C_S	1.0000	1.0000	1.0000	1.0000

2. 求绝对差值矩阵、最大差、最小差

选取理想方案的最优样本 $X_0 = (1,1,\cdots,1)_{1\times13}$ 得到绝对值矩阵（表 6.34）。其中，最大差 $\varDelta_{\max} = 0.8816$，最小差 $\varDelta_{\min} = 0$。

3. 计算关联系数矩阵

根据公式（5.4）对绝对值矩阵中各项数据作变换，公式（5.4）中 ρ=0.5，得到关联系数矩阵（表 6.35）。

表 6.34　绝对值矩阵

指标	胜利七号	胜利八号	胜利九号	胜利十号
R_{D_d} / (m / t)	0.0000	0.3915	0.4101	0.4922
R_{D_W}	0.3318	0.0562	0.2836	0.0000
R_F	0.0000	0.7895	0.3497	0.3473
R_M	0.6926	0.4145	0.3814	0.0000
N	0.0000	0.0000	0.0000	0.0000
R_P / (万元 / m)	0.3000	0.0000	0.1786	0.0357
I	0.0216	0.0216	0.0216	0.0000
R_Q / (t / m)	0.3510	0.8816	0.0000	0.0000
EEDI / [g(CO_2) / (t · m · m)]	0.2470	0.5925	0.2883	0.0000
N_{eff}	0.0000	0.0000	0.0000	0.0000
C_P	0.3750	0.3750	0.3750	0.0000
η_R	0.0000	0.0000	0.0000	0.0000
C_S	0.0000	0.0000	0.0000	0.0000

表 6.35　关联系数矩阵

指标	胜利七号	胜利八号	胜利九号	胜利十号
R_{D_d} / (m / t)	1.0000	0.5296	0.5180	0.4724
R_{D_W}	0.5705	0.8870	0.6085	1.0000
R_F	1.0000	0.3583	0.5576	0.5593
R_M	0.3889	0.5154	0.5361	1.0000

续表

指标	胜利七号	胜利八号	胜利九号	胜利十号
N	1.0000	1.0000	1.0000	1.0000
R_P / (万元 / m)	0.5950	1.0000	0.7117	0.9251
I	0.9533	0.9533	0.9533	1.0000
R_Q / (t / m)	0.5567	0.3333	1.0000	1.0000
EEDI / [g(CO_2) / (t·m·m)]	0.6409	0.4266	0.6046	1.0000
N_{eff}	1.0000	1.0000	1.0000	1.0000
C_P	0.5403	0.5403	0.5403	1.0000
η_R	1.0000	1.0000	1.0000	1.0000
C_S	1.0000	1.0000	1.0000	1.0000

4. 确定评价指标权重

利用灰关联分析法对四座平台对应评价指标体系准则层中 13 项评价指标进行数据处理后，用层次分析法确定这项评价指标因素相对于目标层的权重，进而计算出总排序结果。各层次判断矩阵及一致性检验见表 6.36～表 6.40。

表 6.36 ***A-B*** 层判断矩阵及一致性检验

A	B_1	B_2	B_3	$W^{(2)}$
B_1	1.0000	1.4000	1.4000	0.4118
B_2	0.7143	1.0000	1.0000	0.2941
B_3	0.7143	1.0000	1.0000	0.2941

注：CR=0<0.1

表 6.37 B_1-C 层判断矩阵及一致性检验

B_1	C_1	C_2	C_3	C_4	C_5	$W_1^{(3)}$
C_1	1.0000	5.0000	0.2500	1.0000	5.0000	0.2009
C_2	0.2000	1.0000	0.1667	0.2000	1.0000	0.0529
C_3	4.0000	6.0000	1.0000	4.0000	6.0000	0.4924
C_4	1.0000	5.0000	0.2500	1.0000	5.0000	0.2009
C_5	0.2000	1.0000	0.1667	0.2000	1.0000	0.0529

注：CR=0.0494<0.1

表 6.38 B_2-C 层判断矩阵及一致性检验

B_2	C_6	C_7	C_8	$W_2^{(3)}$
C_6	1.0000	1.4000	1.4000	0.4118
C_7	0.7143	1.0000	1.0000	0.2941
C_8	0.7143	1.0000	1.0000	0.2941

注：CR=0<0.1

表 6.39　B_3-C 层判断矩阵及一致性检验

B_3	C_9	C_{10}	C_{11}	C_{12}	C_{13}	$W_3^{(3)}$
C_9	1.0000	5.0000	3.0000	4.0000	3.0000	0.4477
C_{10}	0.2000	1.0000	0.2500	0.3333	0.2500	0.0552
C_{11}	0.3333	4.0000	1.0000	2.0000	1.0000	0.1910
C_{12}	0.2500	3.0000	0.5000	1.0000	0.5000	0.1151
C_{13}	0.3333	4.0000	1.0000	2.0000	1.0000	0.1910

注：CR=0.0253<0.1

表 6.40　A-C 层判断矩阵及一致性检验

A	B_1	B_2	B_3	$W^{(3)}$
$W^{(2)}$	0.4118	0.2941	0.2941	—
C_1	0.2009	0	0	0.0827
C_2	0.0529	0	0	0.0218
C_3	0.4924	0	0	0.2028
C_4	0.2009	0	0	0.0827
C_5	0.0529	0	0	0.0218
C_6	0	0.4118	0	0.1211
C_7	0	0.2941	0	0.0865
C_8	0	0.2941	0	0.0865
C_9	0	0	0.4477	0.1317
C_{10}	0	0	0.0552	0.0162
C_{11}	0	0	0.1910	0.0562
C_{12}	0	0	0.1151	0.0339
C_{13}	0	0	0.1910	0.0562

注：CR=0.0347<0.1

5. 计算层次总排序

A-C 层判断矩阵经过一致性检验满足要求，所求得的特征向量 $W^{(3)}$ 即方案层中各评价指标相对于目标层的总排序权重，则各方案的最终排序结果见表 6.41。

表 6.41　层次总排序

评价指标	$W^{(3)}$	胜利七号	胜利八号	胜利九号	胜利十号
C_1	0.0827	1.0000	0.5296	0.5180	0.4724
C_2	0.0218	0.5705	0.8870	0.6085	1.0000
C_3	0.2028	1.0000	0.3583	0.5576	0.5593
C_4	0.0827	0.3889	0.5154	0.5361	1.0000
C_5	0.0218	1.0000	1.0000	1.0000	1.0000
C_6	0.1211	0.5950	1.0000	0.7117	0.9251
C_7	0.0865	0.9533	0.9533	0.9533	1.0000
C_8	0.0865	0.5567	0.3333	1.0000	1.0000
C_9	0.1317	0.6409	0.4266	0.6046	1.0000

续表

评价指标	$W^{(3)}$	胜利七号	胜利八号	胜利九号	胜利十号
C_{10}	0.0162	1.0000	1.0000	1.0000	1.0000
C_{11}	0.0562	0.5403	0.5403	0.5403	1.0000
C_{12}	0.0339	1.0000	1.0000	1.0000	1.0000
C_{13}	0.0562	1.0000	1.0000	1.0000	1.0000
排序结果 G	—	0.7067	0.6254	0.7756	0.8579

由层次总排序的结果可知，四座平台的排序为“胜利十号”（0.8579）>“胜利九号”（0.7756）>“胜利七号”（0.7067）>“胜利八号”（0.6254）。其中，“胜利八号”之所以得分最低，原因在于只有两台主柴油机，受总功率的限制，最大可变载荷等作业能力较其他几座平台低。2010 年由大连船舶重工建造完成的“胜利十号”与 20 世纪 80 年代购买的“胜利七号”“胜利八号”及“胜利九号”相比，综合性能较高。

本章通过对自升式海洋钻井平台的作业特点和功能参数进行分析，初步建立了绿色自升式海洋钻井平台评价指标体系。结合灰关联分析方法和层次分析法，对评价平台的指标参数及权重进行处理，对比中国胜利油田海洋钻井公司的四座自升式海洋钻井平台的综合性能，验证了评价指标体系和平台绿色度计算方法的有效性。当然，该指标体系需要在今后的应用过程中不断完善、改进。

第7章 自升式海洋钻井平台方案设计智能决策支持系统

传统的 CAD 软件系统虽然显著地减轻了设计者的工作量，缩短了产品的设计周期，但不支持产品的方案设计过程。当前，智能化方案设计的研究已经成为方案设计领域研究的一个热点。智能方案设计的目的是利用计算机全部或部分地替代设计人员从事设计的分析和综合过程，在计算机上再现设计师的创造性设计过程。因此，综合运用人工智能和专家系统技术来实现产品智能化方案设计的支持，是一个值得深入研究的前沿课题。

自升式海洋钻井平台的建造投资大、使用期长、风险高，设计的成功与否，很大程度上取决于方案设计阶段，在该阶段平台的主要技术经济性能指标都已确定，要根据实际的市场需求和长远规划来确定最佳方案，是一项非常复杂和困难的工作。传统的方案设计的优劣主要取决于设计人员的设计经验和对专业领域知识的熟悉程度。由于自升式海洋钻井平台设计的复杂性，以及用户需求的多样化和个性化，使方案设计表现出不确定性，需要各个专业的设计者丰富的相关知识和设计经验，以往那种单纯靠少数专家和设计人员的个人知识与经验进行研制方案决策的方法，存在着很大的不确定性、主观性。智能决策支持系统是以传统的决策支持系统为基础，与人工智能技术尤其是专家系统技术相结合，充分利用人类专家在解决复杂结构问题时的知识、方法和经验，可以进行有效决策的、用户接口友好的决策支持环境。本章从实际需求出发，针对自升式海洋钻井平台方案决策问题，就自升式海洋钻井平台方案智能决策支持系统的设计与实现进行初步研究。

本章介绍了决策支持系统和智能决策支持系统的原理和系统结构，概括总结了自升式海洋钻井平台方案设计阶段的结构体系和设计流程，分析了自升式海洋钻井平台方案设计的特征，提出了针对自升式海洋钻井平台方案设计的智能决策支持系统的理论框架模型和具体实现方法，该系统具有交互性、开放性、智能性等特点，既可以根据需要生成自升式海洋钻井平台的设计方案，形成可行方案集，又可以根据技术经济性、船东偏好等对可行方案集进行评定，选出最佳方案，缩短了产品的设计周期，使评价更为可靠，为设计、决策提供了强有力的支持工具。

7.1　决策支持系统的基本原理

7.1.1　基本概念

1. 决策过程

探讨任何一门学科的发展都不难发现，学科成熟的一大标志就是整个学科体系是在一些基本的概念、公理的基础上构建起来的，如数学分析建立在微积分等概念之上，代数建立在集合概念之上等。决策过程这一概念可作为决策科学体系的基础。所谓决策过程是人们为实现一定目标而制定行动方案，并准备组织实施的活动过程，这个过程也是一个提出问题、分析问题、解决问题的过程[29]。通过分析决策过程中所必须包含的决策活动，一般的决策过程可以归纳出以下五个决策阶段。

（1）认识阶段。决策过程总是开始于对所需要解决的决策问题的认识或定义。通过收集数据或资料，找出决策问题，并围绕这一决策问题调查、了解外部环境和内部条件，确定可行的决策目标及评价准则。

（2）设计阶段。为了解决问题，必须根据该决策问题的性质和特点，建立相应的模型，收集和研制若干解决方法。通过模拟、计算、分析和构思，制定出若干可能采取的备选方案。方案设计是决策制定中最富于创造性的环节。

（3）选择阶段。对各种方案进行综合评价并选定一个最满意的行动方案是决策制定的关键环节，也是“做出决策”的重要标志。通常是通过对每个方案的预计费用、效益和可能产生的影响或后果进行分析与比较，根据决策目标及评价准则进行综合评价，在全面权衡各方面利弊后选定最满意的行动方案。

（4）实施阶段。决策的全过程可以包括决策制定与决策执行两部分。决策执行就是实施上面决策制定步骤所选定的行动方案，或执行决策的任务以及解决所面临的决策问题。

（5）控制阶段。决策任务的执行要进行调控和监督，以保证选定方案按预期的轨道发展。通过检测收集方案实施结果的反馈信息，并对其进行进一步的分析和评价，然后根据需要反馈到前面有关阶段，修改或完善所选定的方案，以保证决策任务的完成。图 7.1 描述了包含上述五个决策阶段的决策过程。

2. 结构化、半结构化和非结构化问题

决策问题一般用“结构”这个概念来描述，但是至今还没有一个令人满意的定义。目前在学术界普遍能接受的提法是：把问题分成结构化、半结构化和非结

构化。所谓结构化程度，是指对某一过程的环境和规律，能否用明确的语言（数学的或逻辑学的，形式的或非形式的，定量的或推理的）给予清晰的说明或描述。如果能描述清楚，称之为结构化问题；不能描述清楚，而只能凭直觉或经验做出判断的，称之为非结构化问题；介于这两者之间的，则称之为半结构化问题[10]。结构化、半结构化和非结构化决策问题三者之间的差异如表 7.1 所示。

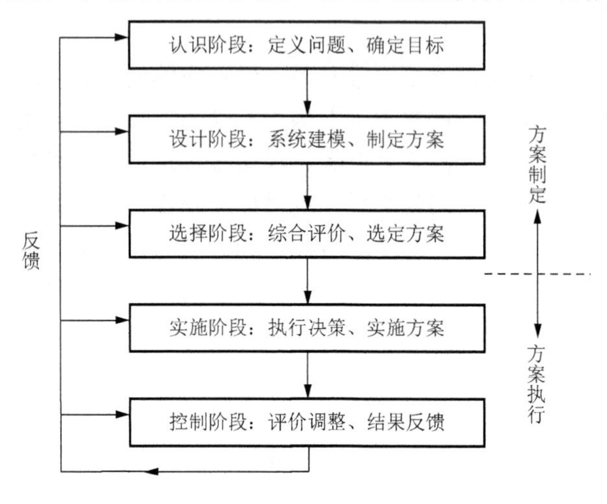

图 7.1　决策过程流程图

表 7.1　问题的结构化程度分类比较表

<table>
<tr><th>类型</th><th>模型</th><th>问题识别程度</th><th>数据来源</th><th>复杂程度</th><th>决策方式</th></tr>
<tr><td>结构化</td><td>概率统计数学和运筹学模型</td><td>确定型、定量化识别</td><td>以内部数据为主</td><td>直接得到决策结构，较简单直接</td><td>大部分或全部自动化</td></tr>
<tr><td>半结构化</td><td rowspan="2">一般为模糊性的探索模型、待研究和开发的灰色模型</td><td>半确定型、较难定量化</td><td rowspan="2">内部数据和外部数据</td><td rowspan="2">随机性、模糊性、动态性、非重现性、相当复杂</td><td rowspan="2">启发式、人-机交互式</td></tr>
<tr><td>非结构化</td><td>不确定型、很难量化</td></tr>
</table>

3. 决策支持

在决策支持系统的发展过程中，决策支持是一个先导的概念，决策支持的概念形成若干年之后才出现决策支持系统。可以这样说：决策支持是目标，DSS 是通向目标的工具。决策支持的基本含义是指用计算机来达到如下的目的或者说具备如下的特征：

（1）帮助决策者在半结构化或非结构化的任务中作决策；

（2）支持而不是代替决策者的判断能力；

（3）改进决策效能（effectiveness）而不是提高它的效率（efficiency）。

要达到这三个目的并不是一件轻松的事情，但随着计算机技术的飞速发展，实现这些目标的可能性也在不断增加。现在，利用交互式的终端可以用很低的费用存取模型、进入系统、建立数据库。当这些设施变得更便宜、更灵活、更有力时，它们必然会给决策者做关键决策时使用决策支持这一中心概念提供更多的机会和更大的可能性[155]。

7.1.2　决策支持系统

DSS 是 20 世纪 80 年代迅速发展起来的新型计算机学科。70 年代初，美国 M. S. Scott Morton 首先提出 DSS 的概念，它是综合利用大量数据并有机组合众多模型，建立数据库（data base，DB）、模型库（model base，MB）、知识库（knowledge base，KB），通过人机交互，辅助各级决策者实现科学决策的工具[10]。DSS 实质上是在管理信息系统和运筹学的基础上发展起来的。MIS 重点在对大量数据的处理，运筹学主要是运用模型辅助决策，体现在单模型辅助决策上。DSS 不同于 MIS 数据处理，也不同于模型的数值计算，而是它们的有机集成，既具有数据处理功能又具有数值计算功能。

DSS 的理论发展及其开发与很多学科有关，它涉及计算机软件和硬件、信息论、人工智能、信息经济学、管理科学、行为科学等，显然这些学科构成了它发展的理论框架，亦称之为它的理论基础。

7.1.3　智能决策支持系统

IDSS[156-158]是人工智能技术与决策支持系统相结合的产物，是 DSS 发展的高级阶段。决策离不开知识，离开知识的决策是不可想象的，决策者所掌握的知识的数量和其知识结构直接影响决策的成败。人工智能技术特别是专家系统技术引入决策支持系统中，为决策支持系统的发展注入了新鲜的血液，使决策支持系统焕发了新的生机。智能决策支持系统是当今复杂决策问题不可缺少的辅助工具，它能使经验不丰富的决策者在专家的水平上进行工作。

AI 因可以处理定性的、近似的知识而引入 DSS 中，这正是专家系统的优势所在。而 DSS 的一个共同特征是交互性强，这就要求使用更方便，并在接口水平和在进行的推理上更为透明。自然语言的研究使采用更接近于用户的语言来实现接口成为可能。IDSS 是 DSS 和 AI 相结合的产物，其设计思想应着重研究把 AI 的知识推理技术和 DSS 的基本功能模块有机地结合起来。

IDSS 充分发挥了专家系统以知识推理形式解决定性分析问题的特点，又发挥了决策支持系统以模型计算为核心的解决定量分析问题的特点，充分做到定性分析和定量分析的有机结合，使得解决问题的能力和范围得到一个大的发展。IDSS 集成结构如图 7.2 所示。

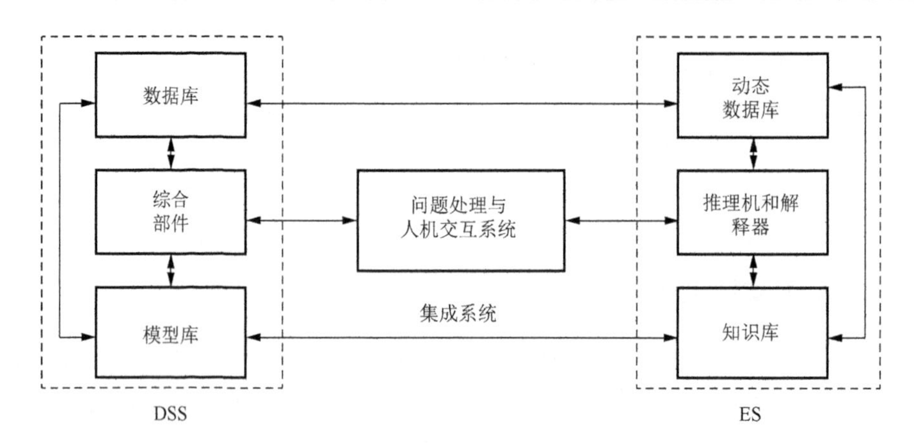

图 7.2　智能决策支持系统集成结构图

7.2　自升式海洋钻井平台方案设计

7.2.1　方案设计的概念和产品设计过程

设计是从需求出发寻求产品解的过程。设计是产品研制的第一道工序，直接关系到产品的市场效果，产品是设计的形象，设计的实施过程是产生产品定义模型及其数据的过程[159,160]。

每一种产品的设计活动大体上都可分为相似的几个设计阶段，以自升式海洋钻井平台设计为例，其设计过程可以分为图 7.3 所示的 5 个阶段。在产品开发活动中，方案设计是较重要的环节之一。方案设计的结果确定了产品的基本特征和主要框架。在方案设计结束后，设计的主要方面就被确定，而后续的过程是保证方案设计结果更具体的实现用户的要求。方案设计是根据产品生命周期各个阶段的要求，进行产品功能创造、功能分解以及功能和子功能的结构设计，是一个发散思维和创新设计的过程，是一个求解实现功能的、满足各种技术和经济指标的、可能存在的各种方案并最终确定综合最优方案的过程。

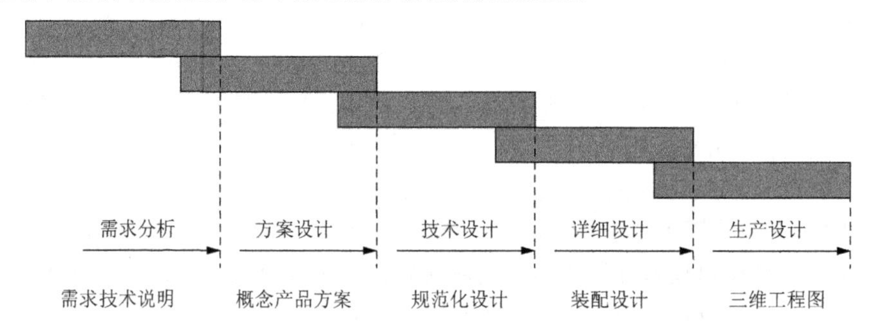

图 7.3　自升式海洋钻井平台产品设计过程阶段划分示意图

传统的产品设计开发模式的主要缺点是不能在产品的开发设计阶段就对产品生命周期全过程的各种因素考虑周全，致使在产品设计甚至制造出来后才发现各种各样的缺陷，以至于不得不去修改产品的最初设计，从而延长了产品开发周期，增加了成本，最终丧失了市场先机。因此充分利用现代的、高科技的创新设计手段和技术来改造传统的产品设计方法，是提高设计效率和设计质量、提升产品竞争力的必然趋势。而方案设计智能决策支持系统因其本身所具有的优势越来越受到重视。

7.2.2　自升式海洋钻井平台方案设计阶段结构体系及设计流程

自升式海洋钻井平台方案设计阶段主要包括：平台主尺度及船型要素优选、总布置及性能计算和结构设计。其结构框架如图 7.4 所示。

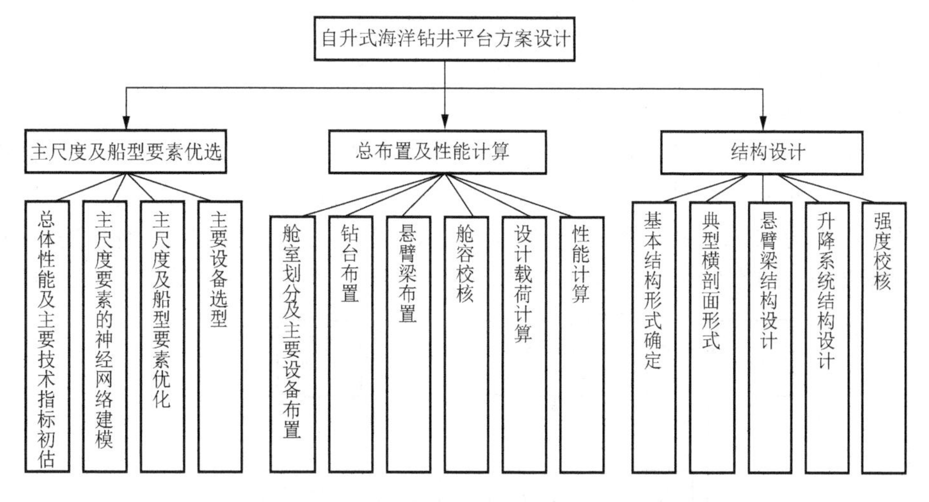

图 7.4　自升式海洋钻井平台方案设计阶段各部分主要内容

（1）主尺度及船型要素优选包括：由船东提出或设计者根据市场需求初步拟定设计平台的总体性能及主要的技术指标，包括平台最大作业水深、最大钻井深度、最大可变载荷、大钩载荷、悬臂梁移动范围及作业区域等；在此基础上利用可得到的优秀母型船船型资料以及建立的自升式海洋钻井平台主尺度要素的统计回归数学模型和神经网络数学模型初步确定平台的主尺度及船型要素。目前，造船界的各大船型都有用于主尺度预报的经验公式，它是建立在大量现有实船数据与专家经验相结合的基础之上的，由于自升式海洋钻井平台的建造量不像船舶那样大，目前也没有关于平台主尺度的数学估算模型。随着计算机技术和人工智能技术的发展，采用人工神经网络技术进行科学预测等方面的研究已经应用于许多领域，它所具有的大规模并行结构，信息的分布式存储和并行处理，良好的适应性、自组织性和容错性，较强的学习、联想和识别功能等在许多领域得到了充分的发挥，特别适用于处理需要同时考虑许多因素和条件的、不精确的多变量模糊信息处理问题。本书在第 3 章中利用收集到的国内外现有的自升式海洋钻井平台船型数据，建立了统计回归模型和基于 BP 神经网络的自升式海洋钻井平台主尺度预测模型。需要确定的主尺度要素包括：平台型长 L、型宽 B、型深 D、桩腿长度 l、舱容 V_g 等。

（2）总布置及性能计算包括：生活区布置、钻台布置、悬臂梁布置、主要设备布置等；最佳分舱方案研究；各分舱的舱容校核，包含压载舱、钻井水舱、泥浆池、泥浆泵舱、主机舱、泵舱、污水处理舱等；设计载荷计算，包含由平台重量、使用及作业引起的重力载荷和由风载荷、波浪载荷及海流载荷等组成的环境载荷；性能计算，包含完整稳性、破舱稳性、坐底稳性（抗倾、抗滑稳性）、沉浮稳性及静水力计算和干舷校核等。

（3）结构设计主要是初步确定方案的主要结构形式、典型横剖面的结构形式、升降系统的结构形式、悬臂梁的结构形式、强度校核以及结构设计是否满足总布置优化和工程实际需要等方面的要求等。

自升式海洋钻井平台的方案设计是一个复杂的螺旋式上升的过程，其设计流程如图 7.5 所示。经过上述方案设计流程，通过经济评价最后获得的优秀适用船型不止一个方案，而是一个可行方案集，因此存在对方案的优劣进行评价的问题，要根据各可行方案的市场的实际需求、技术经济性、船东的偏好等选出最佳方案。

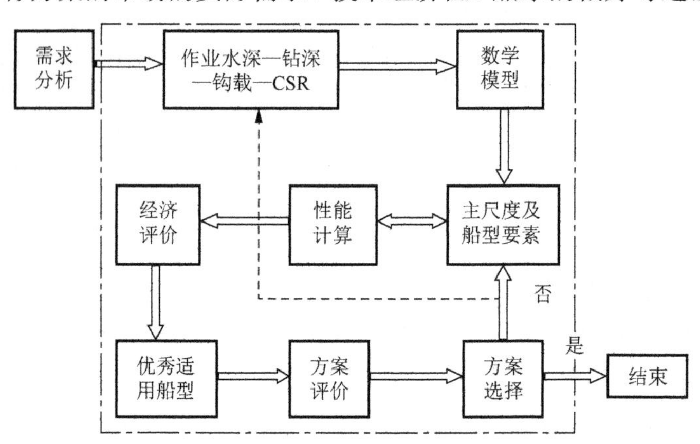

图 7.5　自升式海洋钻井平台的方案设计流程

7.2.3　自升式海洋钻井平台方案设计的特征

通过对自升式海洋钻井平台方案设计结构体系和设计流程的分析，可以看出自升式海洋钻井平台方案设计除了具有决策问题的共性外，还具有以下特征。

（1）重要性。自升式海洋钻井平台方案设计作为设计过程的初始阶段，它从设计平台的性能出发，决定平台的结构及其参数等方案特性和总体框架，也考虑平台属性的各个方面，但不像详细设计那样详尽、具体，同时，方案设计阶段的错误也将会在后续设计阶段逐级放大，造成巨大的损失。因此，自升式海洋钻井平台方案设计显得极为关键。

（2）知识密集性。自升式海洋钻井平台方案设计是一种典型的知识密集型劳动，是一个充满智慧的工作过程，要取得优良的设计方案，设计人员必须具有丰富的设计经验和专业知识，掌握众多的设计实例。自升式海洋钻井平台方案设计是一个典型的非结构化问题，没有规范化的求解方法，只能采用基于知识的求解方法，因此，自升式海洋钻井平台的设计知识、设计经验及设计实例的处理和利用显得非常重要。

（3）创造性。处于设计过程上游的自升式海洋钻井平台方案设计是整个产品设计过程中最需要设计人员创造性思维的阶段。在这个阶段中，新产品的各项参数未定，设计者此时的思维活动以定性方式为主。同时，由于自升式海洋钻井平台方案设计的自由度大，对设计人员的约束相对较少，不确定因素多，创新空间大，涉及的知识相对较少，需要设计人员在已有经验和知识的基础上，结合设计要求，充分发挥创造力，设计出符合要求的产品方案。

（4）复杂性。自升式海洋钻井平台方案设计通常是“设计—评价—再设计”的一个螺旋式上升的决策过程。决策空间的庞大、设计的多目标性、解的不唯一性、再设计的复杂性、设计变量的相关性、设计知识的多样性及其模糊性等决定了方案设计的复杂性。

在自升式海洋钻井平台产品方案设计过程中设计者必须根据设计信息和自身的经验和知识，产生若干个设计方案，并对所有方案进行分析和评价，以产生最终满足设计要求的设计方案。因而，一个智能化的自升式海洋钻井平台方案设计支持系统是一个集 DSS 技术、AI 技术和自升式海洋钻井平台方案设计理论与技术于一体的计算机系统，具有 IDSS 的共性特点，也有方案设计支持系统自身的特殊性。

因此，自升式海洋钻井平台方案设计智能决策支持系统应具有问题识别、设计方案的形成、设计方案的评价与排序、设计结果的解释等功能，这些功能完全依赖于专家的设计知识和设计模型。当然，这又是在人机交互的方式下完成的，系统的作用是辅助性的，即主要体现在对设计者的支持上，它永远替代不了人的作用。

7.2.4　自升式海洋钻井平台方案设计智能决策支持系统的问题求解

问题求解作为决策支持系统的核心，该系统的好坏直接关系着决策支持的强弱。

作为概念设计和初步设计中的一个重要组成部分，自升式海洋钻井平台方案设计智能决策支持系统的问题求解过程是一个复杂的、不完全确定的、创造性的决策过程，它通常表现为一连串的问题求解活动，这些活动一般包括方案的生成、方案的评价和方案的决策三个阶段，如图 7.6 所示。

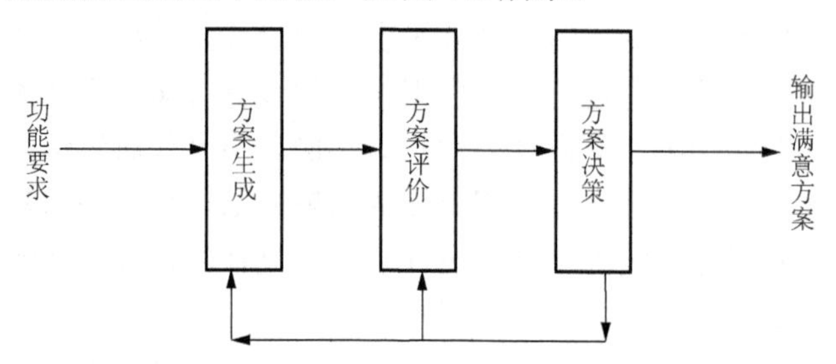

图 7.6　方案设计智能决策支持系统的问题求解模型

自升式海洋钻井平台方案设计智能决策支持系统的方案生成是设计者运用抽象思维、形象思维和创造性思维等思维方式，根据用户对设计方案的功能要求和其他设计约束条件（规范、法规、公约等）生成多个型式方案的过程，属于方案“综合”的范畴。方案生成是一个多目标、多层次、多功能、多方案的设计问题，是一个复杂的决策问题，它是一个基于专家的设计知识、设计经验和设计实例的创造性过程。可以将自升式海洋钻井平台方案设计智能决策支持系统的方案生成看成是从功能空间到属性空间的映射，如图 7.7 所示。

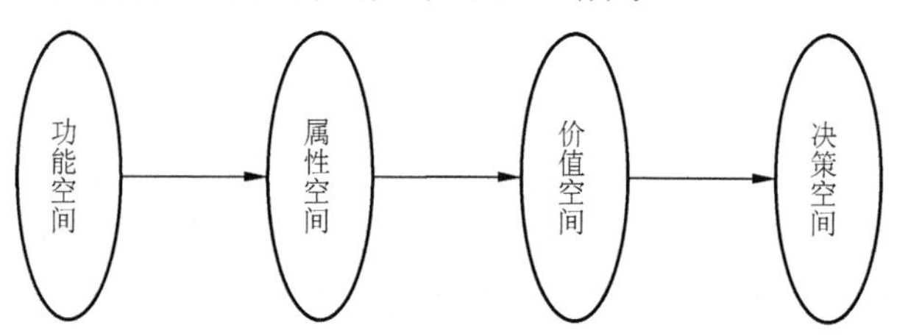

图 7.7　自升式海洋钻井平台方案设计的关系映射

自升式海洋钻井平台方案评价是指决策者建立影响方案设计各个属性的因素层次关系，根据方案分析的数据及专家的经验确定方案的各项评价指标的具体数值，为下一阶段的方案决策提供依据。评价应当在专家水平上进行，因而涉及大量的经验和知识，例如评价指标体系的规划、建立，影响因素体系的变化，指标权重的确定等。方案评价有三个重要任务：一是为型式方案的可接受性决策和优选决策提供决策信息，一般表现为决策矩阵；二是为再设计决策提供重要的反馈信息；三是帮助选择再设计的回溯层次。可以将其看成是从属性空间到价值空间的映射。

方案决策包括设计方案的可接受性决策、优选决策和再设计决策三类决策问题。可接受性决策是检查方案评价的结果是否达到了可接受性指标。优选决策是决策者在方案评价建立的评价矩阵的基础上，运用其对决策变量和属性的偏好信息对结构型式方案进行优选排序的过程。再设计决策是根据方案评价和可接受性决策信息，运用专家知识，对原方案进行修改，提交新的型式方案，使设计方案向可接受性指标逼近的过程。可以将结构选型的方案决策看成是从价值空间向决策空间的映射。

上述三个设计阶段并不是相互独立的，而是一个相互联系的有机整体。方案生成是方案设计的第一步，是后续所有阶段的前提，它是生成目标方案的过程，可以将其看成是对概念设计方案的“初选”。方案评价是对方案生成阶段或再设计决策所产生的选型方案进行分析和评价，评定方案的优劣，为最后决定方案的可接受性或多个方案的优选提供可靠的依据。方案评价工作的好坏，直接决定着最终选型方案的质量，也直接影响着再设计中启发式搜索的质量。方案决策决定选型方案是否可接受，如果有符合要求的方案，则对方案进行优选排序并输出满意方案，否则，根据评价信息重新进行方案生成、方案评价和方案优选，直到得到符合设计要求的选型方案。

7.3　自升式海洋钻井平台方案设计智能决策支持系统理论框架模型

7.3.1　系统框架结构

智能决策支持系统按照其对决策者的支持范围可以分为狭义的智能决策支持系统和广义的智能决策支持系统。狭义的智能决策支持系统是指仅支持多方案的优选，而广义的智能决策支持系统不仅支持多方案的优选，而且包括支持多方案的形成。因此，本节基于广义智能决策支持系统的观点给出面向自升式海洋钻井平台方案设计的智能决策支持系统的理论框架模型。

自升式海洋钻井平台方案设计智能决策支持系统主要由四部分组成，它们分别是人机接口、智能设计模块、智能评价模块和产品数据管理（product data management，PDM）系统。人机接口主要负责设计和评价模块的调度，智能设计模块主要针对设计要求和约束形成多个可行方案，智能评价模块主要根据平台的评价指标体系完成对产生的多个可行方案的优选和排序，产品数据管理系统负责数据管理[161]。其总体结构参见图 7.8。

在该系统的智能设计模块中，收集了国内外现存的 400 余座自升式海洋钻井平台的船型资料及其相关数据，利用统计回归方法和人工智能的神经网络技术建立了自升式海洋钻井平台方案设计的船型要素预测模型，用于船型设计方案的生成；同时，在该决策系统中建立了实例库，将人工智能中的最新的推理方法——基于实例的推理设计法用于自升式海洋钻井平台设计方案的生成。

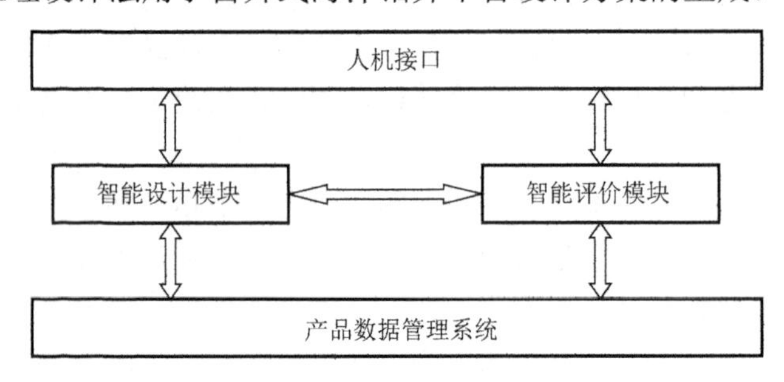

图 7.8　广义自升式海洋钻井平台方案设计智能决策支持系统原理结构图

在智能评价模块中，由于平台方案的设计过程中涉及的因素错综复杂，需要综合考虑实际的市场需求、技术经济性、船东的偏好等各方面的因素，因此对其方案的评定是一个多准则、多目标的决策问题，需要考虑评价指标体系建立和评价方法选择。作者结合近年来进行的平台设计研究工作，征求了相关方面专家的建议，在本系统中提出了一套适用于自升式海洋钻井平台的方案评价指标体系，并利用适用于多目标决策的定性分析和定量分析相结合的层次分析法和改进的灰关联分析法完成自升式海洋钻井平台方案的智能决策评价过程。

该智能决策支持系统的自升式海洋钻井平台设计过程是定性推理与定量模型相结合、互相补充、反复推敲的过程，它能解决自升式海洋钻井平台方案设计的半结构与非结构相混杂的设计决策问题。具体说来，一个设计方案的得出是经过分析计算与推理判断不断交叉进行的结果。推理需要分析计算资源、知识的支持，而推理的结论又引导进一步的分析计算及知识需求，其结果又会触发更深一层的推理判断……如此交替反复，直到得出一个完善的设计方案为止。这一系列分析计算方法、知识及推理判断的处理流程，便是该设计决策问题的求解模型。自升式海洋钻井平台具体设计内容又包括方案设计、结构设计及计算、评价、绘制工程图等，为了满足自升式海洋钻井平台产品设计的要求，作者设计了图 7.9 所示的自升式海洋钻井平台方案设计的智能决策支持系统的总体结构，整个系统呈模块化结构。该系统的 IDSS 部分的数据库、模型库、实例库除了具有设计与决策所具有的功能外，还具有人工智能的功能以及自学习功能。各模块相对独立，并通过动态信息库进行信息交流。该结构使得系统管理方便有效，模块的修改、扩充和移植容易。

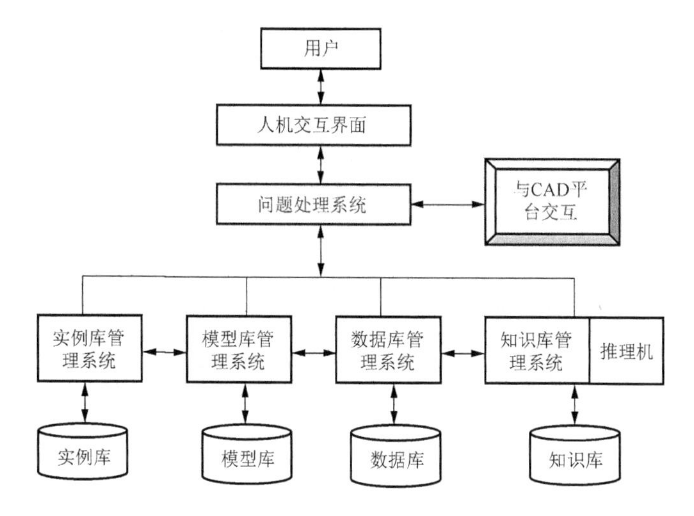

图 7.9　自升式海洋钻井平台方案设计的智能决策支持系统的总体结构

7.3.2　系统中模块的结构功能分析

1. 人机交互界面

人机交互界面是由决策者、计算机硬件配置和对话部件组成。人机交互界面应该具有如下功能：能够理解用户的问题和要求，其中包括对自然语言的理解能力和对图形图像的识别能力；向用户提供 IDSS 中现有的模型状态，并根据用户的要求促使问题处理系统生成新的模型；给用户某些必要的提示，启发用户顺利地利用 IDSS 为自己的决策服务，当 IDSS 内部具有的能力和知识不能有效地支持用户时，能与用户讨论新的求解途径；运行模型，当有多种模型和决策方法并存时，应该使用户有选择模型和方法的权利。系统应给用户提供一个对话的环境，使用户能充分了解系统的运算结果和推理结论，并结合用户自己的经验对船型方案进行分析、判断，做出决策，使船型方案最终评价结果既符合客观实际，又能体现主观决策者的实践经验，使决策更趋向于合理。

2. 问题处理系统

问题处理系统是根据实际选型问题而建立的一个解决该问题的总模块。它集成所需的基本模型（来自模型库）、实例（来自实例库）、数据（来自静态数据库和动态数据库）和知识（来自知识库），进行必要的人机对话，有效地求解问题，达到支持用户评价与决策的目的。它的主要功能包括问题识别、方案生成、方案评价以及方案决策等，是整个系统的核心，能够处理方案设计经验、设计知识和设计实例，能选择、组合和利用设计模型，还能调用系统外部的执行程序。其功能框图如图 7.10 所示。

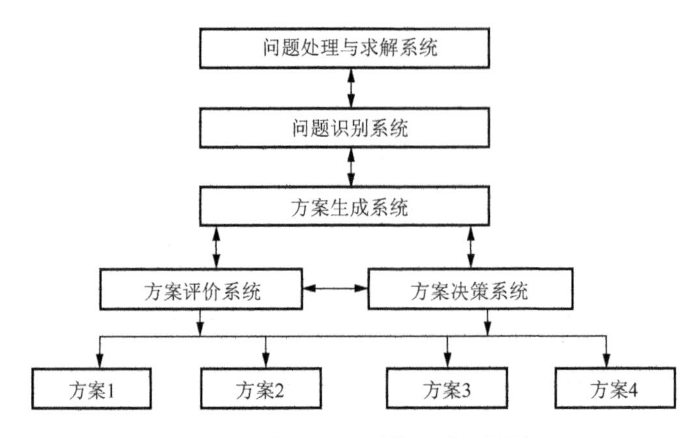

图 7.10　问题处理系统的功能框图

问题识别是对所获取的原始数据和设计约束进行深入分析，明确问题类型，确定设计目标和设计平台的总体功能，并进行功能分解。

3. 数据库和数据库管理系统

DSS 中的数据主要用途是支持决策制定过程，数据库主要是用来存储这些数据。自升式海洋钻井平台船型方案设计数据库包括平台的总体性能及主要的技术指标，如平台最大作业水深、最大钻井深度、最大可变载荷、大钩载荷、悬臂梁移动范围及作业区域等，以及平台船型主尺度要素，如平台型长 L、型宽 B、型深 D、桩腿长度 l、舱容 V_g 等。数据库管理系统负责船型数据的添加、删除、修改、更新和维护操作，将不同来源的数据进行关联，根据查询进行复杂的数据操作等。

4. 模型库和模型库管理系统

模型库存储解决各类设计与决策问题的模型，并按照一定的方式进行组织和管理。模型及其管理系统是系统的核心，模型表示得精确与否、模型操作方法的好坏将直接影响到系统效能的发挥。自升式海洋钻井平台船型方案设计模型库的模型主要是针对方案的生成、评价与优选决策而建立的，包括用于方案生成的平台主尺度要素非线性统计回归模型、神经网络预测模型、稳性与总强度校核模型、舱容计算模型、设计载荷计算模型、干舷校核模型、总布置优化模型、结构强度校核模型等；用于方案评价和决策的定性评价模型、定量评价模型、定性定量评价模型、确定性决策模型、风险型决策模型、模糊决策模型以及其他不确定性决策模型等。模型库管理系统主要负责对模型进行集中控制和管理，包括模型的添加、删除和更新等操作。

5. 知识库和知识库管理系统

知识库用以存储决策问题求解所需的知识。库中知识的完善与丰富程度直接影响着决策水平的高低。平台船型方案设计知识库包含专家在平台的设计建造过程中积累的实际经验，不同船级社所要求的规范中的法令、条款和规则，以及实际平台的工作环境情况等，可分为方案生成规则库、方案评价规则库、方案优选规则库、问题识别规则库、评价方法选择规则库等。知识库管理系统负责知识的添加、删除、更新和修改等。推理机可以根据当前的状况，利用知识对问题领域中的问题进行推理求解。推理可以采用正向、正向跟踪、反向、反向跟踪、正反向混合及正反向混合跟踪等六种方式，并可进行概率推理、模糊推理、证据推理、信息推理等不确定性推理。

6. 实例库和实例库管理系统[162,163]

实例库主要用于实例的表示、实例的组织与存储、实例的保留等，它是基于实例推理的基础。自升式海洋钻井平台船型实例库中以特征值向量等形式表示各种已建平台的实例及新生成的方案实例。实例库管理系统负责实例的添加、修改、删除、存储等操作。

7. 外部软件接口

智能决策支持系统不能替代传统的 CAD 软件，它应当与传统 CAD 软件，如图形软件、有限元计算软件等相结合，这样才能使系统进一步走向实用。

7.4　系统的开发方法和工具选择

7.4.1　开发方法

研究和建造一个实用的自升式海洋钻井平台方案设计智能决策系统是一项长期的、不断完善的过程，需要不同专业人员的通力合作。因此，在建造自升式海洋钻井平台方案设计智能决策系统时，需要应用软件工程学的理论和方法，使得建造工作系统化、规范化，从而缩短开发周期，提高系统的可靠性、实用性和生命力。

在 IDSS 开发中，应用面向对象方法的研究已经开始，出现了面向对象数据库、面向对象知识库、面向对象模型库的研究报道，本章将面向对象方法应用于该知识系统和问题处理系统的设计之中。面向对象方法直接以问题域中客观的事物进行软件开发，从面向对象的分析到面向对象的设计，再到面向对象的编程、面向对象的测试紧密衔接，填平了传统软件工程方法中自然语言到编程语言之间的鸿沟。

近年来，软件工程领域提出的喷泉模型最好地体现了上述开发思想，如图 7.11 所示。软件设计的各个阶段没有严格的界限，它们之间是连续的、无缝的，允许有一定的交叉，同时开发进程也不是严格按一个方向进行。IDSS 采用以上开发过程，突破了软件开发生命周期的概念，强调分析与设计的动态性，即系统随着决策环境和决策者的观念不断修改、扩展、求精；反过来，开发过程又可能促进决策者的思维方式、决策风格的改变，实际上是一种强调用户参与的交互设计过程。

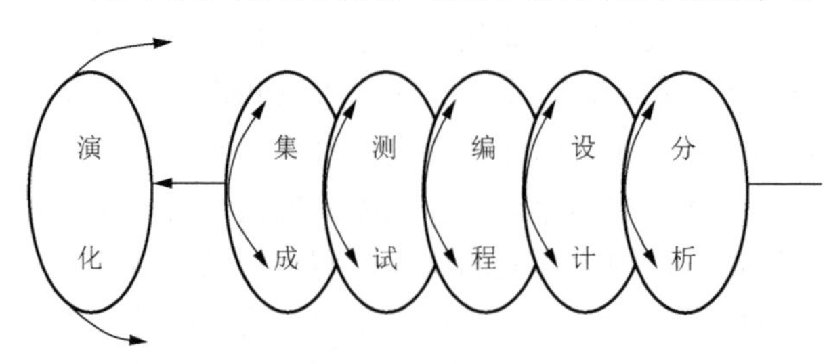

图 7.11　喷泉模型

7.4.2　系统开发界面

本系统是以 Visual Basic 6.0 作为开发支撑环境，其所提供的数据访问控件 ADO（ActiveX Data Object）具有强大的数据访问功能，为用户访问后端数据库提供了强有力的支持，并通过数据绑定控件实现与用户的交互；Microsoft Access 2000 关系数据库为决策者提供了数据库平台，完成对数据的存储、添加、删除、更新和维护等操作；SQL Server 2000 完成数据库到数据仓库的数据转换和联机分析处理，是基于客户/服务器的联机分析处理模式，该服务通过 ODBC 接口以及 OLE DB 接口实现异种数据库同 SQL Server 2000 数据库之间的数据传输转换。

本系统的开发过程主要界面简述如下。

1. 船型数据库查询系统

当设计者进行自升式海洋钻井平台初步方案决策设计时，有时所掌握的母型数据非常少，对船型主体要素没有概念上的认识，难以进行下一步的决策工作。本系统收集到现存的自升式海洋钻井平台船型资料 400 余座并作为系统内部数据库，为船型主尺度要素建模奠定了坚实的数据基础。模型数据库包括船型主尺度要素预测和优化模型、三维总布置设计模型、总布置优化模型、型线设计优化模型、舱室的定义模型、舱容要素的计算模型、智能化配载模型、结构优化模型、造价估算模型、浮态及稳性计算模型、站立性能计算模型等，它们在系统内部以子程序的方式存储。当需要调用上述模型时，系统调用相应的子程序并将返回值送到决策层，供决策者对各评价方案中的技术经济指标进行计算，并用于最终的多目标方案优选决策。如图 7.12 所示为自升式海洋钻井平台的三维总布置优化模型。

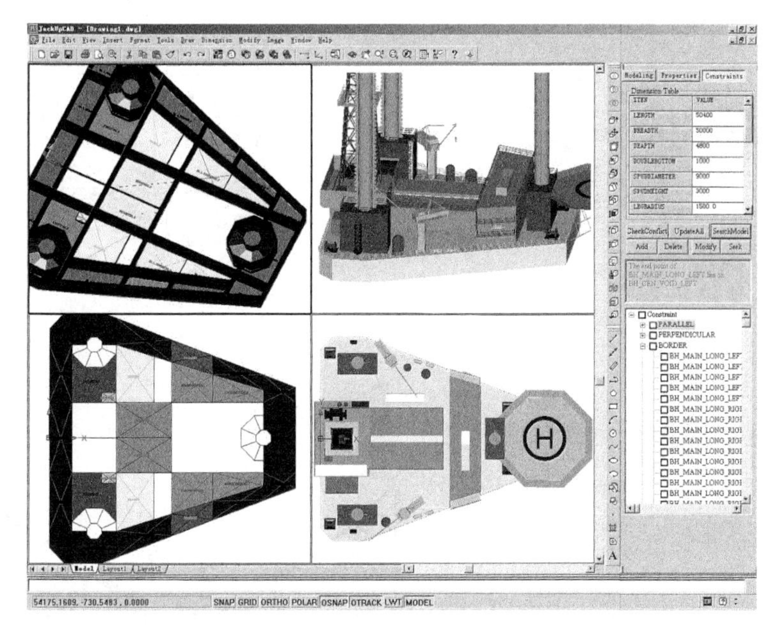

图 7.12　自升式海洋钻井平台的三维总布置优化模型

2. 人机交互系统

本系统采用人机交互的图形用户界面，力求使系统可视化，使用户直接参与到系统的最终船型方案评价上来。该多目标评价系统采用交互式多目标决策模式，即采用层次分析法及改进的灰关联分析法，使得最终的评价结果既反映了决策者的主观偏好，同时也反映了系统的客观物理信息，减少了决策者的主观臆断而带来的系统误差。

7.4.3　系统应用前景展望

本节开发了在自升式海洋钻井平台方案设计阶段辅助决策者进行船型设计、优选、决策的自升式海洋钻井平台方案设计智能决策支持系统，并用于 300ft 作业水深的自升式海洋钻井平台的方案设计，取得了较好的结果，图 7.13 为该平台的总布置图。在设计者获取的船型资料有限的情况下，辅助设计者获取船型数据信息，为船型多方案的技术经济评价提供了必要的决策手段，本系统在应用于自升式海洋钻井平台方案设计辅助决策时体现了较好的适用性和可靠性。但本章所提供的辅助决策支持系统理论框架模型尚停留在不断完善和充实当中，由于船型资料获取途径有限，数据不完备，船型主尺度建模过程中很难保证预测的精度；

主甲板

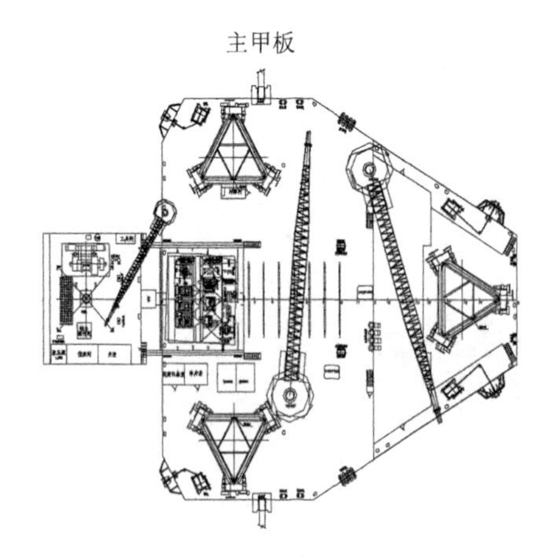

机械甲板（5000A.B）

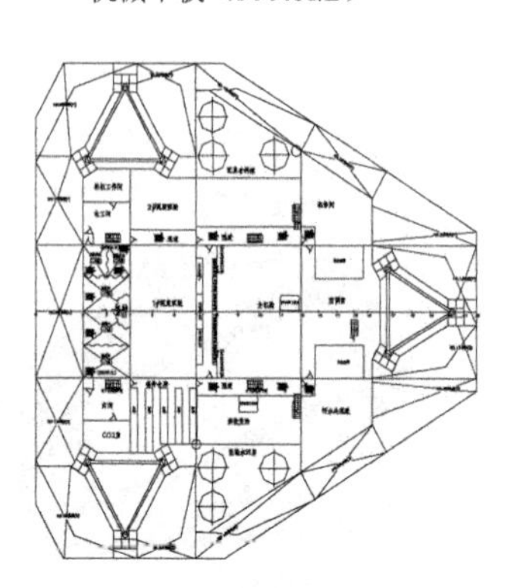

主要尺度

型长	56m
型宽	56m
型深	7.5m
吃水	4.3m
最大钻深	7000m
可变载荷	2200t
大钩载荷	450t
作业水深	91.4m
桩腿长度	128m
桩靴直径	12m
机械甲板高	1.7m

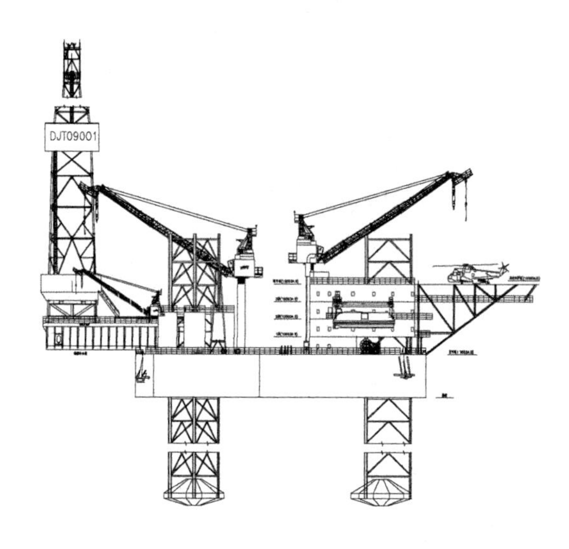

机械甲板（1700A.B）

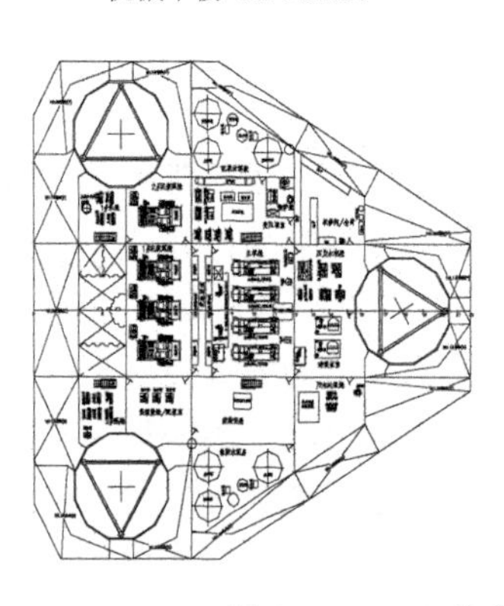

液舱平面

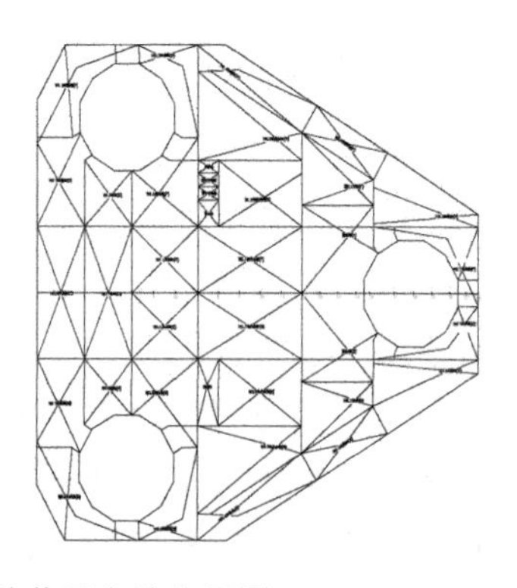

图 7.13　300ft 作业水深自升式海洋钻井平台总布置图

模型库还有待于进一步更新和添加，知识库中许多专家经验和规范中的条款也在随着船舶科学技术的日益发展而不断需要加以完善和填充；人机交互界面还应满足不同知识水平结构的设计者的能力要求，尽量做到界面友好和易于操作。

总之，自升式海洋钻井平台方案设计智能决策支持系统的提出为海洋工程领域辅助平台设计者进行船型方案多准则决策开创了一个新的思路，同时也指明了未来船型方案设计发展新的方向。相信随着平台设计技术和理论的不断深入和发展，以及计算机相关技术的发展，该系统会在海洋工程领域中发挥重要作用。

第 8 章　自升式海洋钻井平台先进性评价方法

自升式海洋钻井平台是一种投资大、设计复杂、使用期长的海洋油气开采工具。在其按设计方案建造完成并投入使用后对其主要的性能水平等级进行评定，以此来考察所建造平台的先进性水平以及存在的问题，评估设计是否达到预期效果及其改进方向，对今后自升式海洋钻井平台的方案设计起到借鉴作用，对于提高自升式海洋钻井平台的设计建造水平具有实用价值。从项目管理角度来看，项目后评估既是投资项目建设程序中的一个重要阶段，也是项目投资管理工作中不可缺少的组成部分和重要环节，对已建造并交付使用的自升式海洋钻井平台进行项目后评估，其成果可供将来的项目参考和借鉴，以达到提高项目投资决策水平、管理水平和提高投资效益的目的。

本章针对已建成并交付使用的自升式海洋钻井平台的先进性评价问题，建立了自升式海洋钻井平台性能水平等级评定方法，以此来考察所建造平台的先进性水平以及存在的问题，评估设计是否达到预期效果及其改进方向，对今后自升式海洋钻井平台的设计起到借鉴作用，对于提高自升式海洋钻井平台的设计建造水平有实用价值。同时，本指标体系及其算法也是对中国船舶与海洋结构物性能水平等级评价体系的有益补充。实例计算和分析表明，该评价指标体系和计算方法是可行的，可以在试用中进一步改进、完善。

8.1　船舶与海洋平台先进性评价方法研究现状

8.1.1　船舶先进性评价指标体系和计算方法研究现状

船舶设计建造过程是一个除保证主要功能的主船体之外，还包括动力、控制和装卸货等一系列系统在内的复杂系统，要对其进行客观和真实的评价就必须采用科学的系统评价方法。而技术经济指标的选取无疑是至关重要的，其选取的恰当与否将直接影响最终系统综合评价结果的正确性与合理性，涉及技术、经济和社会效益等因素，这就要求统筹兼顾，建立一套完整的、科学的、可操作性强的、能适应不同船舶的技术经济指标评价体系，对船舶的技术性能、经济效益和社会效益进行综合分析和论证，为最终科学决策提供依据。

中华人民共和国国家标准（GB 11697—1989）[164]规定了评价海洋运输船舶主要性能水平等级的方法，此标准适用于建造交付使用的下列六种钢质机动海洋运输船舶：干货船、散货船、液货船、多用途船、集装箱船和滚装船。其主要性能评级指标的意义、计算公式和标准分数如表 8.1 所示。该标准将船舶分为三级：特级、一级和二级。特级船舶的主要性能水平达到或超过当前同类型船舶国际先进水平；一级船舶的主要性能水平达到当前同类型船舶国际良好水平；二级船舶的主要性能水平达到当前同类型船舶国际一般水平。

表 8.1　船舶主要性能评级指标[164]

序号	指标名称	计算公式	单位	标准分数	备注
1	载重量与主尺度比值 RDW	$\frac{\mathrm{DWT}_s}{L_{\mathrm{pp}} \cdot B \cdot D}$	$\mathrm{t/m^3}$	10	无 DWT_s 时，$\mathrm{DWT}_s = \mathrm{DWT}$
2	载重量、航速与主机功率比值 CDSC （海军部系数）	$\frac{\mathrm{DWT}^{2/3} \cdot V_s^3}{\mathrm{CSR}} \times 0.7355$	—	15	1ps＝0.7355kW
3	舱容利用率 CHC	$V_g / (L_{\mathrm{pp}} \cdot B \cdot D)$ $\mathrm{TEU} / \mathrm{DWT}_s$ $\mathrm{CAR} / \mathrm{DWT}_s$	— 个/t 辆/t	5	— 集装箱船 滚装船
4	吨海里耗油量 RFD	$\frac{\mathrm{FCD}}{\mathrm{DWT} \cdot V_s \cdot 24} \times 10^6$	$\mathrm{g / (t \cdot nmile)}$	15	—
5	总吨位与载重量比值 RGT	$\mathrm{GT} / \mathrm{DWT}_s$	—	5	无 DWT_s 时，$\mathrm{DWT}_s = \mathrm{DWT}$

注：L_{pp} 为船垂线间长，m；B 为型宽，m；D 为型深，m；GT 为总吨位，t；DWT 为载重量（设计吃水），t；DWT_s 为载重量（结构吃水），t；V_s 为服务航速，kn；FCD 为日耗油量，t/d；V_g 为货舱容积，$\mathrm{m^3}$；TEU 为集装箱数，个；CAR 为车辆数，辆；CSR 为主机常用持续功率，kW

该标准采用五项评价指标，即载重量系数 RDW 、海军部系数 CDSC 、舱容利用率 CHC 、吨海里耗油量 RFD 、总吨位与载重量比值 RGT 。每种指标对应一个分数，相当于给指标定一个权数，总分为各指标权数之和。其评价方法如下：选择两艘达到当前国际先进水平的同类型船舶（先进船舶），分别计算评级船舶得分，两个分数中较小者作为评级船舶的最后得分。评级船舶与先进船舶应以船舶用途相似（指航区、续航力、装载主要货物的积载因数）、最大载重量相似（相差 ±10% 以内）、主机常用持续功率相似（相差 ±5% 以内）、船舶类型相同（对集装箱船，标准箱单箱重相等；对滚装船，装载车型相同）为比较前提。对于航海功率储备、主机燃油发热值、总吨位等技术参数，应使评级船舶和先进船舶在相同条件下进行比较。

主要性能评级指标标准分合计为 50 分，评级船舶得分按下式计算：

$$
\text{评级船舶得分}=\frac{\text{评级船舶RDW}}{\text{先进船舶RDW}}\times 10+\frac{\text{评级船舶CDSC}}{\text{先进船舶CDSC}}\times 15+\frac{\text{评级船舶CHC}}{\text{先进船舶CHC}}\times 5 +\frac{\text{先进船舶RFD}}{\text{评级船舶RFD}}\times 15+\frac{\text{先进船舶RGT}}{\text{评级船舶RGT}}\times 5
$$

特级：评级船舶得分≥49 分。

一级：49 分>评级船舶得分≥47 分。

二级：47 分>评级船舶得分≥45 分。

该评价指标体系主要用于船舶的先进性评价。随着船舶航运市场的发展，为了适应船舶装载货物多样化和工作环境恶劣多变的情况，各种特殊船型应运而生，针对特殊船型的评价指标体系的建立是一个值得研究的课题。

8.1.2 海洋平台先进性评价方法研究现状

针对已建造并交付使用的海洋平台，目前尚未见可用的性能水平等级评价指标体系，对其评价方法的研究也未见有相关的文献发表。中国具有广阔的海洋资源，同时要大力发展造船业，海洋平台的设计建造技术是必须储备和研发的。近年来，中国自升式海洋钻井平台的建造数量逐年增加，但在设计技术方面还需要进一步提高，建立一套针对自升式海洋钻井平台的性能水平等级评价指标体系，通过对已建自升式海洋钻井平台的先进性评定，总结经验教训，指导今后的设计、建造工作，对提高自升式海洋钻井平台的设计水平将起到推动作用。

8.2 自升式海洋钻井平台先进性评价方法研究

自升式海洋钻井平台的主尺度、总布置、作业水深、钻台载荷、动力设备、升降系统、钻机能力、舱室储存能力、最大可变载荷、设计载荷、拖航稳性、完整稳性、破舱稳性、站立稳性、抗滑能力、静水力性能、固·完井系统、井控系统、环保性能和安全水平等都会对平台的作业功能、技术水平产生影响。对自升式海洋钻井平台的性能水平等级进行评价时，既需要综合考虑各方面的影响，又要注重抓主要矛盾，有所取舍。同时，评价指标体系中的各个指标之间要尽量相互独立、互不重复。通过反复的分析探讨，空船重量、钻机能力、大钩载荷、可变载荷能力、主机功率、悬臂梁移动范围和最大作业水深等是影响平台的作业性能、技术水平的主要因素。

结合近年来进行的自升式海洋钻井平台设计研究工作，参照中华人民共和国国家标准（GB 11697—1989）[164]规定的评定海洋运输船舶主要性能水平等级的方法，征求了相关方面专家的建议，建立了对已建造并交付使用的自升式海洋钻井平台的先进性评定方法。该方法将自升式海洋钻井平台分为三级：特级、一级和二级。特级自升式海洋钻井平台的主要性能水平达到或超过当前同类型自升式海洋钻井平台国际先进水平；一级自升式海洋钻井平台的主要性能水平达到当前同类型自升式海洋钻井平台国际良好水平；二级自升式海洋钻井平台的主要性能水平达到当前同类型自升式海洋钻井平台国际一般水平。

对自升式海洋钻井平台的性能水平等级进行评价的复杂性主要是评价指标体系的建立。评价指标体系是由若干个单项评价指标组成的整体，它综合反映出所要解决问题的各项目标要求。指标体系要实际、完整、合理、科学，并基本上能够被有关人员和部门所接受[165]。作者结合对影响平台的作业性能和技术水平的主要因素的分析，借鉴其他海洋运输船舶的先进性评定的经验，建立了一套适用于自升式海洋钻井平台性能水平等级评价的指标体系，该评价指标体系主要由六项评价指标组成。

（1）钻深系数 R_{D_d}。

（2）作业水深系数 R_{D_W}。

（3）可变载荷系数 R_F。

（4）单位进尺油耗 R_Q。

（5）悬臂梁移动范围系数 R_M。

（6）多功能系数 N。

各项指标的定义详见本书 5.2 节。

上面的六项指标，每项指标对应一个分数，即给定指标一个权数，相当于按照各指标的相对重要程度给定一个权值，总分为各指标权数之和。其评价方法如下：选择两座达到当前国际先进水平的同类型自升式海洋钻井平台（先进自升式海洋钻井平台），分别计算评级自升式海洋钻井平台得分，两个分数中较小者，作为评级自升式海洋钻井平台的最后得分。评级自升式海洋钻井平台与先进自升式海洋钻井平台应以自升式海洋钻井平台主要用途相似、最大作业水深相似（相差±10% 以内）、平台的作业区域相似、平台类型相同（桩腿数目相同）为比较前提。

主要性能评级指标标准分合计为 50 分，评级自升式海洋钻井平台得分按下式计算：

$$
\begin{aligned}
\text{评级自升式海洋钻井平台得分} = & \frac{\text{评级平台}R_{D_d}}{\text{先进平台}R_{D_d1}}\times 8+\frac{\text{评级平台}R_{D_W}}{\text{先进平台}R_{D_W1}}\times 5 \\
& +\frac{\text{评级平台}R_F}{\text{先进平台}R_{F1}}\times 12+\frac{\text{先进平台}R_{Q1}}{\text{评级平台}R_Q}\times 8 \\
& +\frac{\text{评级平台}R_M}{\text{先进平台}R_{M1}}\times 12+\frac{\text{评级平台}N}{\text{先进平台}N_1}\times 5
\end{aligned}
$$

特级：评级自升式海洋钻井平台得分≥49 分。

一级：49 分>评级自升式海洋钻井平台得分≥47 分。

二级：47 分>评级自升式海洋钻井平台得分≥45 分。

该评价指标体系及计算方法主要用于自升式海洋钻井平台的先进性评价。

8.3 算例分析

本节以新加坡设计公司 Friede & Goldman 于 1998 年设计的 Galaxy Ⅱ——作业水深 400ft 的自升式海洋钻井平台先进性评定作为实例，说明该评级方法的合理性和通用性。通过收集数据，选择该公司于 1991 年设计建造的 Galaxy Ⅰ——作业水深 400ft 的自升式海洋钻井平台和日本的设计公司 MODEC 于 1982 年设计的 Trident9——作业水深 400ft 的自升式海洋钻井平台作为先进自升式海洋钻井平台参与评价。三座自升式海洋钻井平台的六项评价指标如表 8.2 所示。

表 8.2　自升式海洋钻井平台的先进性评价指标

平台名称	R_{D_d} / (m / t)	R_{D_W}	R_F	R_Q / (t / m)	R_M	N
Trident9	0.84	1.60	0.32	13.33	0.0215	1.20
Galaxy Ⅰ	0.95	1.64	0.67	15.15	0.0298	1.20
Galaxy Ⅱ	1.02	1.79	0.74	15.15	0.0305	1.20

按照评级自升式海洋钻井平台得分计算方法，可得到被评级平台的评级得分，如表 8.3 所示。

表 8.3　评级得分

评价指标	权重	Trident9	Galaxy Ⅰ
$\frac{R_{D_d}}{R_{D_d 1}}$	8	1.12	1.07
$\frac{R_{D_W}}{R_{D_W 1}}$	5	1.12	1.09
$\frac{R_F}{R_{F1}}$	12	2.32	1.10
$\frac{R_{Q1}}{R_Q}$	8	0.88	1.00
$\frac{R_M}{R_{M1}}$	12	1.42	1.02
$\frac{N}{N_1}$	5	1.00	1.00
Galaxy Ⅱ 得分	—	72.17	52.51

Galaxy Ⅱ 得分分别为 72.17 和 52.51，两个分数中取较小者，Galaxy Ⅱ 最终得分 52.51，按照前面确定的评级标准，Galaxy Ⅱ 主要性能水平已经达到特级自升式海洋钻井平台的水平。

分析评价的结果：从设计建造技术的发展方面看，三座自升式海洋钻井平台设计建造的年代分别为 1982 年的 Trident9、1991 年的 Galaxy Ⅰ、1998 年的 Galaxy Ⅱ，1998 年设计的 Galaxy Ⅱ 应该是性能水平等级较好的；比较 Galaxy Ⅰ 和 Galaxy Ⅱ，作为同一个设计公司的设计产品，Galaxy Ⅱ是 Galaxy Ⅰ的改良设计，其性能水平等级也应该优于 Galaxy Ⅰ。基于上面的分析，三座自升式海洋钻井平台的性能水平应该是：Galaxy Ⅱ>Galaxy Ⅰ>Trident9。评定结果和客观分析是一致的。通过分析可以看出，该评价指标体系的建立能反映自升式海洋钻井平台的综合技术经济性能，通过该评价方法能体现已建造并投入使用的自升式海洋钻井平台先进性等级。

第9章　自升式海洋钻井平台参数化方案设计及软件系统开发

移动式海洋平台（以下简称海洋平台）包括自升式海洋钻井平台、半潜式钻井平台、张力腿式平台、坐底式平台以及风电安装船等浮式海洋结构物，是海洋资源勘探与开发的重要装备。海洋平台的功能性与常规运输船舶有显著差异，但是二者均为漂浮于水上的板壳结构钢制海洋结构物，所以有大量的共性。海洋平台的设计流程与船舶类似，总体设计包括总体布置、分舱设计、静水力特性计算、完整稳性计算及破舱稳性计算等。本章针对自升式海洋钻井平台的具体特点，综合考虑移动式海洋钻井平台的特性，建立一种基于参数化技术的海洋平台总体方案设计方法和软件系统开发方法。

9.1　参数化设计技术

产品的设计过程是一个不断修改与完善的过程，模型的修改效率是影响设计效率的重要因素之一，良好的可变性是降低设计成本和缩短设计周期的关键因素。在系列化产品设计中，产品之间的差别通常只有几个参数，具有良好可变性的模型可以通过修改原产品的几何尺寸得到系列新产品。产品的优化设计中，优化的前提是能够生成尺寸不同的大量设计方案，这些方案通常是通过修改现有产品模型得到的。所以，设计中模型的修改更具有普遍性。

早期的实体造型属于无约束实体造型技术。无约束实体造型法建模过程灵活，其模型是基本几何图元或者基本体素的简单堆叠，模型仅描述产品的几何外形，所以无约束实体造型法能够快速建立各种复杂几何体的三维模型，满足已知尺寸的几何体快速建模问题。但是无约束实体造型技术仅保存设计的最终结果，设计的过程或者设计者的设计意图均没有存储在模型中。当无约束实体模型的设计参数需要改变时，只能在原模型的基础上通过实体的切割算法、布尔运算进行修改，不能解决模型的快速修改问题。因为无约束实体造型系统不能维持几何元素之间关系的正确性，修改过程中设计者的主要精力集中在保证模型的正确性方面，而不是设计任务的本身，这严重限制设计者创造力的发挥。所以，无约束实体造型技术不能满足新产品设计、系列化设计和产品优化设计等设计任务对产品模型快速修改的要求。

产品的改进设计中修改的通常是模型的尺寸值，各几何元素之间的拓扑关系和几何约束关系很少改动。但是参数改变后这些拓扑关系和约束关系可能不满足，设计者往往需要花费大量的精力维护几何元素之间的拓扑关系和约束关系。理想的设计模式是将相对固定的拓扑关系和约束关系保存在模型中，模型尺寸改变时，由计算机而不是设计者负责维护拓扑关系和约束关系的正确性，参数改变后即可得到与其相对应的正确模型。根据这种设计思想，以尺度驱动为主要特征的参数化设计方法迅速发展起来。

参数化设计方法的本质是基于约束的产品描述方法。约束是几何体图元之间的特定关系，通过约束可以记录设计者的设计意图或者设计过程。产品的整个设计过程就是约束规定、约束变换求解以及约束评估的约束求精过程。对于一个设计完成的参数化模型，当参数被修改以后，其中的某些约束将不再成立，通过参数化驱动机制，可以再次得到满足约束的一组尺寸，更新模型以后即可得到新参数对应的模型。参数化技术有效解决了模型快速修改的问题，是目前应用最广泛的几何造型方法。

9.2　参数化设计方法分类

尺度驱动是参数化设计方法的最本质特征。根据尺度驱动机制的实现原理不同，参数化设计方法可以分为程序参数化设计方法、基于构造历史的参数化设计方法和基于几何约束求解的参数化设计方法及混合式参数化设计方法四大类。

9.2.1　程序参数化设计方法

程序参数化设计方法[166-169]将模型的定义、表达均集成在程序内部，通过程序实现参数化驱动机制，是最早提出的参数化设计方法。

程序参数化设计方法中，将需要改变的设计参数作为设计变量并允许人机交互式输入与修改，把几何元素之间的约束关系转化为与设计变量相关的数学表达式，编制成程序代码固化在程序里面。当用户交互改变设计参数时，计算机根据程序设定的约束规则重新计算其他变量值，得到满足输入参数以及所有约束条件的模型，实现设计模型的尺度驱动。对形式固定的模型，几何约束关系通过计算机程序较为容易求解，因而在各种参数化设计方法中，程序参数化是最早广泛应用的一种，并在系列化设计、标准件及常用件的设计中得到广泛的应用。

编程方法既能表达最终的产品模型，也能表达尺度驱动的产品参数化模型，因此它具有多种用途，支持对参数化模型库的建立、管理与使用。采用程序参数化设计方法可以方便地建立各种参数化模型库，如常用件库、标准件库、常用结构图形单元等，并提供对模型库的管理方法，如查询、修改和调用等。参数化模型库同样可以包含其他非几何信息，以扩大参数化模型库的信息内容与用途。由于程序参数化模型采用程序语言表示，因此它便于存储、传输、修改和共享。程序参数化设计方法具有强大而灵活的参数化功能。采用编程方法来建立产品的参数化模型，可以表达参数模型的各种形态，其中参数化变量可以是包含尺寸变量、结构变量、坐标变量或其他与几何模型没有直接关系的变量。通过程序参数化方法建立的参数化模型不仅可以用于产品的设计，也可以编程将其用于后续的CAM、计算机辅助工程（computer aided engineering，CAE）等领域。其他的参数化模型只是设计对象的参数化模型，而程序参数化支持整个设计过程的参数化，可以针对产品的设计过程、分析过程建立其参数化模型，进而提供更高级的辅助设计工具。程序参数化设计方法可以求解其他参数化设计方法难以求解的几何约束问题，并可以将几何模型与各领域的专业知识相结合。相比于基于构造历史和基于几何约束求解的参数化设计方法，程序参数化的尺度驱动机制实现更为容易，而且更易于保证系统运行的稳定性。

程序参数化设计方法对用户编程能力要求较高，人机交互功能差，没有通过尺寸对模型进行实时驱动的有效方法，且对模型的修改范围有限。如果要修改模型，只能修改源程序重新编译后运行。此外，程序参数化设计方法缺乏通用性，一个程序只能针对一个类型的模型，如果模型拓扑结构稍有变化，则需要重新编写程序、重新编译运行才能适应新模型的要求，所以程序参数化设计方法的柔性较差，这一问题限制了程序参数化设计方法的应用范围。

9.2.2 基于构造历史的参数化设计方法

基于构造历史的参数化设计方法[170-173]采用一种称为构造历史的机制，通过生成历程树保存模型的创建过程，并将建模中用到的主要数据提取出来作为参数。修改设计参数以后，依次重新调用生成历程树中被修改参数以后的所有建模操作，从而实现整个模型的更新。

基于构造历史的参数化设计方法，约束的求解过程是根据模型的构造过程依次求解，将有向约束简化为简单序列，将几何约束求解问题转化为对单个方程依次求解，所以基于构造历史的参数化设计方法具有较高的求解效率，适合大规模参数化问题的求解。由于不需要求解非线性方程组，因此基于构造历史的参数化模型可以很复杂，故常用于三维实体参数化建模。

基于构造历史的参数化设计方法求解过程为顺序单步执行，所以基于构造历史的参数化设计方法可以充分考虑建模过程中所蕴含的设计知识和约束关系，并允许定义特殊的约束关系，例如，将点定义为两曲线的交点，将曲线定义为两曲面的交线等。对于含有复杂曲面的模型，如船舶三维参数化模型，这类特殊的约束关系是非常必要的。在现有的船舶三维设计软件中，基于构造历史的参数化设计方法是最常用的一种船体结构建模方法。

基于构造历史的参数化模型中，各图元在历史树中有严格的先后顺序，位于前面的图元不可以引用其后的图元，所以要求建模初期对图元的创建过程有合理的规划，否则会导致模型难以修改与扩展。如果删除或者修改结构树中位于前面的几何图元，有可能导致与之相关的后续几何图元失效。基于构造历史的参数模型求解简单，但由于其要求约束都是有向的，因而模型的表达能力和问题的处理范围有很大的局限性，无法表示复杂的约束关系，例如循环约束和非尺规问题的几何约束问题等[174]。此外，基于构造历史的参数化模型中，几何图元和约束都是有严格前后顺序的，不能动态添加和删除几何约束，模型的修改特别是拓扑关系的修改相对困难。上述问题的存在限制了基于构造历史的参数化设计方法的应用范围。

9.2.3　基于几何约束求解的参数化设计方法

基于几何约束求解的参数化设计方法中，将产品的几何形状、功能和特性等属性，通过几何图元、约束和参数来表示。在几何模型中加入几何元素之间的约束关系，通过特定的参数化机制维护设定的几何元素之间的约束关系，从而实现整个模型的关联设计。约束是图元需要满足的特定关系，约束分为可变约束和固定约束两大类。将可变约束的数值提取出来作为参数，赋予不同的参数值，通过几何约束求解，得到满足约束要求的几何图元，最终得到对应的设计产品。

与基于构造历史的参数化设计方法相比，基于几何约束求解的参数化设计方法注重的是结果而不是构造过程，几何图元和几何约束在模型中没有前后顺序（几何约束必须在其作用的几何图元之后除外），模型与构造历史无关。如果几何图元和几何约束相同，采用不同的构造过程，得到的是完全相同的设计模型。

基于几何约束求解的参数化设计思想最早由美国麻省理工学院的博士生 Ivan Edward Sutherland 于 1962 年在其博士学位论文中提出来[175]。他在自己开发的 Sketchpad 系统中首次将几何约束表示为非线性方程，用于确定二维几何形体的位置，辅助建立几何模型。1981 年，Light 和 Gossard 进一步发展了 Sutherland 的思想，提出了变量几何法[175]。变量几何法中，将几何图元的待定参数作为变量，将几何图元以及图元之间各种几何约束转化为几何图元参数的非线性方程。采用牛顿迭代法求解非线性约束方程组，得到一组满足所有给定几何约束的变量。变量几何法实现了模型的尺度驱动，不仅可以用于模型的建立，而且可以通过修改约束的参数实现模型的修改，该方法的提出和完善标志着参数化设计理论的成熟和初步具备实用化的条件。

早期的几何约束求解系统主要应用于二维平面几何问题。20 世纪 80 年代中后期至 90 年代，以 Pro/E 系统为代表的三维 CAD 软件系统将基于几何约束求解的参数化设计技术应用于实体造型中，标志着参数化实体造型技术的成熟。参数化实体造型技术的基本特征为：基于特征、全尺度约束、全数据相关和尺度驱动设计修改。基于特征的实体造型方法中，首先建立基于几何约束求解的二维参数化图形，用于表达几何体主要形状和尺寸特征。这个二维参数化图形称为草图(sketch)。在草图基础上，通过各种三维特征，如拉伸、旋转、扫掠、倒角等建立几何体的三维模型。基于特征的参数化实体模型具有良好的可变性，支持变型设计和序列化设计，支持自上而下的设计模式，因而可以显著提高产品的设计效率。

基于几何约束求解的参数化实体造型技术是 CAD 技术发展历史上的一次重要飞跃，是迄今为止应用最广泛的几何造型技术。

9.2.4 混合式参数化设计方法

基于构造历史的参数化设计方法和基于几何约束求解的参数化设计方法是通用 CAD 软件中占主导地位的两种参数化设计方法。基于构造历史的参数化设计方法支持特殊的约束形式，如交点、交线、拼接和剪切等曲线、曲面操作，同时具有求解速度快、适用范围广、可以实现三维约束等优点。所以基于构造历史的参数化设计方法是解决含有复杂自由曲面造型的参数化设计问题最有效的方法。但是基于构造历史的参数化设计方法具有明显的局限性，即模型中的几何元素和约束关系有严格的先后顺序，不允许在后期添加或者修改约束条件，删除或者修改前置几何图元易导致所有的后续图元无效，不能很好解决循环约束问题等。以几何约束求解为参数化机制核心的实体造型方法能有效处理循环约束、非尺规问题等复杂约束问题，模型与构造过程无关，在设计的各个阶段可以对所有的几何图元和几何约束进行修改，模型的所有尺寸均可以由参数驱动修改。相比于基于构造历史的参数化设计方法，后者的参数化机制更为完善，模型的可重用性、可变性更好。但是基于几何约束求解的参数化设计方法通常只能处理平面内的约束，不支持处理平面间的三维约束问题，并且不能用于处理含有复杂自由曲面造型的问题。

综上分析，基于构造历史的参数化设计方法和基于几何约束求解的参数化设计方法各有优点，同时也均有不足，二者的优缺点可以互补。在复杂的 CAD 系统中，常规实体造型和自由曲面造型两类问题同时存在，单独采用两种参数化设计方法的任何一种都不能同时有效解决实体造型和自由曲面造型两类问题，所以实际中通常采用两种参数化模型的混合模型，即混合式参数化设计方法。

混合式的参数化设计方法中，整体的设计流程是基于历史的，这样就能有效解决自由曲线、曲面造型的参数化设计和三维约束等问题。而对于一个单独的零件，采用的是基于几何约束求解的参数化方法建立。混合式参数化模型同时具备基于构造历史和基于几何约束求解的两种参数化设计方法的优点，功能更加完善，适用于高端的 CAD 软件系统，例如法国 Daussault 公司的 CATIA 系统采用的就是一种典型的混合式参数化模型。

9.3　海洋平台设计中的特殊性

与常规运输船舶相比，海洋平台的设计具有以下特殊性[176]。

（1）海洋平台不属于运输工具，虽然多数海洋平台设计有拖航或者自航工况，但是海洋平台漂浮航行的距离、时间及作业的频率均远低于常规运输船舶。所以，海洋平台对航速的要求通常较低，对流体性能没有太高的要求，其浮体的主尺度、几何外形设计更多考虑的是其功能性要求。海洋平台的浮体通常仅在局部带有一定的线型，甚至整个浮体外表面均为平面，没有任何线型。所以，海洋平台的总体设计中，型线设计工作相对简单，甚至不需要型线设计。海洋平台的浮体中虽然没有复杂的几何曲面，但是浮体的构造较为特殊，存在大量的离散结构或者开孔。因此，经典的基于型线模型的船舶静水力计算方法不适用于海洋平台，一方面建模复杂，另一方面精度较低。

（2）海洋平台的甲板面需要满足作业、存放工具与设备的需要，所以需要主甲板具有较大的宽度和较大的面积。所以，海洋平台的长宽比通常远小于常规船舶，例如部分三角形自升式海洋钻井平台的长宽比甚至接近于 1。较大的宽度通常有利于船舶的稳性，但是海洋平台的重心高度、受风面积显著大于相同排水量级别的运输船舶，所以其漂浮状态下的稳性仍然是设计中必须考虑的因素。常规运输船因具有较大的长宽比，导致其纵向稳性远好于横向稳性，并且船舶的横向受风面积远大于纵向，所以设计中仅需要分析其横稳性，如果横稳性满足要求，则纵稳性或者其他方向稳性通常均能够满足设计要求。对于长宽比较小的海洋平台，沿不同倾斜轴的回复力矩之间的差异没有常规运输船显著，并且海洋平台的进水点较多且分布的规律性较差，最小进水角可能出现在任意风力矩方向角。海洋平台的受风面积也与主甲板上的布置相关，最大受风面积可能出现在非横倾方向。浮体的稳性与回复力臂、进水角和受风面积三者相关，海洋平台在横向外力作用状态下有可能具有较小的进水角和较大的受风面积，所以其稳性最差的方向未必是横稳性，可能发生在纵向或者其他方向。因此，海洋平台的稳性计算与长宽比较大的常规船舶具有较大的差异，仅校核横向稳性不能保证海洋平台的安全性，所以需要校核不同方向外力作用下的稳性。

（3）海洋平台具有较小的长宽比，所以漂浮工况下的总纵剪力和总纵弯矩不是平台结构设计中需要重点考虑的因素。常规运输船舶的结构设计中需要考虑三方面因素，即结构的局部强度（规范中对各类结构的尺寸有明确规定）、总纵强度和有限元直接强度。对于海洋平台，仅需要考虑局部强度与有限元直接强度，并且对后者有更高的要求。部分关键部件的结构形式与结构尺寸需要通过直接强度计算确定，例如钻井平台的悬臂梁、自升式海洋钻井平台的桩腿与桩靴结构等。

（4）相比于常规运输船，海洋平台的纵舱壁、横舱壁数量通常更多，且可能存在大量与中纵剖面既不平行也不垂直的斜向布置的舱壁。但是，海洋平台主船体结构中的板结构通常仅包含两大类，即平行于基平面的板或者垂直于基平面的板，结构中很少存在与基平面倾斜布置的板结构。所以，海洋平台的俯视图可以表达海洋平台的主体结构的布置与几何尺度。

（5）与常规运输船舶相比，海洋平台的布置问题更为复杂。首先，海洋平台需要解决机舱、泵舱以及生活模块等常规船舶的布置问题，并且海洋平台通常船员数大于运输船舶，机舱布置也比常规船舶更为复杂。其次，海洋平台的作业功能性对其总体布置有较高的要求，布置方案的合理性直接关系到平台的作业性能、营运安全性和经济性。此外，由于作业功能性的要求，海洋平台需要设置的舱室类型更为丰富，例如对于钻井平台，除需要设置常规的压载舱、燃油舱、淡水舱、污水舱、消防水舱等舱室之外，还需要设置钻井水舱、重油舱、泥浆舱等与钻井工艺相关的功能性舱室。

（6）除了具有常规船舶属性之外，海洋平台因其功能性的要求而具有特殊的设计要求。以自升式海洋钻井平台为例，当其升离海面作业时，自升式海洋钻井平台的桩腿与海底接触，平台沿桩腿提升至一定高度，平台的重量载荷主要通过桩腿传递至海底。此时，自升式海洋钻井平台更像是一座固定式平台，其受到的波浪载荷计算方式与船舶有显著差异，由于桩腿为细长体且尺度相对波长较小，所以可以忽略其对流体的作用，通过莫里森公式可以得到满足工程精度要求的载荷计算结果。同时，自升式海洋钻井平台在工作时需要对其站立情况下的性能进行计算分析，例如整体抗倾稳性、抗滑稳性、桩基承载力分析等。

海洋平台的上述特点导致其总体设计与常规运输船有显著差异，海洋平台的总体设计软件开发中采用的算法与技术应充分考虑海洋平台的特点。

9.4 海洋平台主结构参数化建模

根据海洋平台的几何特点，采用基于几何约束求解的参数化方法建立海洋平台的参数化模型。将海洋平台的甲板与舱壁轮廓线在基平面内的投影图作为对象，建立参数驱动的草图。利用草图中的图元，通过特征造型的方式建立海洋平台主要结构的三维参数化模型。海洋平台的主要结构是总体设计的基础，后续的分舱设计、舱容计算、结构设计等均可以在参数化主要结构模型的基础之上定义相应的参数化模型，实现海洋平台的三维参数化设计。

海洋平台参数化设计的基础是建立主结构草图，实现草图的参数驱动。基于几何约束求解的参数化设计方法包括三要素，即几何图元、几何约束与几何约束求解。海洋平台主结构草图中的几何图元包括点、直线、直线段、圆、圆弧和样条曲线[177-180]。几何约束包括竖直约束、水平约束、相合约束、点-点距离约束、点-线距离约束、平行约束、垂直约束、夹角约束、对称约束和面积约束等。主结构草图中，几何图元与几何约束的种类相对较多，可能存在循环约束、非尺规约束等复杂的约束形式。针对上述特点，通过变量几何法完成草图的几何约束求解。

9.4.1　主结构草图

变量几何法中，将几何图元通过参数表达。几何约束转化为关于参数的非线性方程，联立所有约束得到约束的非线性方程组。通过迭代法（最常用的为牛顿迭代法）求解约束方程组，得到所有参数的值。将参数值代入几何图元，得到满足所有约束要求的几何图元，实现模型的参数化驱动机制。

采用面向对象的技术实现上述参数化机制。首先定义参数类 SKEParameter，类的声明如下：

```
class SKEParameter :public SKEObject
{long m_ID;                                    //参数的 ID
double m_value;                                //参数的数值
double m_initValue;                            //参数的初始解
BOOL m_isKnown;                                //参数是否为已知
…
};
```

其中，m_ID 用于保存参数在数据库中的关键字；m_value 为参数的值，采用牛顿迭代法求解方程时，需要有一个良好的初始解；m_initValue 用于保存参数对应的初始解的值；m_isKnown 用于表示参数的值是否为已知，例如施加固定约束的点对应的参数 m_isKnown 属性设置为 1，表示参数已知，求解时作为常量处理，不需要进行迭代求解。

1. 几何图元

采用类 SKEEntity 表达所有几何图元的父类，SKEEntity 类的声明如下：

```
class SKEEntity:public SKEObject
```

```
{private:
long m_type;                                  //图元的类型
long m_ID;                                    //图元的 ID
…
};
```

所有几何图元类均由 SKEEntity 派生而来，各种几何图元的定义及类的声明如下。

（1）点。点由两个参数定义，即点的 X 坐标 m_x 与 Y 坐标 m_y，自由度数为 2。点通过类 SKEPoint 表达，类的声明如下：

```
class SKEPoint :public SKEEntity
{private:
SKEParameter m_x;                             //点的 X 坐标
SKEParameter m_y;                             //点的 Y 坐标
BOOL m_indepandent;                           //是否为独立点
…
};
```

参数化模型中的点分为两类。第一类点是用户建立的孤立点，这类点由用户定义与删除，与其他实体无关，将点的 m_indepandent 属性设置为 1。第二类点为直线、圆弧的端点，样条曲线的节点，圆的圆心等。第二类点由用户定义其他实体时自动创建，并与所创建实体相关，随所属实体一同被创建或者删除。将第二类点的 m_indepandent 属性设置为 0。

（2）直线。直线有多种表达方法，例如两点式、标准方程和点斜式。实际上，确定平面一条直线仅需要两个参数，例如通过直线的斜率与直线在 Y 轴的截距两个参数。直线的自由度为 2，采用点斜式表达直线：

$$y = \tan\theta\, x + b \tag{9.1}$$

式中，θ 为直线与 X 轴夹角，θ 的取值范围为$(-\pi,-\pi]$。当 $\theta=0$ 时，式（9.1）为平行于 X 轴的直线 $y=b$。令 $\theta=\pi-\varepsilon$，其中，ε 为足够小的数，$b=-a\tan\theta$，则式（9.1）可近似表达垂直于 X 轴的直线 $x=a$。通过类 SKELine 定义直线，类的声明如下：

```
class SKELine :public SKEEntity
{private:
SKEParameter m_b;                             //直线在 Y 轴的截距
SKEParameter m_angle;                         //直线与 X 轴的夹角
…
};
```

（3）直线段。直线段由起点 $P_0(x_s,y_s)$、终点 $P_1(x_e,y_e)$ 两个点定义，包含的自由度总数为 4。采用 PLineSegment 类表达直线段类，类的声明如下：

```
class SKELineSegment :public SKEEntity
{private:
SKEPoint m_p0;                                //直线段的起点
SKEPoint m_p1;                                //直线段的终点
…
};
```

（4）圆。圆通过圆心 $P_0(x_c,y_c)$ 与半径参数 R 定义，包含的自由度总数为 3，通过 SKECircle 类定义，类的声明如下：

```
class SKECircle :public SKEEntity
{private:
SKEPoint m_p0;                                //圆的圆心
SKEParameter m_radius;                        //圆的半径
…
};
```

（5）圆弧。圆弧可以有多种定义方式，例如圆心加两个端点，圆心、半径加起始角度与终止角度，半径加两个端点等。其中，第二、三种表达方式中包含 5 个自由度，第一种表达方式中包含 6 个自由度，需要定义额外的约束消除多余自由度，应用中相对较复杂。几何图形中，圆弧的端点通常落在其他实体上，采用圆心加两个角度的表达方式，因圆弧的起点与终点不是参数，故不能直接施加约束，影响参数化系统的功能。采取第三种表达方式定义圆弧，即通过圆弧的起点 $P_0(x_s,y_s)$、终点 $P_1(x_e,y_e)$ 和圆弧半径 R 定义。这种定义方式中，圆心不能显式表达，但是海洋平台主结构草图中，圆弧主要用于定义结构的倒角，倒角需要关心的是端点，圆心位置相对不重要。圆弧通过 SKECircleArc 类定义，类的声明如下：

```
class PSKECircleArc :public SKEEntity
{private:
SKEPoint m_p0;                                //圆弧起点
SKEPoint m_p1;                                //圆弧终点
SKEParameter m_radius;                        //圆弧半径
…
};
```

（6）样条曲线。采用 3 次 B 样条曲线表达样条曲线。样条曲线由 n 个型值点定义，即 $P_0(x_0,y_0),P_1(x_1,y_1),\cdots,P_{n-1}(x_{n-1},y_{n-1})$，包含的自由度总数为 $2n$。样条曲线的端部认为是自由端，即两端处的曲率为零。样条曲线类为 SKESpline，类的声明如下：

```
class SKESpline :public SKEEntity
{private:
vector <SKEPoint *> m_pointArray;          //样条曲线的型值点
…
};
```

海洋平台主结构草图中的上述 6 类几何图元的定义与图元的参数组成如图 9.1 所示。

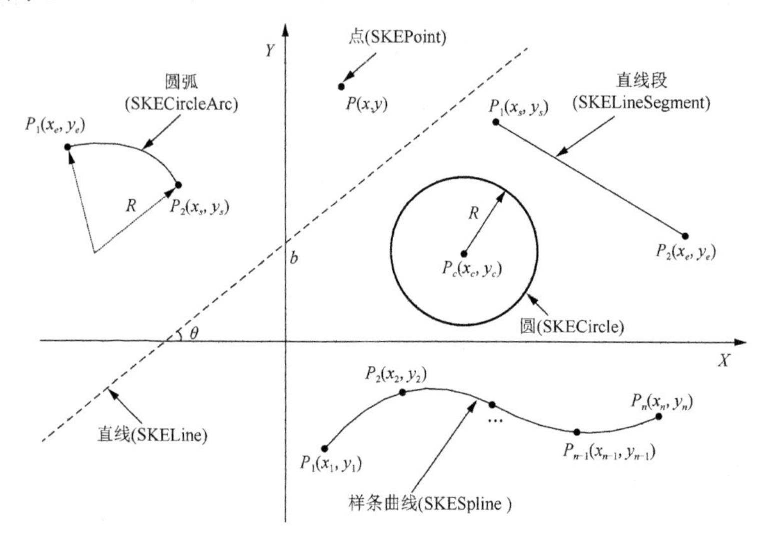

图 9.1　海洋平台主结构草图中各种几何图元的表达

2. 几何约束

几何约束从包含的约束度数量可以分为一元约束、二元约束和多元约束。从约束的作用可以分为用于控制草图形状的形状约束，如水平约束、竖直约束、垂直约束、相合约束与对称约束等，与用于控制草图尺寸的尺寸约束，如距离约束、角度约束、面积约束等。定义约束类的父类 SKEConstraint，所有约束均从 SKEConstraint 派生出来。根据约束的原理，将部分约束合并。SKEConstraint 中包括约束的类型、约束值，以及创建约束方程方法等，类的声明如下：

```
class SKEConstraint :public SKEObject
{private:
int m_type;                                    //约束类型
virtual CEquation makeEquation()=0;            //构造约束方程
…
};
```

（1）水平约束与竖直约束。水平约束与竖直约束的对象为直线 $L(\theta,a)$或者直线段$S(x_s,y_s,x_e,y_e)$。对于直线，水平约束的约束方程为 θ=0。对于直线段，水平约束的约束方程为$y_s - y_e = 0$。对于直线，竖直约束的约束方程为 θ=π/2。对于直线段，竖直约束的方程为$x_s - x_e = 0$。定义类 SKEConstraintHV 表达水平约束与竖直约束。makeEquation 函数中，根据 m_type 判断约束的类型，根据 m_pEnt 的类型判断约束的对象是直线或者直线段，通过 m_pEnt 的参数构造相应的约束方程。

```
class SKEConstraintHV :public SKEConstraint
{private:
SKEEntity *m_pEnt;                                  //约束实体
virtual CEquation makeEquation();                   //构造约束方程
…
};
```

（2）相合约束。相合约束的约束对象为两个点，即点$P_1(x_1,y_1)$与点$P_2(x_2,y_2)$。对应的约束方程为

$$\begin{cases} x_1 - x_2 = 0 \\ y_1 - y_2 = 0 \end{cases} \tag{9.2}$$

相合约束类采用类 SKEConstraintCoin 表达，类的声明如下：

```
class SKEConstraintCoin:public SKEConstraint
{private:
SKEPoint *m_pP1;
    //第一个约束点
SKEPoint *m_pP2;
    //第二个约束点
virtual CEquation makeEquation();                   //构造约束方程
…
};
```

（3）对称约束。对称约束的约束对象为点$P_1(x_1,y_1)$、点$P_2(x_2,y_2)$与直线$L(\theta,a)$或者直线段$S(x_s,y_s,x_e,y_e)$，对称约束要求点P_1与点P_2关于直线 L 或者 S 对称。约束方程为

$$\begin{cases} x_2 = x_1 - \dfrac{2k(kx_1 - y_1 + b)}{1+k^2} \\ y_2 = y_1 + \dfrac{2(kx_1 - y_1 + b)}{1+k^2} \end{cases} \tag{9.3}$$

式中，k 为 L 或者 S 的斜率，斜率 k 的规定同角度约束中的规定；b 为直线或直线段所在直线在 Y 轴的截距，对于直线 $L(\theta,a)$，$b=a$，对于直线段$S(x_s,y_s,x_e,y_e)$，

$b = y_s - kx_s$。对称约束通过 SKEConstraintSymetric 类定义，类的声明如下：

```
class SKEConstraintSymetric :public SKEConstraint
{private:
SKEPoint *m_pP1;                            //第一个约束点
SKEPoint *m_pP2;                            //第二个约束点
SKEEntity *m_pAxis;                         //对称轴
virtual CEquation makeEquation();           //构造约束方程
…
};
```

（4）距离约束。距离约束包括点-线距离约束与点-点距离约束。点-点距离约束作用的对象为点 $P_1(x_1,y_1)$ 与点 $P_2(x_2,y_2)$，P_1 到 P_2 的距离为 d。对应的约束方程为

$$\sqrt{(x_2 - x_1)^2 + (y_2 - y_1)^2} - d = 0 \tag{9.4}$$

通过类 SKEConstraintDistPP 定义两点距离约束，类的声明如下：

```
class SKEConstraintDistPP :public SKEConstraint
{private:
SKEPoint *m_pP1;                            //第一个约束对象
SKEPoint *m_pP2;                            //第二个约对象
double m_distance;                          //距离值
virtual CEquation makeEquation();           //构造约束方程
…
};
```

点-线距离约束作用的对象为点 $P(x_p,y_p)$ 与直线 $L(\theta,a)$ 或者直线段 $S(x_s,y_s,x_e,y_e)$，P 到 L 或者 S 的距离为 d。对于点到直线距离，约束方程为

$$\frac{\tan\theta x_p - y_p + a}{\sqrt{1+\tan^2\theta}} - d = 0 \tag{9.5}$$

对于点到直线段距离，约束方程为

$$\frac{kx_p - y_p + y_s - kx_s}{\sqrt{1+k^2}} - d = 0 \tag{9.6}$$

式中，

$$k = \frac{y_e - y_s}{x_e - x_s} \tag{9.7}$$

如果参数 d 为零，则点-线距离约束可用于表达点在线上约束。通过类 SKEConstraintDistPL 定义点-线距离约束，类的声明如下：

```
class SKEConstraintDistPL :public SKEConstraint
{private:
SKEPoint *m_pPt;                          //约束点
SKEEntity *m_pEnt;                        //约束线，直线或者直线段
double m_distance;                        //距离值
virtual CEquation makeEquation();         //构造约束方程
…
};
```

（5）角度约束。角度约束的约束对象为直线型实体，可以为两条直线、两条直线段或者一条直线与一条直线段。两直线型实体的夹角为 α，则角度约束的约束方程为

$$\frac{k_2 - k_1}{1 + k_1 k_2} - \tan\alpha = 0 \tag{9.8}$$

式中，k_1、k_2 为直线型实体的斜率。对于直线 $L(\theta,a)$，斜率为 $\tan\theta$，对于直线段 $S(x_s,y_s,x_e,y_e)$，斜率计算见式（9.7）。角度规定平面内逆时针旋转为正。

对于垂直约束，可以转化为夹角为 $\pi/2$ 的角度约束。

平行约束可以转化为夹角为零的角度约束，此时，约束方程可简化为

$$k_2 - k_1 = 0 \tag{9.9}$$

通过类 SKEConstraintAngle 定义角度约束，类的声明如下：

```
class SKEConstraintAngle :public SKEConstraint
{private:
SKEEntity *m_pEnt1;                       //第一个直线或者直线段
SKEEntity *m_pEnt2;                       //第二个直线或者直线段
double m_angle;                           //角度值
virtual CEquation makeEquation();         //构造约束方程
…
};
```

（6）面积约束。面积约束的对象为一组点，$P_0,P_1,\cdots,P_{n-1}$。面积约束的作用为指定点依次围成的多边形面积为定值。约束方程为

$$A = \frac{1}{2}\sum_{i=0}^{n-1}(x_i y_{i+1} - y_i x_{i+1}) \tag{9.10}$$

式中，x_i 与 y_i 分别为第 $i(0 \leqslant i \leqslant n-1)$ 个点的 X 坐标与 Y 坐标；x_n 与 y_n 分别表示 x_0 与 y_0。面积约束通过 SKEConstraintArea 类表达，类的声明如下：

```
class SKEConstraintArea :public SKEConstraint
{private:
```

```
double m_area;                                    //面积值
vector <SKEPoint *> m_pointArray;                 //约束点数组
virtual CEquation makeEquation();                 //构造约束方程
…
};
```

3. 参数化系统定义

定义类 PSketchSystem，管理参数化系统中的参数、实体、约束与约束方程，负责实体与约束的添加、修改与删除，根据实体构造参数列表，根据约束构造约束方程组，通过牛顿迭代法求解约束方程、几何模型的更新等。PSketchSystem 类的声明如下：

```
class SKESystem: public SKEObject
{vector < SKEParameter *>m_parameterArray;        //参数列表
vector <SKEEntity *>m_entityArray;                //实体列表
vector <SKEConstraint *>m_constraintArray;        //约束列表
vector <SKEEquation *>m_equationArray;            //约束方程列表
void addEntity (SKEEntity *e) ;                   //添加图元
void addConstraint (SKEConstraint *c) ;           //添加约束
void makeEquation();                              //构造约束方程组
void solveNewtonLaplace();                        //求解约束方程组
void updateDrawing();                             //更新图形
…
};
```

4. 几何约束求解

参数化系统中，参数的数量以及约束方程的类型不固定，所以约束方程采用符号法表达，将各约束对应的约束方程，采用相应参数的符号表达式建立等式，联立所有约束对应的等式得到总体约束方程组，记作

$$\begin{cases} c_1(p_1, p_2, \cdots, p_n) = 0 \\ c_2(p_1, p_2, \cdots, p_n) = 0 \\ \quad\vdots \\ c_n(p_1, p_2, \cdots, p_n) = 0 \end{cases} \tag{9.11}$$

式（9.11）为非线性方程组，其中等式左端可能为多项式、正弦函数、开方等运算的复杂组合，所以采用牛顿迭代法进行求解。约束方程通过符号法表达，通过符号表达式的求偏导数函数，计算式（9.11）的雅可比（Jacobian）矩阵

$$\boldsymbol{J}=\begin{bmatrix} \dfrac{\partial c_1(\boldsymbol{p})}{\partial p_1} & \dfrac{\partial c_1(\boldsymbol{p})}{\partial p_2} & \cdots & \dfrac{\partial c_1(\boldsymbol{p})}{\partial p_n} \\ \dfrac{\partial c_2(\boldsymbol{p})}{\partial p_1} & \dfrac{\partial c_2(\boldsymbol{p})}{\partial p_2} & \cdots & \dfrac{\partial c_2(\boldsymbol{p})}{\partial p_n} \\ \vdots & \vdots & & \vdots \\ \dfrac{\partial c_n(\boldsymbol{p})}{\partial p_1} & \dfrac{\partial c_n(\boldsymbol{p})}{\partial p_2} & \cdots & \dfrac{\partial c_n(\boldsymbol{p})}{\partial p_n} \end{bmatrix} \tag{9.12}$$

基于牛顿迭代法求解的迭代方程为

$$\boldsymbol{p}^{(k+1)}=\boldsymbol{p}^{(k)}-\frac{1}{\boldsymbol{J}}C(\boldsymbol{p}^{(k)}) \tag{9.13}$$

式中，$\boldsymbol{p}^{(k)}$ 为第 k 迭代步对应的参数向量；$\boldsymbol{p}^{(k+1)}$ 为第 k+1 迭代步对应的参数向量；$C(\boldsymbol{p}^{(k)})=\left\{C_1(\boldsymbol{p}^{(k)}),C_2(\boldsymbol{p}^{(k)}),\cdots,C_n(\boldsymbol{p}^{(k)})\right\}$。式（9.13）等效为

$$\boldsymbol{J}\,(\,\boldsymbol{p}^{(k+1)}-\boldsymbol{p}^{(k)})=-C(\boldsymbol{p}^{(k)}) \tag{9.14}$$

式中，$\boldsymbol{p}^{(k+1)}-\boldsymbol{p}^{(k)}$ 为第 k+1 代解相比于第 k 代解的增量。将其作为未知量，则式（9.14）为一线性方程组，通过求解线性方程组，可以得到 $\boldsymbol{p}^{(k+1)}-\boldsymbol{p}^{(k)}$ 的值。

草图绘制过程中，设计者赋予所有图元一个初始形状，图元的所有参数均有初始数值，保存于 SKEParameter 类的 m_initValue 变量中。随着草图绘制的不断完善，草图的形状不断更新，每一步更新中，均将更新后图形中各图元对应的参数作为初始参数。初始参数为参数化系统的一个良好的初始解。以各变量的初始数值作为迭代求解初始值 $\boldsymbol{p}^{(0)}$，则 $\boldsymbol{p}^{(k+1)}(k\geqslant 0)$ 可由 $\boldsymbol{p}^{(k)}$ 通过式（9.14）迭代计算得到。

迭代方程（9.14）的收敛条件为

$$\left|\boldsymbol{p}^{(k+1)}-\boldsymbol{p}^{(k)}\right|<\varepsilon \tag{9.15}$$

式中，ε 为给定精度。上述牛顿迭代法是变量几何法求解几何约束的基本方法。算法中，每次迭代均需要计算约束方程的雅可比矩阵，求解一次线性方程组。为提高求解的效率，应尽可能降低自由度的数量。

在求解前，可以根据草图中的约束，采取消除变量、变量替换的方式，将约束方程组的变量数降至最低。例如，草图中存在大量点的固定约束。对于固定约束，可以直接将点对应的参数设置为常量，从约束方程中消除对应的自由度。海洋平台的草图中存在大量的水平约束、竖直约束。对于直线的水平约束，可直接令直线的参数 θ 为常量，消除一个自由度。对于直线段的水平约束，可以通过变量替换的方式，用直线段的 y_s 变量替换 y_e 变量，亦可消除一个自由度。按上述原则可有效降低几何约束方程中的约束度数量，能够显著提高几何约束求解的效率和稳定性。

采用参数化方法建立 300ft 自升式海洋钻井平台的主结构草图，示意图如图 9.2 所示。

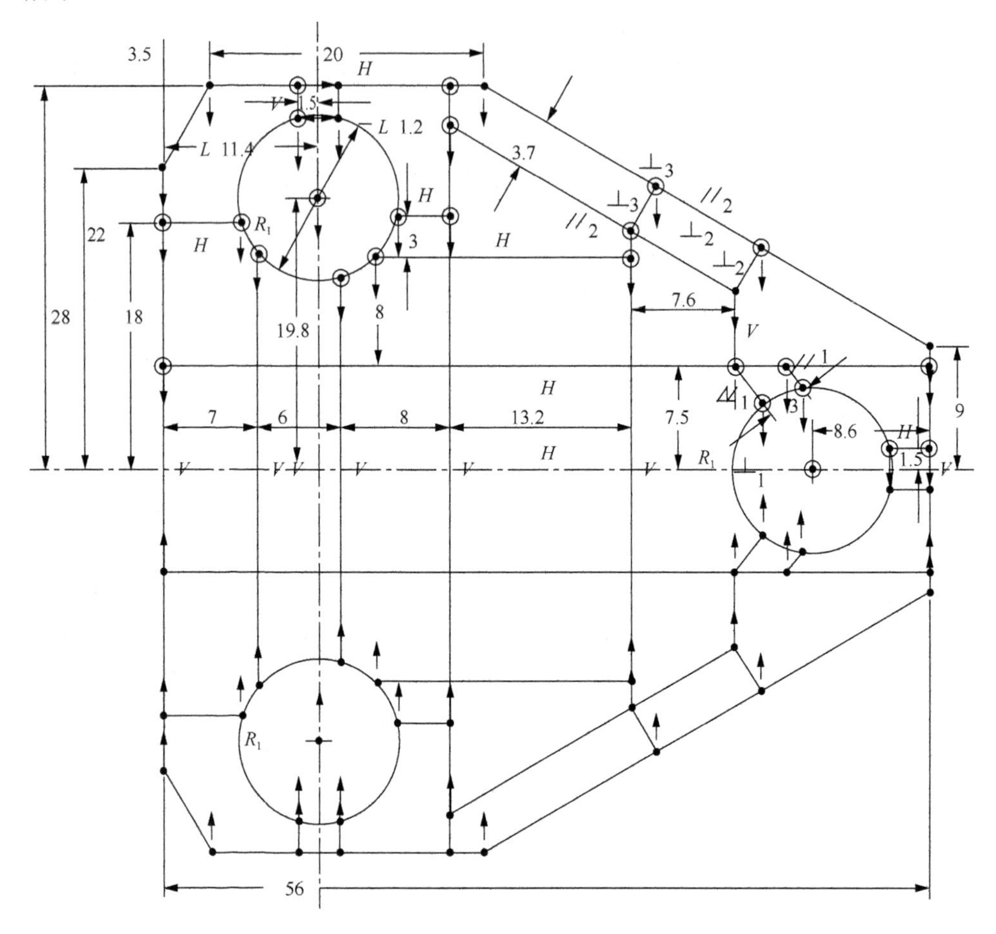

图 9.2　300ft 自升式海洋钻井平台主结构草图

9.4.2　主结构参数化模型

基于二维草图中的几何图元，采用三维特征造型（feature modeling）的方式建立海洋平台主要结构的三维参数化模型。采用的特征造型方法包括拉伸特征、填充特征、扫掠特征、放样特征、开孔特征等。特征分为两类，一是基本特征，用于构造几何体，包括拉伸特征、填充特征、扫掠特征、放样特征等；二是辅助特征，用于对几何体形状进行局部修改，例如开孔特征等。

拉伸（extrude）特征是指，通过草图中的直线段、圆、圆弧或者样条曲线 BL，沿方向 v，平行移动距离 H，BL 所经过的路线构成的边界平面或曲面。例如海洋平台中的各类舱壁通常可以通过拉伸特征建立。

填充（fill）特征是指，以草图中一组首尾闭合的直线段或曲线为边界，建立边界平面对应的几何体。

扫掠（sweep）特征是指，通过草图中的一组线段 *BL*，沿不在草图平面内的三维曲线 *SL*，从 *SL* 的首端平行移动至尾端，*BL* 轨迹构成的边界平面或者曲面。主船体几何外形为方形的海洋平台首端、尾端的消斜结构可以通过扫掠特征建模。

放样（loft）特征是指，给定一组轮廓线，通过曲面的蒙面（skinning）造型法，构造三维曲面。带有线型的平台，如部分半潜式平台的浮体通过放样特征构造带有线型部分的曲面。

开孔（hole）特征是指，通过草图中的一组首尾封闭的线段 *HL*，构成边界平面 *PH*，然后从其所属边界曲面 *PM* 中，通过边界平面布尔运算，扣除 *PH*。自升式海洋钻井平台甲板与各层平台的桩靴开孔等可以通过开孔特征表达。

通过类 PPlate 表达特征造型板，类的声明如下：

```
class PPlate :public CObject
{private:
CString m_name;                                          //板名称
CGeoSurfObject *m_theoreticalPlane                       //三维理论面
vector <SKEEntity *>m_skeEntArray;                       //草图中图元
vector <CGeoCurve *>m_borderArray;                       //板的三维轮廓
virtual void createBorder()=0;                           //创建板的理论面
virtual void show3d()const=0;                            //板的三维显示
…
};
```

从 PPlate 派生出拉伸特征、填充特征、扫掠特征、放样特征、倒角特征和开孔特征类。其中，拉伸特征类为 PPlateExtude，类的声明如下：

```
class PPlateExtude :public PPlate
{private:
CGeoVector m_offsets;                                    //拉伸板的偏移量
CGeoVector m_direction;                                  //拉伸方向矢量
double m_extrudeHeight;                                  //拉伸高度
virtual void createBorder();                             //创建板的三维轮廓
void show3d()const;                                      //板的三维显示
…
};
```

填充特征类为 PPlateFill，类的声明如下：

```
class PPlateFill:public PPlate
```

```
{private:
CGeoVector m_offsets;                       //填充板的偏移量
vector < SKEEntity *>m_holeArray;           //填充板的开孔
virtual void createBorder();                //创建板的三维轮廓
void show3d()const;                         //板的三维显示
…
};
```

采用三维特征造型法，构造 300ft 自升式海洋钻井平台主结构三维参数化模型，如图 9.3 所示。

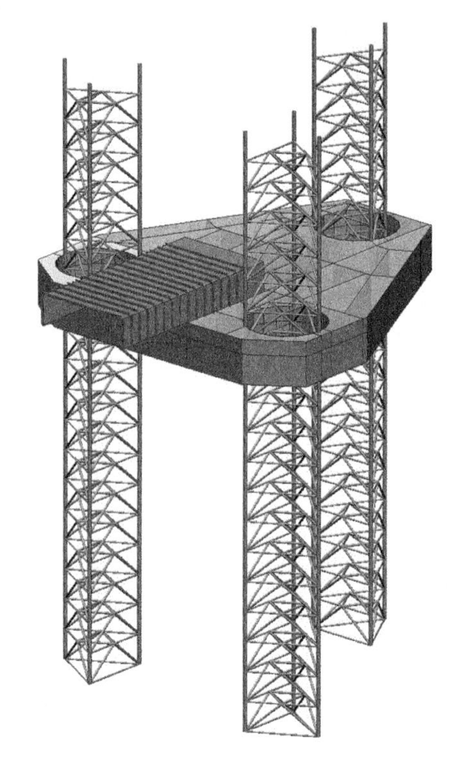

图 9.3　基于特征造型法建立的 300ft 自升式海洋钻井平台主结构三维模型

9.5　参数化分舱及舱室数据结构定义

传统的船舶与海洋结构设计方法中，通常采用两种方式定义舱室。第一种方法通过定义不同位置处的舱室横截面来定义舱室，舱容要素通过对各截面的积分计算得到。另一种方法通过定义构成舱室的闭合曲面定义舱室，舱容要素通过对曲面的积分实现。第一种方法是一种二维线框模型表达法，算法相对简单易于软件设计，但是输入数据量较大，计算精度取决于所输入的舱室剖面的间距，对于存在复连通形式剖面的舱室，需要采用其他方式处理，算法相对复杂。第二种方法是一种表面模型，适用于比较规则的舱室。对于边界复杂的舱室，采用表面模型表达的建模工作量较大。

针对上述情况，采用 B-Rep 的三维实体模型表达海洋平台舱室，通过实体属性查询、实体剖切及剖面属性查询完成舱容要素的计算。由于三维实体模型相比于二维线框模型与表面模型具有更强的表达能力，理论上可以精确表达任意形状的舱室。舱容要素的计算可以归结为 B-Rep 实体的体积、形心位置以及剖面的惯性矩计算问题。应用 B-Rep 实体表达舱室，从根本上解决了线框模型与表面模型的计算精度不高、建模复杂、算法实现复杂等缺点。

由于海洋平台前期设计中方案修改频繁，可能导致舱室模型需要不断调整。B-Rep 舱室模型的反复建模仍然是提高设计效率的主要障碍。针对该问题，本节提出一种参数化舱室表达方法，实现舱室的快速建模与参数化修改。

9.5.1　舱室的参数化模型

海洋平台的常规舱室由三类结构围成，即底部边界、顶部边界和四周边界。底部边界与顶部边界为上下两层水平主结构板，例如外底板、机械甲板、主甲板等。四周边界为舱壁与外壳板，其中舱壁可以分为横舱壁、纵舱壁、斜向舱壁等，外壳板包括首尾封板、左右舷的舷侧外板等。底部边界、顶部边界及四周边界对应的主结构几何范围均可能超过舱室的范围，但是由上述三类结构可以围成一个封闭区域，该封闭区域即为舱室实体。

根据海洋平台舱室的上述特点，将常规舱室通过两层结构定义：第一层为定义层，为一组主结构，用于定义舱室的底部边界、顶部边界及四周边界；第二层为几何层，为舱室的 B-Rep 实体模型。当主结构发生修改，导致舱室形状发生变化时，舱室的定义层数据不变，通过定义层重新计算舱室的 B-Rep 实体模型，实现舱室模型的参数驱动。

定义层中的板通常不以舱室为边界，例如平台的底板可以定义为一块主结构板，但是海洋平台的大部分舱室均以底板为边界。所以，构造舱室实体模型的第一步应得到构成舱室的精确边界曲面模型。令舱室的顶部边界为 *DK*，底部边界为 BTM，四周边界为 BHD，构造舱室 B-Rep 实体 *B* 的基本原理如下。

首先，利用曲面的剪裁算法，将 BHD 在 DK 与 BTM 之外区域剪裁并删除，得到 BHD_T。BHD_T 与 BTM 的交线可以围成一个闭合区域 LB，通过 LB 构造边界曲面 RB。同理，BHD_T 与 DK 的交线围成的边界曲面为 RD。则边界曲面 BHD_T、RB 与 RD 为舱室的真实边界，二者并集 $R=\{R_0,R_1,\cdots R_{\mathrm{nf}-1}\}$，其中 nf 为边界曲面数量。*R* 中所有边界曲面的边线集合为 $C=\{C_0,C_1,\cdots,C_{\mathrm{ne}-1}\}$，边的所有端点为

$P = \{P_0, P_1, \cdots, P_{\mathrm{nv}-1}\}$，其中，ne 与 nv 分别为边线的数量和端点数量。C 中无重复边，不考虑边的方向，几何形状相同但是方向相反的边视为相同边，即满足 $C_i \neq C_j$（$0 \leqslant i \leqslant \mathrm{ne}-1$，$0 \leqslant j \leqslant \mathrm{ne}-1$，$i \neq j$），同样，$P$ 中无重复点，即 $P_i \neq P_j$（$0 \leqslant i \leqslant \mathrm{nv}-1$，$0 \leqslant j \leqslant \mathrm{nv}-1$，$i \neq j$）。

舱室实体 B 的中心 CenB 取所有顶点的几何平均值，即

$$\mathrm{CenB} = \left(\frac{1}{\mathrm{nv}} \sum_{j=0}^{\mathrm{nv}-1} P_j x, \frac{1}{\mathrm{nv}} \sum_{j=0}^{\mathrm{nv}-1} P_j y, \frac{1}{\mathrm{nv}} \sum_{j=0}^{\mathrm{nv}-1} P_j z \right) \tag{9.16}$$

令组成边界曲面 R_i（$i = 0,1,\cdots,\mathrm{nf}-1$）的边为 $\mathrm{RCI} = \{\mathrm{RCI}_0, \mathrm{RCI}_2, \cdots, \mathrm{RCI}_{\mathrm{nei}-1}\}$，RCI

各边起点为 $\mathrm{PSI} = \{\mathrm{PSI}_0, \mathrm{PSI}_2, \cdots, \mathrm{PSI}_{\mathrm{nei}-1}\}$，各边终点为 $\mathrm{PEI} = \{\mathrm{PEI}_0, \mathrm{PEI}_2, \cdots, \mathrm{PEI}_{\mathrm{nei}-1}\}$。

Ri 中心 CenI 取起点坐标的代数平均，即

$$\mathrm{CenI} = \left(\frac{1}{\mathrm{nei}} \left(\sum_{j=0}^{\mathrm{nei}-1} \mathrm{PSI}_j x, \sum_{j=0}^{\mathrm{nei}-1} \mathrm{PSI}_j y, \sum_{j=0}^{\mathrm{nei}-1} \mathrm{PSI}_j z \right) \right) \tag{9.17}$$

RCI 的边可以构成一个封闭区域，但是 RCI 中的曲线未必首尾闭合形成一个环路。所以，需要调整 RCI 中曲线的方向，使其所有曲线首尾相连组成一个闭合环路，且闭合环路的法向指向实体外侧，实现算法如下。

算法 9.1　依据给定边构造封闭环

定义曲线数组 **RO**，**RL=RC**，定义尾端点变量 T

将 RL_0 添加至 **RO**，删除 **RL** 的首元素，令 T 等于边 RL_0 的终点

FOR il 从 1 至 nei-1 循环

{　**FOR** j 从 0 至 nei-il-1 循环

　{　**IF** RL_j 起点为 T

　　{　将 RL_j 添加至 **RO**，将 RL_j 从 **RL** 删除，令 T 等于 RL_j 终点，退出循环

　　}

　IF RL_j 终点为 T

　　{　将 RL_j 曲线转置

　　　将 RL_j 添加至 **RO**，将 RL_j 从 **RL** 中删除，令 T 等于 RL_j 终点，退出循环

　　}

　}

}

P_0, P_1, P_2 分别为 RO_0，RO_1，RO_2 的起点

$vi=(P_1-P_0)\times(P_2-P_1)$

定义 R_i 的中心变量 CenI=(0,0,0)，B 的中心变量 CenB=(0,0,0)

FOR j 从 0 至 nv−1 循环

{　CenB=CenB+点矢量 P_j/nv　}

FOR j 从 0 至 nei−1 循环

{　CenI=CenI+点矢量 PSI$_j$/nei　}

vb=CenI−CenB

IF vi·vb<0

{　**FOR** j 从 0 至 nei−1 循环　{　将 RO_j 曲线转置　}

}

令 **RCI=RO**，**RCI** 为满足要求曲线

算法结束

对 **RCI** 中曲线经上述方法处理之后，由舱室的边界计算舱室 B-Rep 实体 B 的算法如下。

算法 9.2　依据边界曲面构造舱室 B-Rep

定义 Vertex 数组 $\boldsymbol{V}=\{V_0,\ V_1,\cdots,V_{\mathrm{nv}-1}\}$

定义 Edge 数组 $\boldsymbol{E}=\{E_0,\ E_1,\cdots,E_{\mathrm{ne}-1}\}$

FOR i 从 0 至 nv−1 循环

{　依据 P_i 创建 V_i

}

　　FOR i 从 0 至 ne−1 循环

　　{　**FOR** j=0 至 nv−1 循环

　　　　{　**IF** E_i 的起点为 P_j

　　　　　　{　Is=j }

　　　　　　IF E_i 的终点为 P_j

　　　　　　{　Ie=j }

　　　　}

　　　　依据 Is 与 Ie 创建 E_i

　　}

建立 Face 的集合 $\boldsymbol{F}=\{F_0,F_1,\cdots,F_{\mathrm{nf}-1}\}$

FOR i 从 0 至 nf−1 循环

{　R_i 的有序边为 $\mathbf{RCI}=\{\mathrm{RCI}_0,\mathrm{RCI}_1,\cdots,\mathrm{RCI}_{\mathrm{nei}-1}\}$

　　　　定义 Coedge 集合 $\mathbf{CE}=\{\mathrm{CE}_0,\mathrm{CE}_1,\cdots,\mathrm{CE}_{\mathrm{nei}-1}\}$

```
        FOR j=0 至 nei-1 循环
        {   FOR k=0 至 ne-1 循环
            {   IF RCIj 与 Ck 相同
                {   退出循环            }
            }
            dir= FORWARD
            IF RCIj 与 Ck 方向不同
            {   dir= REVERSED          }
            根据 dir 与 Ck 给 CEj 赋值
        }
        根据 CE 创建环 L
        根据 L 创建 Fi，  方向为 FORWARD
    }
根据 F 创建 Shell SL
根据 SL 创建 Lump LU
根据 LU 创建 Solid B
算法结束
```

如图 9.4 所示的实体，由 8 个顶点、12 条边构成 6 个环，每个环与一个面对应，6 个面构成一个壳，由壳构成块，最后构成一个体。其中顶点、边、共边、环、面、壳、块和体的拓扑关系如图 9.5 所示。图 9.5 为简单实体，所有边均为直

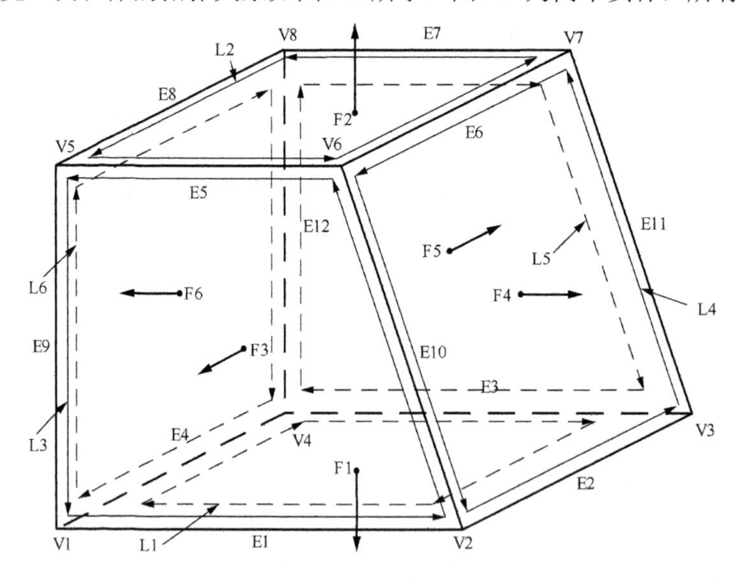

图 9.4　B-Rep 实体模型示意图

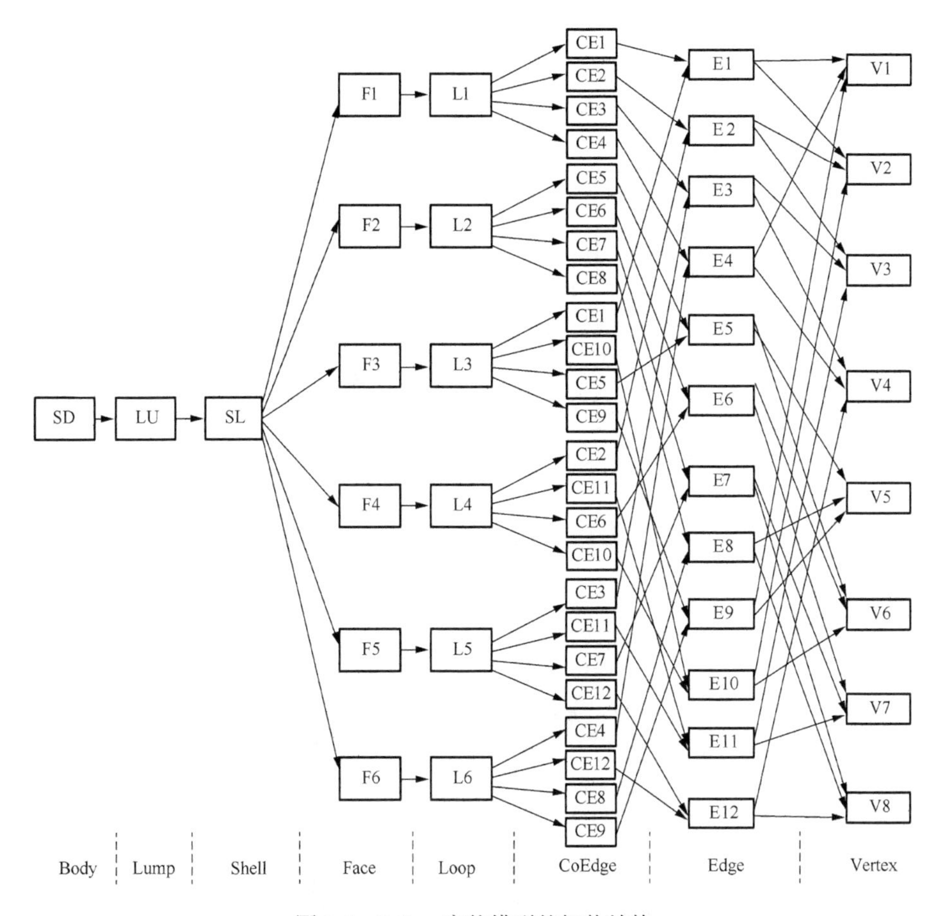

图 9.5　B-Rep 实体模型的拓扑结构

线，所有面均为平面。实际上，上述算法具有较强的通用性，同样适用于边为曲线、面为曲面的 B-Rep 实体构造。

上述算法可以实现由围成舱室的面构造舱室的实体模型。舱室是通过舱壁参数化定义的，即舱室的全部几何信息均为通过与其相关的舱壁、顶板及底板自动求出，舱室的创建不需要任何其他的几何数据。这样在修改舱壁位置或者调整甲板高度时，舱室会自动做参数化调整，不需要设计者做任何其他的修改，所以可以有效提高海洋平台的设计效率。同时，该算法中舱室的底部边界与顶部边界可以是底板、甲板或者各层平台，舱室边界可以为纵舱壁、横舱壁、斜向舱壁或者与基面不垂直的倾斜舱壁。所以参数化舱室模型具有较好的通用性，适用于大多数海洋平台舱室的定义。

采用上述参数化舱室定义方法，建立 300ft 自升式海洋钻井平台的参数化舱室模型，如图 9.6 所示。

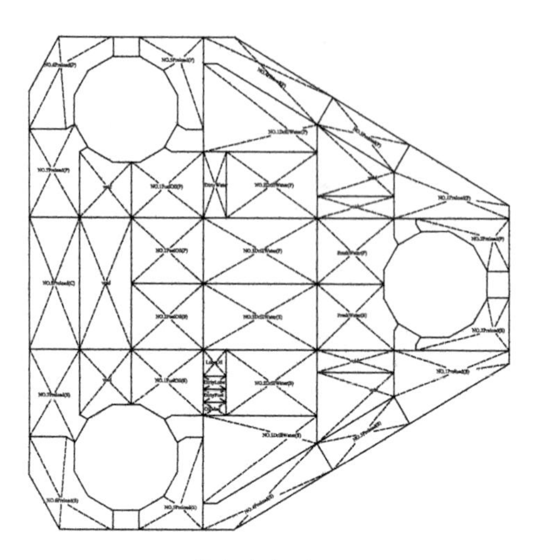

（a）舱室平面示意图

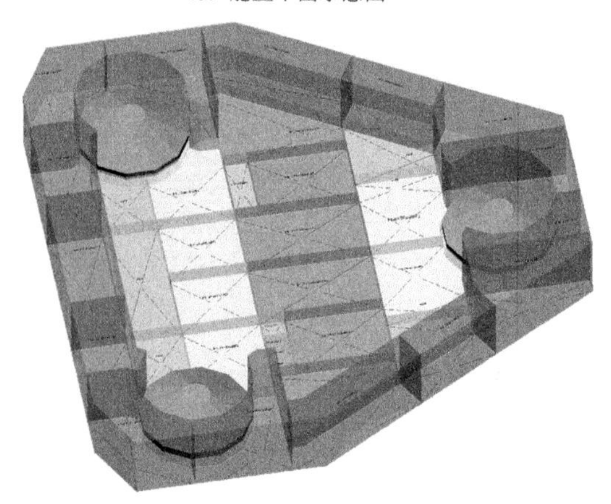

（b）舱室B-Rep实体模型

图 9.6　300ft 自升式海洋钻井平台舱室三维参数化模型

9.5.2　特殊舱室的定义

考虑到软件系统的通用性，允许将舱室定义为非参数化模型，即忽略舱室的定义层，直接定义舱室的实体模型。非参数化舱室可以表达任意复杂舱室。例如图 9.6 中的桩靴模型，可以将其定义为非参数化舱室模型。

海洋平台因其功能性要求，有些舱室几何形状比较特殊，在规则形状的基础上，部分舱室需要扣除或者增加一定形状的体积。例如，图 9.7 中的预压载舱 NO 6 Preload(S)内部包含锚链舱［图 9.7（a)］。对这类情况，由于锚链舱底部与舱室底部不在同一平面，所以其中的方法不适用，即如果将锚链舱的围板及底板作为舱室的边界，通过其中的算法不能直接建立扣除锚链舱之后的舱室 B-Rep 模型。事实上，锚链舱的形状与大小相对固定，主要取决于锚链的尺寸与长度，需要变化的仅是锚链舱在平面内的位置。所以，可以将这类问题简化处理。通过三维造型工具直接建立锚链舱的三维实体模型 TS，并将其定义为 NO 6 Preload(S)的待扣除实体。NO 6 Preload(S)仍然通过两层结构的参数化方法定义。当设计修改时，首先通过本节中的舱室实体构造算法得到 NO 6 Preload(S)主体的实体模型 TM，然后从 TM 中通过实体的布尔减运算扣除 TS，即可得到压载舱的精确 B-Rep 实体模型。虽然 TS 采用非参数化方法定义，但是其位置可以调整，所以仍满足设计中调整锚链舱位置的要求。

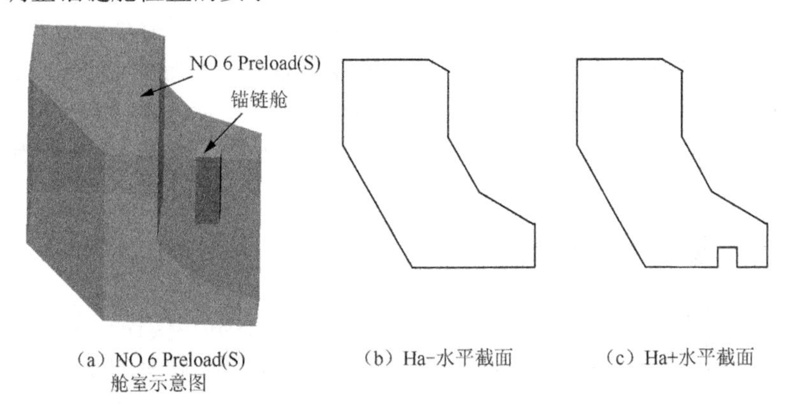

（a）NO 6 Preload(S) 舱室示意图　（b）Ha-水平截面　（c）Ha+水平截面

图 9.7　包含锚链舱的预压载舱模型

9.5.3　舱室模型的数据结构

建立 JUDTank 类表达海洋平台的舱室对象。JUDTank 类的声明如下：

```
class JUDTank :public JUDBaseObject
{private:
CString m_penetranceRate;                    //舱室渗透率
double m_volumeCoefRate;                     //舱室的舱容利用系数
vector < PPlate *>m_BHDPlate;                //舱室的边界定义
PPlate *m_bottomPlate;                       //舱室底部板
PPlate *m_topPlate;                          //舱室顶部板
vector < CGeoSolid *>m_tankSolid;            //舱室实体模型
vector < CGeoSolid *>m_subtractSolid;        //待扣除的实体列表
vector <CGeoCurve *>m_capacity;              //舱容要素曲线
public:
void createSolidFromPlate();                 //从定义模型创建实体模型
```

```
void setSolid (vector < CGeoSolid *>tks) ; //直接定义舱室实体模型
void calcTankCapacity (const BOOL &linear) const;//计算舱容要素曲线
…
};
```

与船舶不同，海洋平台的舱室水平截面可能存在大量突变。例如图 9.7（a）所示舱室，锚链舱底部高度 Ha，扣除锚链舱之后，在 Ha−与 Ha+处的舱室水平截面分别如图 9.7（b）与图 9.7（c）所示。对于水平截面存在突变的舱室，当突变值较大时，如果采用样条曲线描述舱容要素，则在突变处将会产生较大的误差。采用折线表达舱容要素可以避免突变位置样条曲线产生的误差，但是要求型值点较多，否则对于存在曲面的舱室，可能导致较大的拟合误差。为解决上述问题，舱容要素曲线定义为曲线 CGeoCurve 对象。CGeoCurve 为折线 CGeoPolyline 与样条曲线 CGeoSpline 的父类，所以实际中舱容要素曲线可以为样条曲线或者折线类型。在通过函数 calcTankCapacity 创建舱容要素曲线时，首先判断舱室是否存在水平截面的突变，如果存在，则将舱容要素曲线创建为折线，否则创建为样条曲线。

9.5.4 舱容要素计算方法

对于舱室实体模型 T，所有顶点集合为 $\boldsymbol{P}=\{P_0,P_1,\cdots,P_{n-1}\}$，装载高度间距 S=100，创建舱容要素曲线的算法如下，通过参数 isLinear 控制创建折线或者样条曲线。

算法 9.3　基于 B-Rep 实体模型创建舱容要素曲线

定义高度浮点数数组 $\boldsymbol{Z}$

FOR i 从 0 至 n−1 循环

{　将 $P_i z$ 添加至 $\boldsymbol{Z}$　}

对 $\boldsymbol{Z}$ 从小到大排序，并删除重复元素，得到 $\boldsymbol{Z}=\{Z_0,Z_1,\cdots,Z_{\mathrm{nz}-1}\}$

建立装载高度数组 $\boldsymbol{L}$

FOR i 从 0 至 nz−2 循环

{　将 Z_i 添加至 $\boldsymbol{L}$

　　$\mathrm{Num}=(\mathbf{int})\ ((Z_{i+1}-Z_i)/S)+1$，　$\mathrm{dis}=(Z_{i+1}-Z_i)/\mathrm{Num}$

　　FOR j=1 to Num−1

　　{　$z=Z_i+j\cdot\mathrm{dis/Num}$，将 z 添加至 $\boldsymbol{L}$　}

}

将 $Z_{\mathrm{nz}-1}$ 添加至 $\boldsymbol{L}$，$\boldsymbol{L}=\{L_0,L_1,\cdots,L_{\mathrm{nl}-1}\}$

定义点数组 paV，paLCG，paTCG，paVCG 和 paI

FOR i 从 0 至 nl−1 循环
{　过 L_i 创建平行于基平面的平面 PZI
　用 PZI 切割 T，得到上部实体 TU、下部实体 TL 与横截面 RS
　读取 TL 的体积 V_{TL}，形心的坐标 $(LCG_{TL}, TCG_{TL}, VCG_{TL})$
　读取 RS 对 X 轴的惯性矩 IX_{RS}，面积 A_{RS}，形心 Y 坐标 Y_{RS}
　RS 自身惯性矩 $I_X = IX_{RS} - A_{RS} \times {Y_{RS}}^2$
　令 $l=Li-Z_0$
　向 **PV**、**PI** 中添加点 $(l,V_{TL},0)$、$(l,I_X,0)$
　向 **PLCG**、**PTCG**、**PVCG** 中添加点 $(l,LCG_{TL},0)$、$(l,TCG_{TL},0)$、$(l,VCG_{TL},0)$
}
IF isLinear=1
{　利用 **PV** 创建样条曲线 SV，**PLCG** 创建样条曲线 SLCG，**PI** 创建样条曲线 SI
　利用 **PTCG** 创建样条曲线 STCG，**PVCG** 创建样条曲线 SVCG
}
ELSE
{　利用 **PV** 创建折线 SV，**PLCG** 创建折线 SLCG，**PI** 创建折线 SI
　利用 **PTCG** 创建折线 STCG，**PVCG** 创建折线 SVCG
}
SV、SLCG、STCG、SVCG 和 SI 分别为体积、LCG、TCG、VCG 与惯性矩曲线
算法结束

9.6　三维参数化总布置设计

与常规船舶不同，海洋平台上存在大量重量较大的装置，在作业时需要移动位置。例如钻井平台的悬臂梁、钻台，在作业时需要横向、纵向移动。再如自升式海洋钻井平台的桩腿，在拖航时桩腿升起，作业时下降，不同工况下桩腿的垂向位置可能有较大的差异。所以，海洋平台的设备（软件开发中将桩腿、悬臂梁、钻台等均作为设备处理）不能简单定义，需要考虑到其不同工况下的位置可能需要移动的特点。

传统的船舶设计方法中，基于二维线框模型绘制船舶的总布置图，完成船舶的总布置设计。对于海洋平台，由于其复杂作业功能性的要求，所以总布置中涉及的设备、管路更复杂，采用三维布置能够避免设计中的设备与设备之间、设备与管路之间、设备与结构之间的干涉问题。但是，三维模型的修改难度远大于二

维模型，当设计需要频繁修改时，三维模型中大量的夹点（grip point）使得对设备的准确定位变得十分困难。所以基于三维模型完成海洋平台的总布置设计效率较低。尽管通用 CAD 软件均提供对同一模型进行三维显示、线框显示、消隐显示等多种显示模式，但是其提供的线框模式实质上只是三维模型的轮廓线，仍然为三维模型，包含大量的空间棱边。此外，工程上海洋平台初步设计中通常需要将最终的设计结果表达为二维的总布置图，用于送审、后续设计任务或者存档备用。所以即使基于三维模型完成总布置设计，最终也需要将其转化为二维总布置图。理论上可以通过实体模型的投影功能将三维模型转化为二维模型，但是三维图投影得到的二维图中线条过于复杂，难以直接应用。

考虑到上述原因，采用一种混合模型表达设备模型。混合设备模型的几何模型由两部分组成：一是设备在平面内的二维轮廓线；二是设备的三维 B-Rep 实体模型。海洋平台的设备都属于特定的层（floor），如船底板、机械甲板、主甲板、悬臂梁、生活区甲板等。设备的二维轮廓线为设备在其所在层平面内的投影轮廓线。建立二维轮廓线模型与 B-Rep 实体模型之间的关联，使二者中其一位置发生变化时，另外一个随之变化。图形显示中采用一定的机制使二者同时只能显示其一。当视图为二维模式时，显示二维轮廓线模型，可以在二维轮廓图上实现设备的快速布置与准确定位。当视图切换至三维模式时，则显示设备的真实三维实体模型，此时可以检查布置的合理性，生成总布置的三维渲染图等。除几何属性之外，设备具有重量、重心位置等非几何属性。通过类 JUDEquipment 定义海洋平台的设备对象，类的声明如下：

```
class JUDEquipment :public JUDBaseObject
{private:
PPlate *m_floor;                                  //设备所在层
double m_weight;                                  //设备重量
CGeoPoint m_gravityCenter;                        //设备重量重心位置
vector<CGeoSolid *>m_3dModel;                     //设备的三维实体模型
vector< CGeoCurve *>m_2dModel;                    //设备的二维轮廓线模型
void onView2d();                                  //显示设备二维轮廓线
void onView3d();                                  //显示设备三维实体模型
…
}
```

采用上述三维总布置设计方法，定义 100ft 自升式海洋钻井平台总布置，三维总布置模型如图 9.8 所示。

图 9.8　100ft 自升式海洋钻井平台三维总布置图

9.7　基于三维浮体模型的静水力特性及稳性计算

基于边界曲面的静水力特性计算方法具有良好的通用性，可以用于各类浮式海洋结构物，包括海洋平台。但是，应用边界曲面计算海洋平台的静水力特性存在两方面缺点。

首先，海洋平台的浮体结构不适合采用切片方式表达。常规单体船舶的浮体是由船体曲面、甲板、外底板和尾封板围成的流线型单体。海洋平台的浮体形状与常规船舶有显著差异。海洋平台的浮体通常不是一个简单的流线型单体，浮体中通常没有复杂的三维曲面，而是由一系列各种形状的几何体组合而成。组成海洋平台浮体的几何体通常为简单几何体，包括长方体、圆柱体、棱柱体、楔形体、棱锥体及圆锥体等，各简单几何体对浮体的作用可以是增加浮力或者扣除浮力。海洋平台的浮体模型是由所有作用为增加浮力的几何体的并集，扣除所有作用为扣除浮力的几何体的并集得到的实体模型。图 9.9（a）～图 9.9（d）分别为典型的半潜式平台、张力腿式平台、自升式海洋钻井平台和坐底式平台的浮体模型，其中组成半潜式平台的几何体包括棱柱体和长方体，组成张力腿平台浮体的几何体包括圆柱体与长方体，组成自升式海洋钻井平台浮体的几何体包括棱柱体、圆柱体和棱锥体，组成坐底式平台的几何体包括棱柱体、圆柱体和长方体。采用切片的方式理论上可以描述由简单几何体组合而成的海洋平台浮体，但是切面的定义比较复杂。对于常规船舶，船体型线图中的水线与横剖线即为计算静水力特性切片模型的边线，所以基于型线图可以很容易建立静水力计算的三维切片模型。海洋平台的浮体通常不是通过型线图表达，所以如果采用切片边界曲面方法计算其静水力特性，需要单独定义剖面建立其浮体模型，建模工作量较大。其次，将海洋平台的浮体表达为切片模型，如果切片的间距较大，则会产生较大的误差。对于常规船舶，其浮体为流线型，同一方向相邻剖面的切片属性变化通常满足连续性，即不存在剖面的突变，所以取较大的切片间距（如型线图中水线间距、站线间距），通过样条曲线拟合，可以达到足够的计算精度。对于海洋平台，其剖面属性不满足连续性要求，存在大量的属性突变位置。所以计算静水力特性时不能采用样条曲线，通常采用折线且取较小的切片间距。

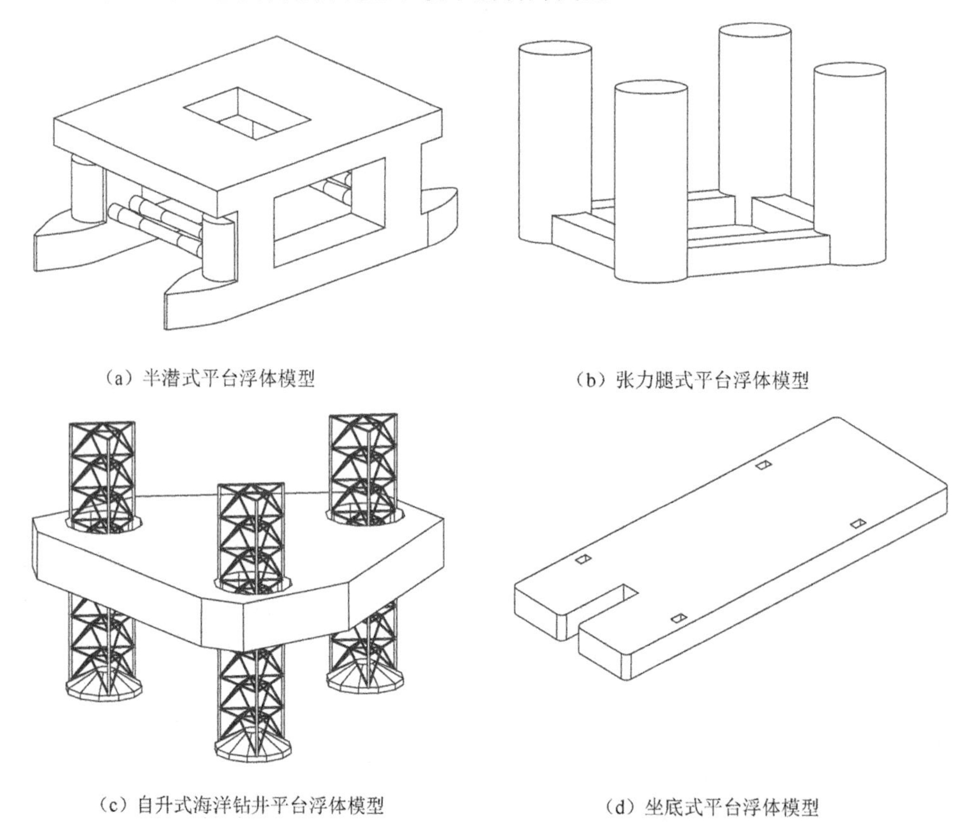

（a）半潜式平台浮体模型　（b）张力腿式平台浮体模型

（c）自升式海洋钻井平台浮体模型　（d）坐底式平台浮体模型

图 9.9　四类典型海洋平台浮体 B-Rep 实体模型

海洋平台因具有较小的长宽比，总纵强度通常不必关注，所以设计中通常不需要计算海洋平台的邦戎曲线。海洋平台的静水力特性计算主要包括静水力曲线计算与稳性插值曲线的计算。从数学角度看，计算海洋平台的静水力曲线，可以归结为两类问题的计算问题：一是浮体在水线面以下排水体积和浮心位置计算问题；二是计算水线面面积、形心、惯性矩等属性问题。对于稳性插值曲线，可以归结为两类问题的计算，即浮体在一定横倾、纵倾下水线面以下浮体的体积与体积心计算问题。基于B-Rep表达的三维实体模型可以准确、快速计算各种复杂几何体的体积、形心和惯性矩等体属性，同时通过切割算法可以得到实体模型与任意平面的剖面，得到剖面的各种属性。如果采用实体模型表达浮式海洋结构物的浮体，则浮性和稳性计算的关键问题均可以通过基于实体模型的算法实现。

B-Rep 实体模型具有强大的表达能力，可以准确描述各类海洋平台的浮体形状。建模时先建立构成海洋平台的简单几何体，然后通过实体的布尔运算，将所有作用为增加浮力的几何体通过布尔加运算得到平台的主体模型，然后从主体模型中通过布尔减运算减去作用为扣除浮力的几何体，得到海洋平台浮体的精确实体模型。基于上述分析，本节介绍一种基于B-Rep实体模型表达海洋平台浮体的三维模型，并基于三维B-Rep浮体模型完成海洋平台的静水力特性计算方法。

9.7.1 静水力曲线计算

三维船体坐标系下，海洋平台的浮体B-Rep实体模型为H，基于H计算海洋平台静水力曲线方法如下。

（1）提取H的所有顶点的Z坐标，并将所有Z坐标从小到大排序，删除重复数据，得到$z=\{z_0,z_1,\cdots,z_{nz-1}\}$。得到$H$的边线集合$E$。

（2）建立吃水数组WL，将$z_0+\varepsilon$添加至WL，其中$\varepsilon=10^{-3}$，令$i=1$。

（3）判断E中，位于$[z_{i-1}, z_{i+1}]$范围内的边是否有曲线，包括样条曲线、圆弧、椭圆弧等，如果有，执行（4）；否则，执行（5）。

（4）令$N=(z_i-z_{i-1})/S$。其中，间距S取500mm。如果$N<1$令$N=1$，将$[z_i, z_{i+1}]N$等分，得到$N+1$个等分点，将中间$N-1$个等分点由小到大依次存入数组WL中。

（5）将$z_{i-\varepsilon}$、$z_{i+\varepsilon}$添加至WL。

（6）如果$i=nz-2$，将z_{nz-1}保存至WL，将WL从小到大排序，执行（7）；否则，令$i=i+1$，执行（3）。

（7）$\mathrm{WL}=\{\mathrm{WL}_0,\mathrm{WL}_1,\cdots,\mathrm{WL}_{nwl-1}\}$为水线面位置。

（8）定义点数组paA、paLCF、paV、paDisp、paLCB、paTCB、paVCB、paDCM、paZM、paZML、paMCM、paCb、paCp、paCw、paCm。令$i=0$。

（9）过点WL_i创建平行于基平面的平面P_{WL}。通过实体的切割算法（Slice）、用平面P_{WL}切割实体H、得到上部实体H_U和下部实体H_L、以及水线面对应的边界曲面R_{WL}，如图9.10所示。R_{WL}可能为简单的边界平面，可能是带有开孔的复连通域，或者是由多个边界曲面构成的复合边界平面。H_L即为水线WL_i以下的浮体。通过H_L可以计算排水量相关的静水力特性。R_{WL}与水线面形状相同，通过

R_{WL}可以计算所有水线面相关属性。

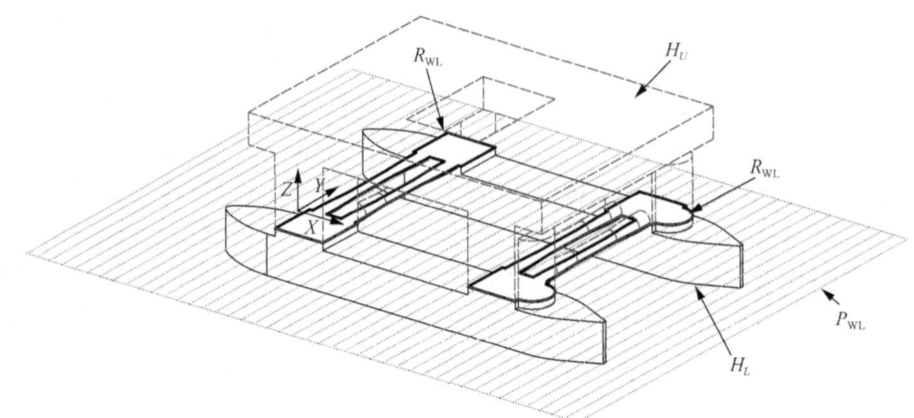

图 9.10　基于三维 B-Rep 模型计算海洋平台静水力要素

（10）提取实体 HL 的属性，得到 H_L 的体积 V、形心的坐标(LCG,TCG,VCG)。提取边界曲面 R_{WL} 的属性，得到 R_{WL} 对于 X 轴的惯性矩 Ix、相对于 Y 轴的惯性矩 Iy_0、面积 A_w、形心的 X 坐标 X_f。

（11）向 paA、paLCF、paV、paLCB、paTCB、paVCB 中分别添加点(WL_i,A_w)、(WL_i,X_f)、(WL_i,V)、(WL_i,LCB)、(WL_i,TCB)和(WL_i,VCB)。

（12）Disp=$V\cdot\rho\cdot c$，其中，ρ 为海水密度；c 为附体系数。DCM=$0.01A_w\cdot\rho$。$\mathrm{ZM} = \mathrm{Ix}/V + \mathrm{VCG} \cdot \mathrm{Iy}f = \mathrm{Iy}_0 - A_w \cdot X_f^{\ 2}$。$\mathrm{ZML} = \mathrm{Iy}f/V + \mathrm{VCG} \cdot \ \mathrm{MCM} = \mathrm{Disp} \cdot \mathrm{Iy}f/(100 \cdot L \cdot V)$，其中 L 为 H_L 所有顶点中最大 X 坐标与最小 X 坐标之差。$C_b = V/(L \cdot B \cdot \mathrm{WL}_i)$，其中 B 为 H_L 所有顶点中，最大 Y 坐标与最小 Y 坐标之差。$C_w = A_w/(L \cdot B)$。

（13）向 paDisp、paDCM、paZM、paZML、paMCM、paCb、paCw 中分别添加点(WL_i,Disp)、(WL_i,DCM)、(WL_i,ZM)、(WL_i,ZML)、(WL_i,MCM)、(WL_i,C_b)、(WL_i,C_w)。

（14）过点(L/2,0,0)作垂直于 X 轴的平面 P_M，通过 P_M 切割 H_L，得到边界平面 RM。RM 为吃水为 WL_i 时的中横剖面。计算边界平面 RM 的面积 A_m，令 $C_m=A_m/(B\cdot WL_i)$，$C_p=C_b/C_m$。

（15）向 paCp、paCm 添加点(WL_i,C_p)、(WL_i,C_m)。

（16）过 15 组型值点创建 15 条折线，即为浮体 H 的静水力曲线。

如果需要计算给定纵倾 φ 下的静水力曲线，则在（1）之前，过(0,0,d)点做平行于基面的平面 P_d，其中 d 为设计吃水。通过 P_d 切割 H，得到水线面 WL_d。计算 WL_d 的形心纵向坐标 LCF_d。将 H 绕 P_1(LCF_d,0,d)与 P_2(LCF_d,1000,d)轴构成的旋转轴旋转角度 φ（尾倾为正），得到实体 H_φ，将 H_φ 作为浮体实体，执行（2）～

（16）完成纵倾 φ 下的静水力曲线计算。

9.7.2　稳性插值曲线计算

1. 固定纵倾角下的稳性插值曲线计算

三维船体坐标系下，海洋平台的浮体 B-Rep 实体模型为 H，基于 H 计算海洋平台稳性插值曲线计算方法如下。

（1）假定一组横倾角 $\theta=\{\theta_0,\theta_1,\cdots,\theta_{n-1}\}$，其中 n 为假定横倾角数目。假定一组吃水 $d=\{d_0,d_1,\cdots,d_{m-1}\}$，其中 m 为假定的吃水数目。

（2）通过变量 i 对各横倾角进行循环，令 i=0。

（3）当前横倾角为 θ_i。定义点数组 P，用于保存各横倾角下稳性插值曲线的型值点。通过变量 j 对各吃水进行循环，令 j=0。

（4）当前吃水为 d_j。过点$(0,0,d_j)$作垂直于 Z 轴的平面 P_j，即当前水线面。

（5）为表达方便，计算不同横倾角下的回复力臂时，令浮体不动、水线面横倾。将 P_j 绕点 $P_1(0,0,d_j)$与点 $P_2(1000,0,d_j)$构成的轴旋转 θ_i，得到横倾后的水线面 P_{ij}。

（6）利用平面 P_{ij} 切割实体 H，得到上部实体 H_U 和下部实体 H_L，H_L 为吃水为 d_j、横倾角为 θ_i 时水线面以下的浮体，如图 9.11 所示。查询 B-Rep 的属性得到 H_L 的体积 V 及其体积心 B(xb,yb,zb)。

（7）取假定重心高度为 zg=0，假定重心坐标为(xb,0,0)。则横倾角 θ_i、吃水 d_j 对应的形状稳性臂

$$l_{ij}=\text{zb}\sin\theta_i+\text{yb}\cos\theta_i \tag{9.18}$$

（8）将三维点$(V,l_{ij},0)$添加至数组 P。

（9）如果 $j=m-1$，执行（10）；否则 $j=j+1$，执行（4）。

（10）以 P 为型值点，构造样条曲线 C_i，即为 H 浮体横倾角为 θ_i 对应的稳性插值曲线。

（11）如果 $i=n-1$，执行（12）；否则 $i=i+1$，执行（3）。

（12）计算结束，$C_0,C_1,\cdots,C_{n-1}$ 即为 H 浮体对应稳性插值曲线。

如果需要计算给定纵倾 φ 下的稳性插值曲线，采用与图 9.11 中相同的处理方式，在（1）之前，将浮体绕设计吃水下的漂心旋转角度 φ，将得到实体 H_φ 作为浮体，执行（2）～（12）完成纵倾 φ 下的稳性插值曲线计算。

采用上述方法，分别计算图 9.9 中对应的半潜式平台、张力腿式平台、自升式海洋钻井平台和坐底式平台固定纵倾角为零时的稳性插值曲线，如图 9.12（a）～图 9.12（d）所示。

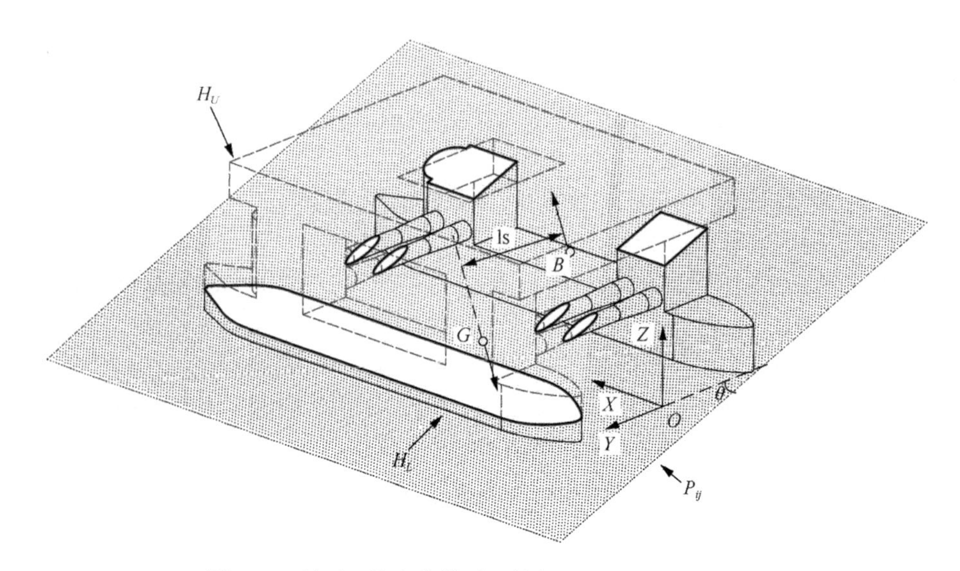

图 9.11　基于三维实体模型计算海洋平台稳性插值曲线

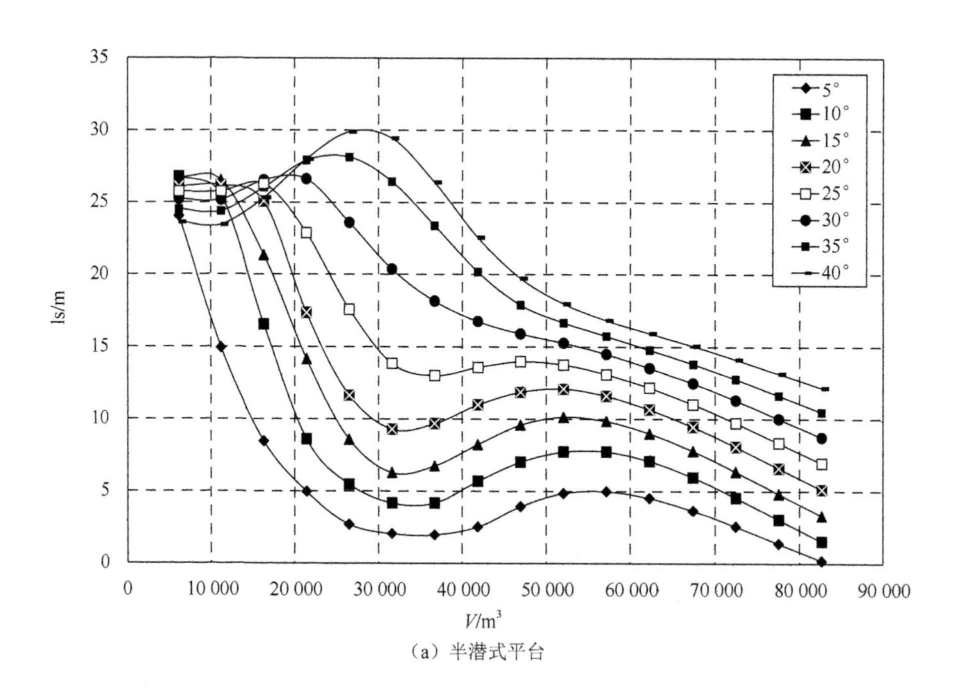

(a) 半潜式平台

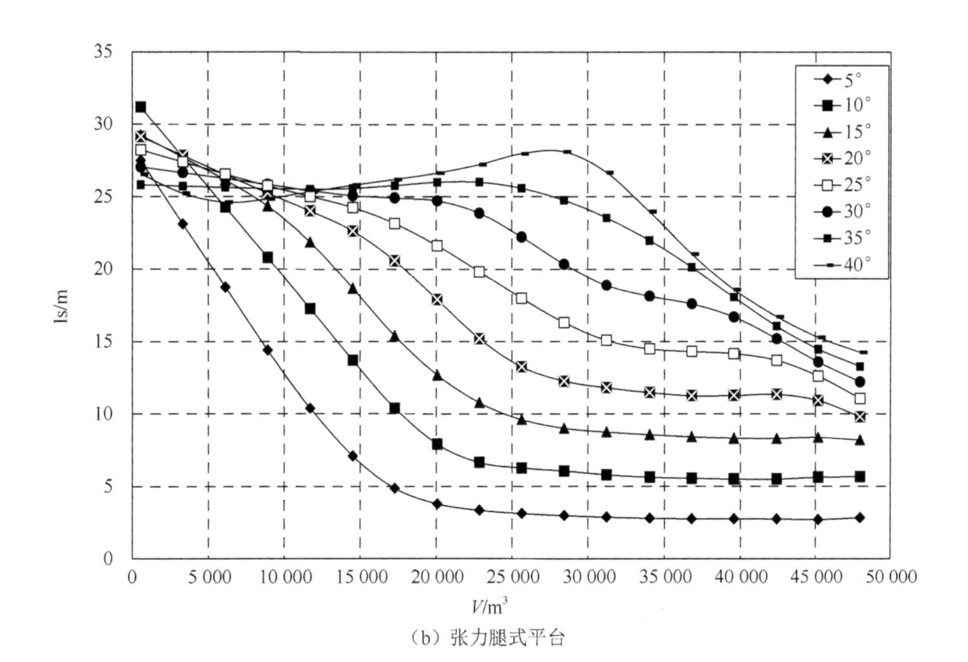

（b）张力腿式平台

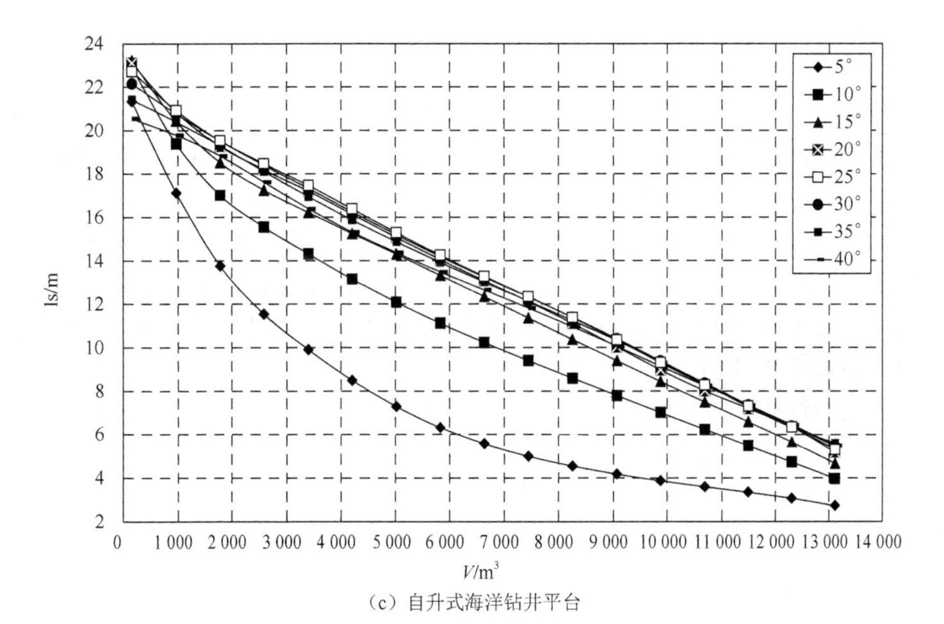

（c）自升式海洋钻井平台

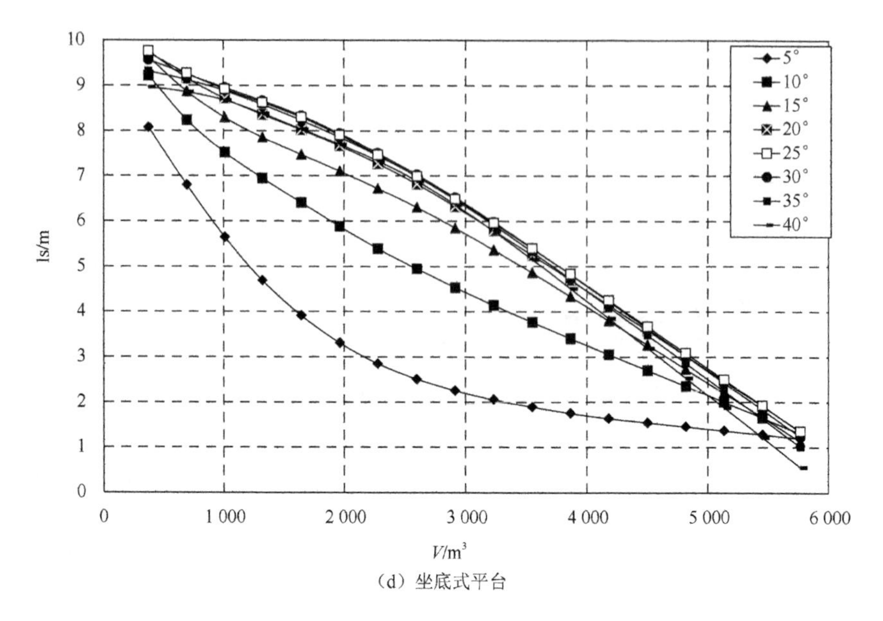

（d）坐底式平台

图 9.12　固定纵倾角下各类平台稳性插值曲线

2. 稳性插值曲面

海洋平台的稳性插值曲线数量较多，存储与应用相对困难。在实际应用中，可以通过更为直观的稳性插值曲面代替稳性插值曲线。稳性插值曲面是在给定风力矩方向角的情况下，形状稳性臂 ls 随排水体积 V 与重心纵向位置 LCG 变化的曲面，即

$$\mathrm{ls} = f(V, \mathrm{LCG}) \tag{9.19}$$

计算稳性插值曲面时，首先假定一组重心纵向位置 $\mathrm{LCG}_0,\mathrm{LCG}_1,\cdots,\mathrm{LCG}_{l-1}$,然后计算各重心纵向位置下的稳性稳性插值曲线 $\mathrm{CC}_0,\mathrm{CC}_1,\cdots,\mathrm{CC}_{l-1}$。$\mathrm{CC}_j(j=0,1,\cdots,l-1)$中包括 n 条曲线，即 $\mathrm{CC}_j=\{\mathrm{CC}_{j,0},\mathrm{CC}_{j,1},\cdots,\mathrm{CC}_{j,n-1}\}$。稳性插值曲面为 n 张曲面 $\mathrm{SC}_0,\mathrm{SC}_1,\cdots,\mathrm{SC}_{n-1}$。对于 $\mathrm{SC}_i(i=0,1,\cdots,n-1)$，可以以曲线 $\mathrm{CC}_{0,i},\mathrm{CC}_{1,i},\cdots,\mathrm{CC}_{l-1,i}$ 为轮廓线，通过 NURBS 曲面的蒙面法构造得到。3000m 深水半潜式钻井平台稳性插值曲面如图 9.13 所示。

利用稳性插值曲面计算海洋平台的静稳性曲线时，首先计算船舶的重心纵向位置 LCG。过点(0,LCG,0)作垂直于 Y 轴的平面 PL。通过 PL 依次与 SC_0，$\mathrm{SC}_1,\cdots,\mathrm{SC}_{n-1}$ 求交，得到曲线 $\mathrm{CL}_0,\mathrm{CL}_1,\cdots,\mathrm{CL}_{n-1}$，并将其作为稳性插值曲线，计算静稳性曲线 ST_F，则 ST_F 即为平台自由浮态下的静稳性曲线。

3. 不同风力矩方向角下的稳性插值曲线计算

海洋平台需要计算不同风力矩作用下的稳性。风力矩作用轴与 X 轴夹角为 ψ。

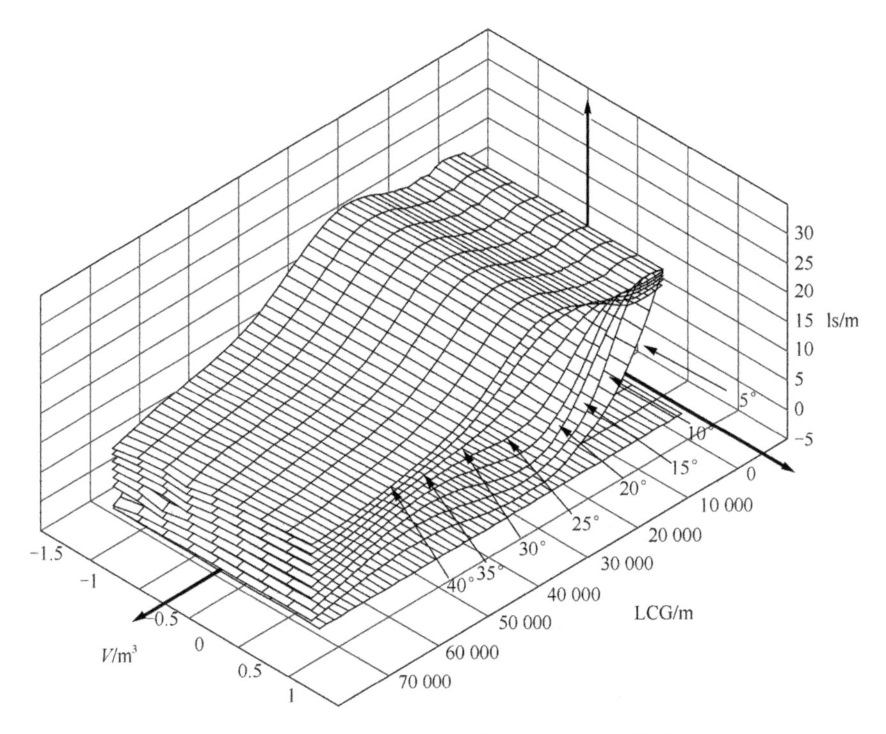

图 9.13　3000m 深水半潜式钻井平台稳性插值曲面

计算海洋平台在方向角为 ψ 的风力矩作用下稳性有两种处理方式：第一种处理方法，保持平台不变，直接计算风力矩方向角 ψ 下的平台稳性；第二种处理方式，假定风力矩作用轴线方向始终为 X 轴，平台的倾斜轴过漂心 LCF，在 XY 平面内，将平台的浮体、平台重心绕(LCF,0)旋转角度 ψ，然后按照常规的计算横倾时稳性的计算方法，计算旋转后平台的稳性。两种方法计算得到的稳性值相同，但是后者更利于程序设计，所以本节采用假设风力矩方向为 X 方向、旋转平台的方式计算平台在不同倾斜轴下的稳性。后面的进水角曲线计算、稳性校核均采用该原则。

采用第二种处理方式，风力矩方向与 X 轴夹角为 ψ 时的稳性插值曲线通过两步完成。首先，将平台的浮体模型 H 在 XY 面内，绕点(LCF,0)旋转角度 ψ，得到浮体模型 Hψ。然后，以 Hψ 为浮体，采用本节 1.固定纵倾角下的稳性插值曲线计算中方法，计算用于自由浮态下稳性计算的稳性插值曲线，即为风力矩方向与 X 轴夹角为 ψ 时的稳性插值曲线，如图 9.14 所示。

采用上述方法，计算 55m 自升式海洋钻井平台在风力矩方向角 ψ 为 0°、30°、60°和 90°，假定重心居中距离为 0 时的稳性插值曲线，分别如图 9.15（a）～图 9.15（d）所示。

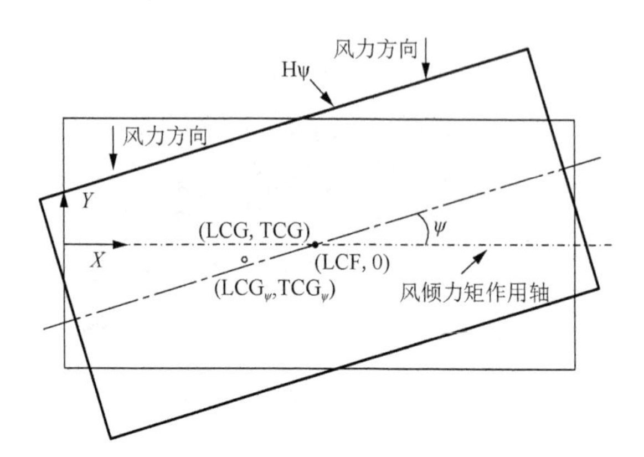

图 9.14　不同倾斜轴下稳性计算方法

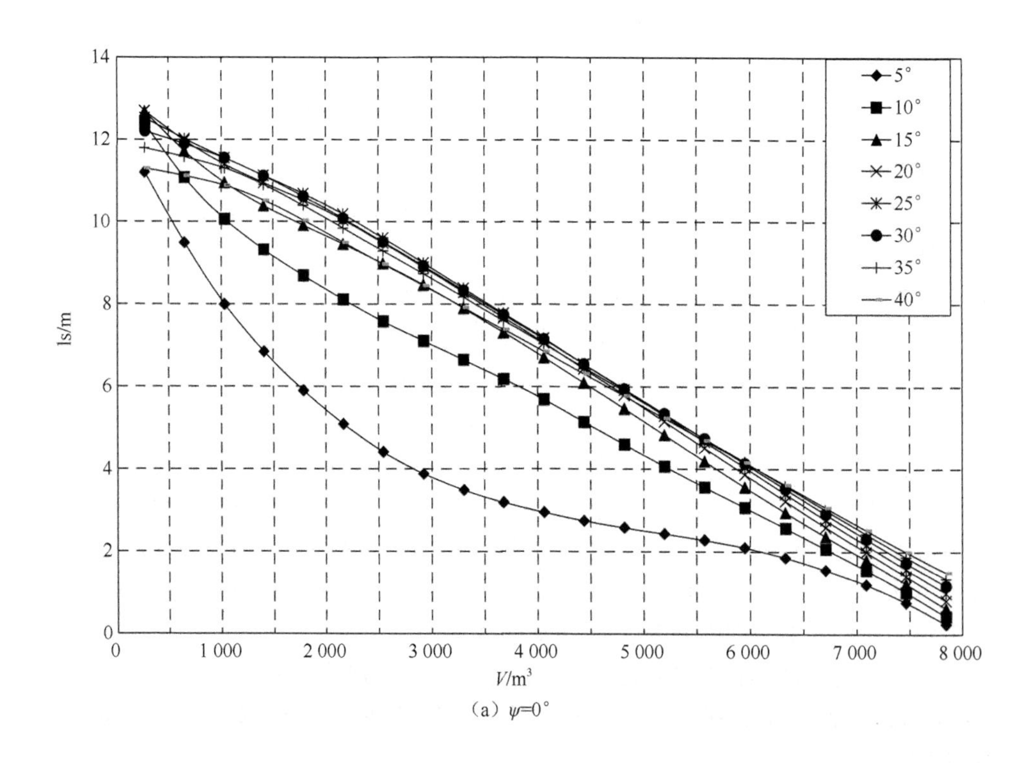

（a）ψ=0°

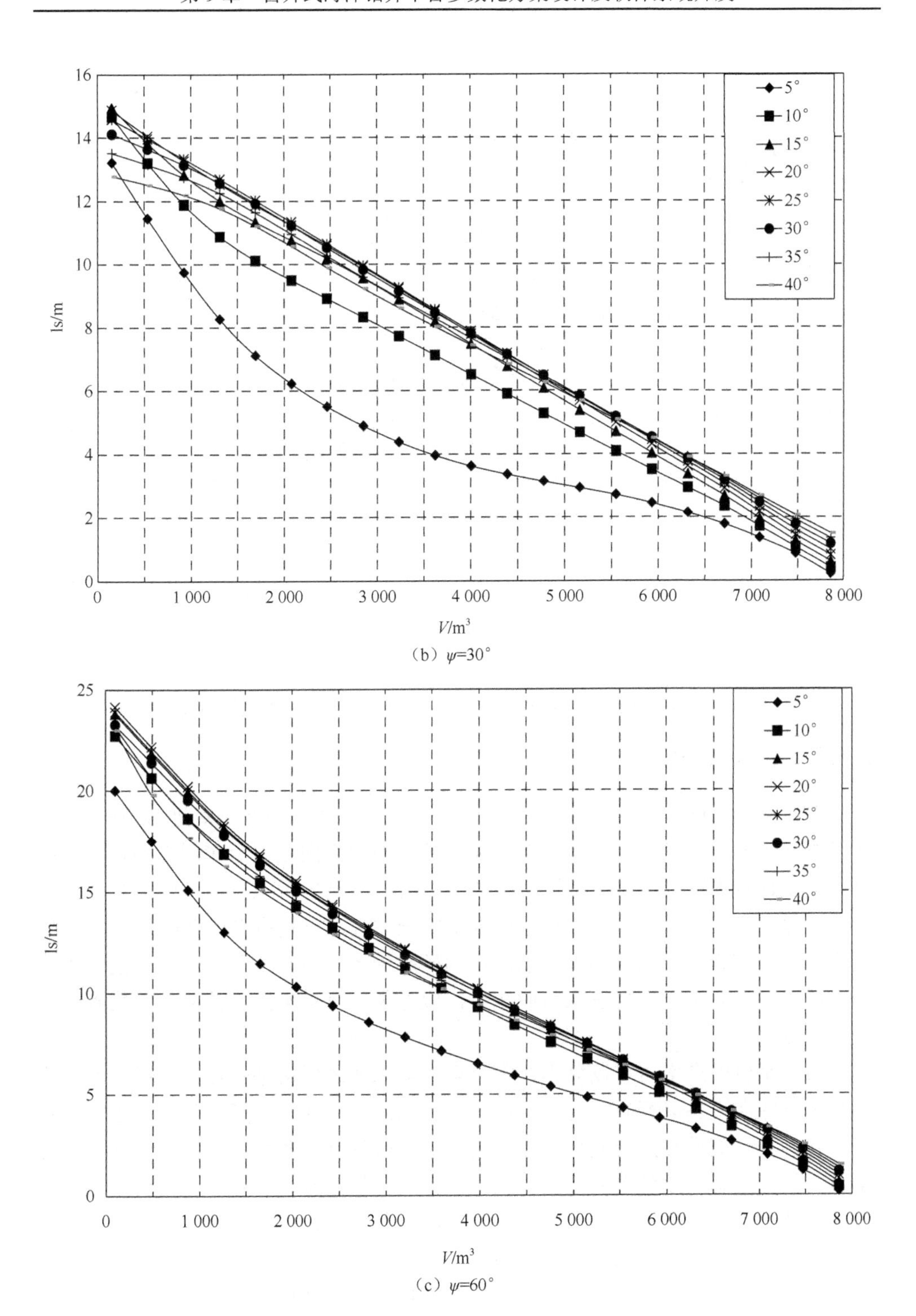

（b）ψ=30°

（c）ψ=60°

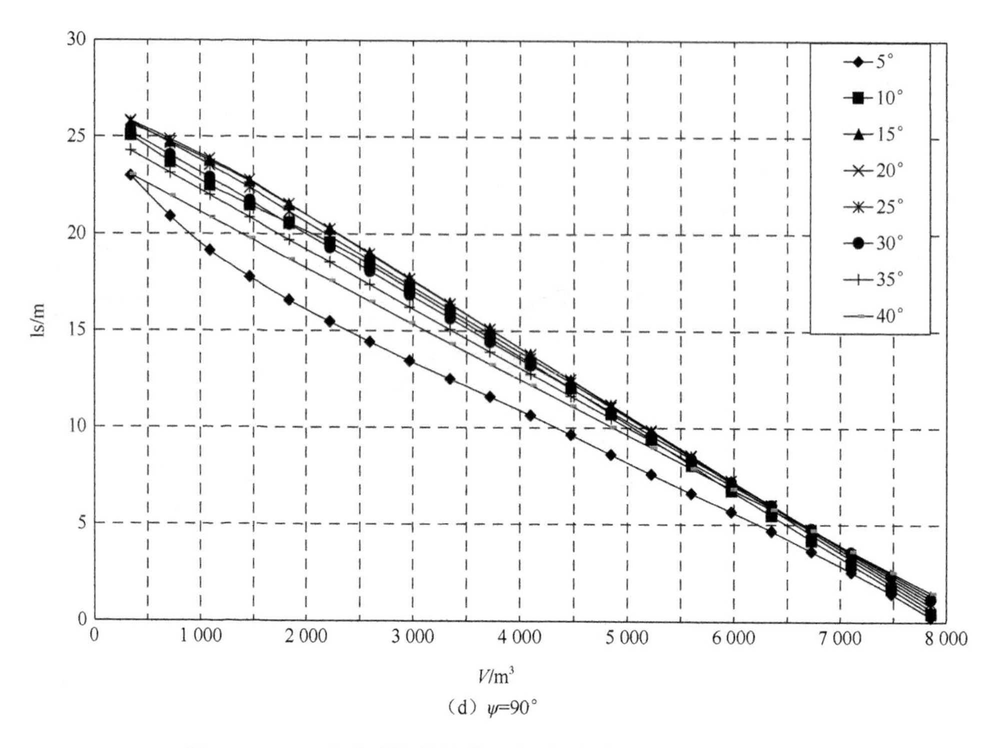

（d）ψ=90°

图 9.15　55m 自升式海洋钻井平台不同倾斜轴下稳性插值曲线

9.7.3　进水角曲线计算

对于常规船舶，由于仅需要校核横稳性，且通常不考虑纵倾对进水角的影响，所以进水角曲线仅有一条。海洋平台需要校核不同方向风力矩作用下的稳性，所以，需要计算不同横倾轴下的进水角曲线。海洋平台的进水点数量较多且分布规律性较差。当倾斜轴固定时，决定进水角曲线的进水点是将平台横倾角从 0 开始逐渐变大时的第一个入水的进水点。不同倾斜轴下，第一个入水的点可能是不同的。所以，计算海洋平台进水角曲线时，应考虑所有进水点，并从其中找到第一个进水点。

海洋平台的进水点可以分为两类：第一类为非风雨密进水点，包括机舱的排烟管及一些在设备运行时需要保持在打开状态的通风孔等；第二类为非水密进水点，包括第一类进水点及航行时能够关闭、可以达到风雨密但不能达到水密的进水点，例如带有关闭装置的液舱、生活舱室的空气管等。计算海洋平台的完整稳性时，通常仅将考虑第一类进水点。计算破舱稳性时，需要考虑第二类进水点。所以，海洋平台的进水角曲线包括两组：一是用于完整稳性的进水角曲线；二是用于破舱稳性的进水角曲线。表 9.1 为 55m 自升式海洋钻井平台的非水密进水点与非风雨密进水点列表。

表 9.1　55m 自升式海洋钻井平台进水点列表　（单位：mm）

进水点名称	进水点类型	垂向位置	纵向位置	横向位置
NO.1 压载舱（P/S）空气管	非水密	5 260	21 600	±400
NO.1 压载舱（P/S）空气管	非水密	5 260	24 500	±7 400
NO.2 压载舱（P/S）空气管	非水密	5 260	−21 023	±900
NO.2 压载舱（P/S）空气管	非水密	5 260	−19 823	±6 900
NO.1 空舱（P/S）空气管	非水密	5 260	26 100	±2 100
NO.1 空舱（P/S）空气管	非水密	5 260	26 100	±12 300
NO.2 空舱（P/S）空气管	非水密	5 260	19 000	±12 400
NO.2 空舱（C）空气管	非水密	5 260	15 100	±7 500
NO.3 空舱（P）空气管	非水密	5 260	13 800	−7 500
NO.3 空舱（P）空气管	非水密	5 260	15 100	−9 200
NO.3 空舱（S）空气管	非水密	5 260	13 400	9 200
NO.3 空舱（S）空气管	非水密	5 260	3 100	14 600
NO.3 空舱（C）空气管	非水密	5 260	13 800	7 500
NO.4 空舱（P/S）空气管	非水密	5 260	−5 900	±12 900
NO.4 空舱（P/S）空气管	非水密	5 260	−5 900	±8 200
NO.4 空舱（C）空气管	非水密	5 260	−5 900	−8 700
NO.4 空舱（C）空气管	非水密	5 260	−5 400	7 500
NO.5 空舱（P/S）空气管	非水密	5 260	−13 900	±12 400
NO.5 空舱（C）空气管	非水密	5 260	−16 100	3 300
NO.6 空舱（P/S）空气管	非水密	5 260	−26 000	±9 900
NO.6 空舱（P/S）空气管	非水密	5 260	−26 000	±3 300
NO.1 液泵舱双层底空气管	非水密	5 260	15 600	−8 100
NO.2 液泵舱双层底空气管	非水密	5 260	15 600	8 100
NO.3 液泵舱双层底空气管	非水密	5 260	−13 900	−9 300
NO.4 液泵舱双层底空气管	非水密	5 260	−13 900	9 400
生活淡水舱空气管	非水密	5 260	14 650	−9 200
消防水舱空气管	非水密	5 260	14 650	−7 500
消防水舱空气管	非水密	5 260	19 200	−400
燃油舱空气管	非水密	5 260	14 650	7 500
污油水舱空气管	非水密	5 260	−5 900	−7 500
缓冲水舱空气管	非水密	5 260	−13 900	400
缓冲水舱空气管	非水密	5 260	−16 110	900
机泵舱双层底空气管	非风雨密	5 260	−5 900	7 500
机泵舱双层底空气管	非风雨密	5 260	−11 400	−7 500
停泊发电机舱双层底空气管	非风雨密	5 260	−17 400	−6 900
停泊发电机舱双层底空气管	非风雨密	5 260	−13 900	−400
燃油溢流舱双层底空气管	非风雨密	5 260	−6 600	−7 500
污油舱双层底空气管	非风雨密	5 260	−7 100	−7 500
主机烟囱	非风雨密	14 800	−12 760	±6 000
停泊发电机排烟管	非风雨密	6 550	−28 976	−1 550
燃油热水锅炉排烟管	非风雨密	16 150	−20 700	−7 000

1. 横倾时进水角曲线计算

海洋平台的进水点为$E_0,E_1,\cdots,E_{m-1}$，其中 m 为进水点总数。假定一组横倾角$\theta_0,\theta_1,\cdots,\theta_{n-1}$，其中，$n$ 为横倾角的个数。d_m 为平均吃水，浮体为 H，海洋平台进水角曲线的计算算法如下。

算法 9.4　基于三维浮体模型计算海洋平台进水角曲线

定义三维点数组 ***P***

FOR i 从 0 至 $n-1$ 循环

{　过点$(0,0,d_m)$作平行于 X 轴的直线 NN'

　　定义点数组 **RE**

　　FOR j 从 0 至 $m-1$ 循环

　　{　以 NN'为旋转轴，将 E_j 旋转角度 θ_i，将得到的点添加至 **RE**

　　}

　　minId=0

　　FOR j 从 1 至 $m-1$ 循环

　　{　**IF**　$\mathrm{RE}_j\cdot z<\mathrm{RE}_{\mathrm{minId}}\cdot z$

　　　{　minId=j}

　　}

　　将浮体 H 绕 NN'旋转 θ_i，得到 H_θ

　　过点 $\mathrm{RE}_{\mathrm{minId}}$ 作平行于 XY 面的平面 P_w

　　通过 P_w 切割实体 H_θ，得到上部实体 BU 与下部实体 B_L

　　计算 B_L 的体积 V_{BL}

　　向数组 ***P*** 中添加点$(V_{BL},\theta_i,0)$

}

过点数组 ***P*** 作样条曲线 EC，即为平台横倾时的进水角曲线

算法结束

2. 任意风力矩方向角下进水角曲线计算

如图 9.16 所示，海洋平台在与 X 轴夹角为 ψ 的风力矩 M 作用下倾斜时，倾斜轴过设计吃水 d_m 对应的漂心 LCF，则风力矩方向角为 ψ 时进水角曲线计算方法如下。

在水平面内，将浮体 H 绕点(LCF,0,0)旋转角度 ψ，得到实体 H'。将进水点$E_0,E_1,\cdots,E_{m-1}$绕点(LCF,0,0)旋转角度 ψ，得到点 $E'_0,E'_1,\cdots,E'_{m-1}$。然后以 H'为平台浮体模型，$E'_0,E'_1,\cdots,E'_{m-1}$为进水点，计算进水角曲线 EC′，即为风力矩方向角为 ψ 时进水角曲线。

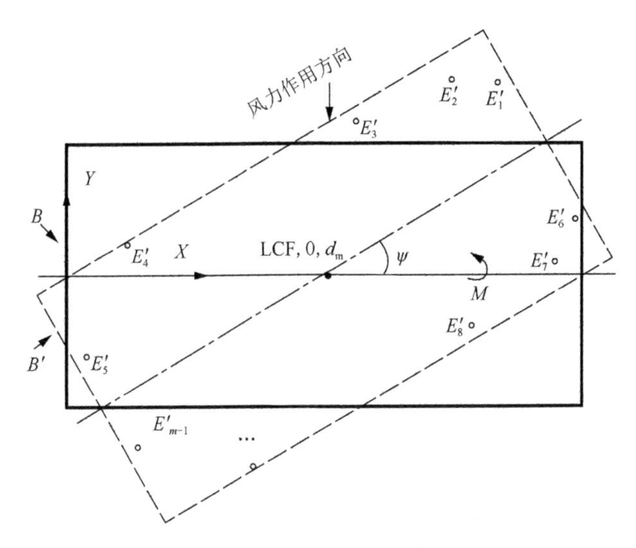

图 9.16　海洋平台在任意方向风力矩作用下的进水角计算示意图

3. 纵倾对进水角的影响

计算海洋平台的进水角时，如果第一个入水的进水点靠近平台的首端或者尾端，则当平台带有一定纵倾时，第一个进水点相对于水线面的垂向位置将有显著变化，此时如果忽略纵倾对进水角的作用将导致较大的计算误差。所以，计算海洋平台的进水角曲线时，应当考虑纵倾的影响。

令平台的浮体模型为 H，设计平均吃水为 d_m，进水点为 $E_0,E_1,\cdots,E_{m-1}$，纵倾角为 φ，则考虑纵倾的进水角曲线计算方法如下。

首先，绕点 $(\text{LCG},0,d_m)$，在 XZ 面内将 H 与进水点 $E_0,E_1,\cdots,E_{m-1}$ 旋转角度 φ，得到带有纵倾的浮体模型 TH，以及带有纵倾的进水点 $\text{TE}_0,\text{TE}_1,\cdots,\text{TE}_{m-1}$，如图 9.17

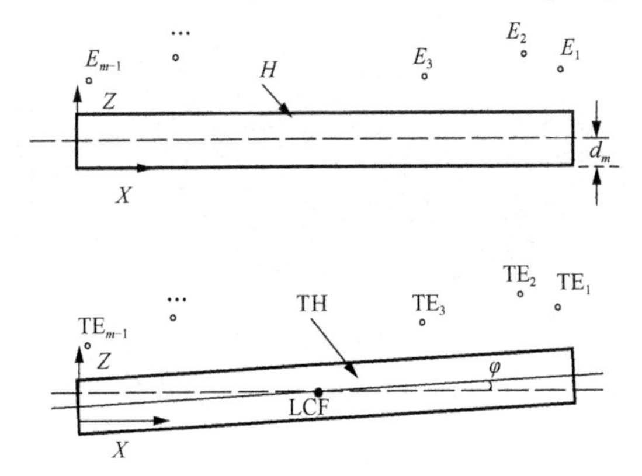

图 9.17　不同纵倾角下进水角曲线计算

所示。然后以 TH 为平台浮体模型，$TE_0,TE_1,\cdots,TE_{m-1}$为进水点，采用图 9.17 计算进水角曲线 TEC，即为纵倾角为 φ 时的进水角曲线。将浮体 TH 与进水点 $TE_0,TE_1,\cdots,TE_{m-1}$代入算法中，则可以得到任意风力矩方向角、考虑纵倾的进水角曲线。

决定进水角曲线的因素包括纵倾角与风力矩方向角，曲线的存储与应用均较复杂。海洋平台设计中，稳性校核通常仅校核特定几个方向的稳性，如从 0°至 360°间隔 30°。对应的，进水角曲线仅需要针对上述离散的几个风力矩方向角。对于给定的风力矩方向角，可以将进水角曲线表达为进水角曲面。

进水角曲面是在给定风力矩方向角的情况下，进水角 E 随着排水体积 V 与纵倾角 φ 变化的曲面，即

$$E = f(V,\varphi) \tag{9.20}$$

进水角曲面由进水角曲线创建。假定一组纵倾角 $\varphi_0,\varphi_1,\cdots,\varphi_{\mathrm{nT}-1}$。计算 $\varphi_i(i=0,1,\cdots,\mathrm{nT}-1)$ 对应的进水角曲线 E_i。依次以 $E_0,E_1,\cdots,E_{\mathrm{nT}-1}$ 为轮廓线，通过 NURBS 曲面的蒙面算法构造三维曲面，即为对应风力矩方向角下的进水角曲面。通过上述算法，计算 55m 自升式海洋钻井平台在风力矩方向角为 0°、30°、60°与 90°的进水角曲面，分别如图 9.18（a）～图 9.18（d）所示。

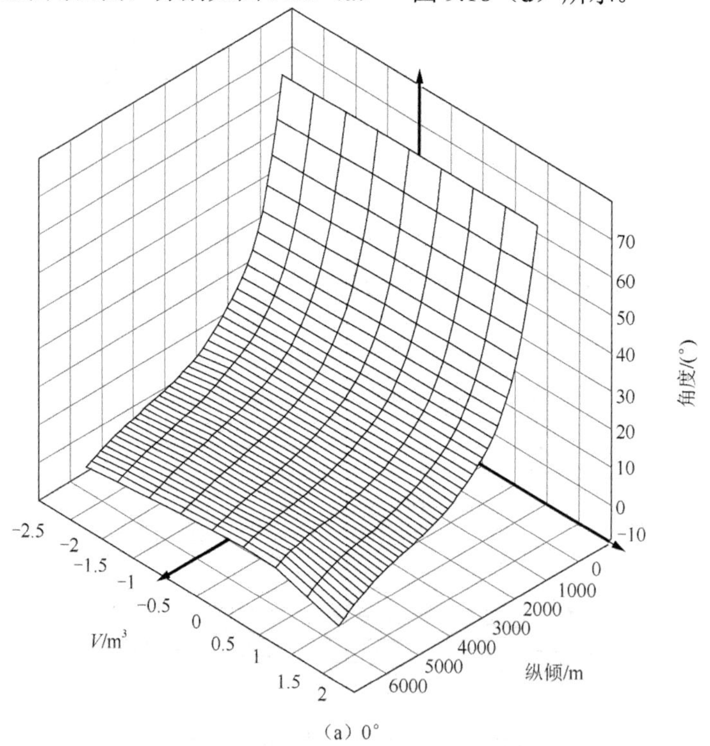

（a）0°

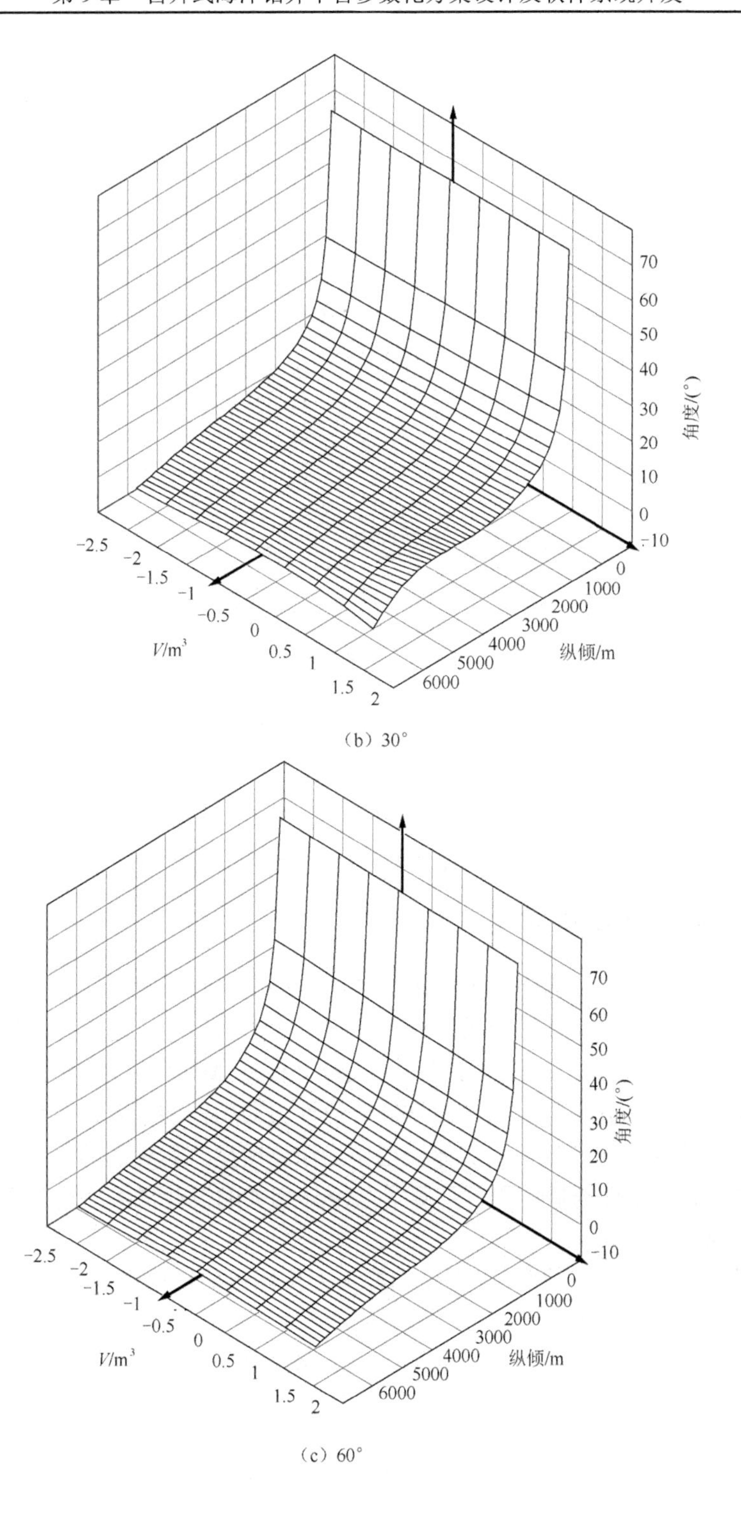
70
60
50
40
30
20
10
0
-10
角度/(°)
-2.5
-2
-1.5
-1
-0.5
0
0.5
1
1.5
2
V/m³
0
1000
2000
3000
4000
5000
6000
纵倾/m
70
60
50
40
30
20
10
0
-10
角度/(°)
-2.5
-2
-1.5
-1
-0.5
0
0.5
1
1.5
2
V/m³
0
1000
2000
3000
4000
5000
6000
纵倾/m

（b）30°

（c）60°

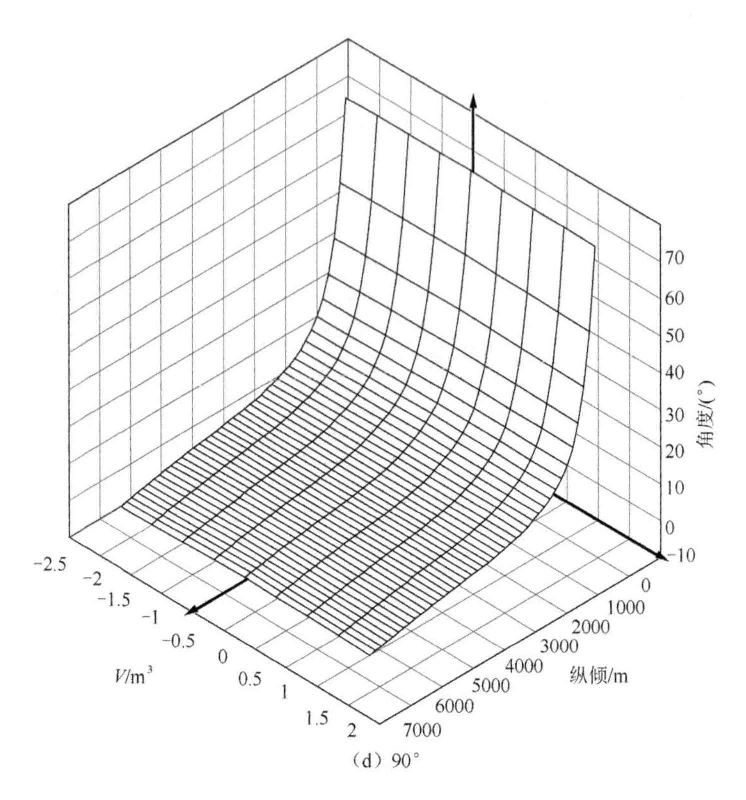

(d) 90°

图 9.18　55m 自升式海洋钻井平台不同风力矩方向角下的进水角曲面

9.7.4　浮体参数化模型

与舱室参数化模型相同，采用定义层、B-Rep 实体层双层结构定义浮体的参数化模型。定义层中，定义构成浮体边界的所有主结构，实体层为浮体的 B-Rep 实体。浮体的 B-Rep 实体模型可以由定义模型根据 ACIS 构造实体模型的算法，自动创建浮体 B-Rep 模型。为平衡软件专业性与通用性的矛盾，允许忽略浮体的定义模型，指定现有的 B-Rep 实体模型作为浮体模型。后续的静水力计算、自由浮态计算、完整稳性与破舱稳性计算等与浮体相关的设计任务，均基于 B-Rep 实体模型完成。

为提高软件的运行效率，将平台的静水力特性相关结果作为浮体模型的属性。浮体模型类的声明如下：

```
class JUDFloatingBody:public JUDBaseObject
{private:
double m_appCoef;                                  //浮体系数
vector < PPlate *>m_plateArray;                    //浮体的边界定义
```

```
CGeoSolid *m_hullSolid;                              //浮体实体模型
vector < CGeoSurface *>m_crossSurfaceArray;          //稳性插值曲面
vector < CGeoSurface *>m_entranceSurfaceArray;       //进水角曲面
vector <double >m_windAngleArray;                    //风倾角数组
public:
void createSolidFromPlate();                  //从定义模型建立浮体实体模型
void setSolid（CGeoSolid *sd）;               //直接定义浮体实体模型
void calcHys();                               //计算静水力曲线
void calcCross();                             //计算稳性插值曲线
void calcEntrance();                          //计算进水角曲线
…
};
```

9.8　海洋平台自由浮态计算方法

浮体漂浮于静水中，达到平衡位置时，满足浮态平衡方程

$$\begin{cases} W = \text{Disp} \\ \text{LCG} = \text{LCB} \\ \text{TCG} = \text{TCB} \end{cases} \tag{9.21}$$

式中，W 为浮体的总重力；Disp 为排水量；LCG 与 LCB 分别为重心纵向位置与浮心纵向位置；TCG 与 TCB 分别为重心横向位置与浮心横向位置。浮体的浮态计算的目的是计算吃水 d、横倾角 θ 和纵倾角 φ，使得浮态平衡方程成立。

船舶设计中，通常基于静水力公式计算船舶的浮态。即给定 W、LCG 与 TCG，首先通过排水量曲线根据 W 插值得到吃水 d，然后通过 d 对静水力曲线插值得到初稳心高度 ZM、每厘米纵倾力矩 MCM 和浮心垂向位置 VCB。然后计算初稳性高 h，通过初稳性公式计算横倾角 θ，通过 MCM 计算纵倾角 φ，完成浮态计算。

通过静水力公式计算浮体的浮态是一种简化计算方法，当 θ 与 φ 相对较小时，该简化方法通常能得到满足工程误差要求的浮态参数，但是当浮体形状特殊且横倾角或者纵倾角较大时，基于静水力公式的浮态计算方法可能存在较大误差。为提高浮态计算结果的精度，国内外学者提出大量基于优化算法的船舶浮态计算方法。传统的自由浮态计算方法对于常规船型通常很有效，但是对于不规则的浮式海洋结构物，容易因为收敛性问题导致算法不稳定，或收敛速度慢、计算量大等问题。针对上述问题，本节给出一种基于共轭梯度算法的海洋平台自由浮体计算方法。

9.8.1　目标函数

首先讨论优化数学模型的建立。浮体自由浮态计算优化的变量为 d、θ 和 φ，优化目标是满足浮态方程（9.21）。浮态方程中包含三个方程，所以该优化问题为多目标优化问题。由于直接求解多目标优化问题相对困难，所以将多目标问题转化为单目标优化问题。建立求解自由浮态问题的目标函数 $F(d,\theta,\varphi)$。

$$F(d,\theta,\varphi)=\sqrt{\left(\frac{\mathrm{Disp}-W}{L_{\mathrm{pp}}\cdot B}\right)^2+\left(\frac{\mathrm{LCB}-\mathrm{LCG}_r}{L_{\mathrm{pp}}}\right)^2+\left(\frac{\mathrm{TCB}-\mathrm{TCG}_r}{B}\right)^2} \tag{9.22}$$

式中，L_{pp}、B 分别为平台垂线间长与型宽；Disp、LCB、TCB 分别为平台的排水量、浮心纵向位置与浮心横向位置，三者均为 d、θ 与 φ 的函数。LCG_r 与 TCG_r 为平台发生横倾角 θ 与纵倾角 φ 之后的重心纵向位置与重心横向位置，二者取决于平台当前载况下的重心纵向位置 LCG、重心横向位置 TCG、重心垂向位置 VCG，以及 θ 与 φ 两个浮态参数。

1. 目标函数的计算方法

Disp、LCB、TCB 的计算方法如下。假设 H 为浮体的三维模型，设计吃水为 d_m，设计吃水下水线面漂心纵向位置为 LCF。以点 PF(LCF,0,d_m)为旋转点，在 YZ 面内，将 H 旋转角度 θ 得到实体 H_θ，然后在 XZ 面内，将 H_θ 绕 PF 点旋转角度 φ，得到实体 $H_{\theta\varphi}$。过点 (0,0,d) 作平行于 XY 面的平面 Pd。用 Pd 切割实体 $H_{\theta\varphi}$，得到上部实体 B_U 和下部实体 B_L。则 B_L 的体积 V 即为浮态参数 d、θ 与 φ 对应的排水体积，B_L 的形心 X 坐标与形心 Y 坐标分别为 LCB 和 TCB。

LCG_r 与 TCG_r 由 LCG、TCG 与 VCG 通过坐标变换得到。令 Pg=(LCG,TCG,VCG)，发生横倾角 θ 与纵倾角 φ 之后的重心位置 Pg_r=(LCG_r,TCG_r,VCG_r)为

$$\mathrm{Pg}_r=(\mathrm{Pg}-\mathrm{Rot})\times \boldsymbol{M}_\varphi\times \boldsymbol{M}_\theta+(\mathrm{Pg}-\mathrm{Rot}) \tag{9.23}$$

式中，Rot 为旋转点，Rot=PF；$\boldsymbol{M}_\theta$ 与 $\boldsymbol{M}_\varphi$ 分别为横倾变换矩阵与纵倾变换矩阵：

$$\boldsymbol{M}_\theta=\begin{bmatrix}1 & 0 & 0 & 0\\ 0 & \cos\theta & \sin\theta & 0\\ 0 & -\sin\theta & \cos\theta & 0\\ 0 & 0 & 0 & 1\end{bmatrix} \tag{9.24}$$

$$\boldsymbol{M}_\varphi=\begin{bmatrix}\cos\varphi & 0 & -\sin\varphi & 0\\ 0 & 1 & 0 & 0\\ \sin\varphi & 0 & \cos\varphi & 0\\ 0 & 0 & 0 & 1\end{bmatrix} \tag{9.25}$$

2. 目标函数的偏导数计算方法

优化求解中，需要用到目标函数的偏导数。目标函数（9.22）与海洋平台浮体的形状密切相关，难以给出统一的数学表达式，所以不能给出偏导数的解析解，需要通过数值方法计算。采用中心差分法计算目标函数 F 的偏导数，即

$$\frac{\partial F}{\partial d}=\frac{F(d+\Delta d,\theta,\varphi)-F(d-\Delta d,\theta,\varphi)}{2\Delta d} \tag{9.26}$$

$$\frac{\partial F}{\partial \theta}=\frac{F(d,\theta+\Delta\theta,\varphi)-F(d,\theta-\Delta\theta,\varphi)}{2\Delta\theta} \tag{9.27}$$

$$\frac{\partial F}{\partial \varphi}=\frac{F(d,\theta,\varphi+\Delta\varphi)-F(d,\theta,\varphi-\Delta\varphi)}{2\Delta\varphi} \tag{9.28}$$

F 在 (d,θ,φ) 位置的梯度为

$$\nabla F(d,\theta,\varphi)=\left(\frac{\partial F}{\partial d},\frac{\partial F}{\partial \theta},\frac{\partial F}{\partial \varphi}\right) \tag{9.29}$$

9.8.2　优化策略

优化模型（9.22）为多变量无约束优化问题。可以近似认为目标函数满足 C_1 连续（斜率连续），采用基于梯度的算法能够完成问题的求解。本例中采用搜索效率相对较高的共轭梯度法求解，具体算法如下。

算法 9.5　基于共轭梯度法求解海洋平台的自由浮态

d、θ、φ 初始值分别为 d_0、θ_0、φ_0

$\varepsilon=10^{-6}$

FOR k 从 0 至 10 循环

{ $gk=\nabla F(d,\theta,\varphi)$

　$sk=-gk$

　FOR i 从 0 至 2 循环

　{　计算搜索方向 sk 下的最优解 d_i、θ_i、φ_i

　　令 $d=d_i$，$\theta=\theta_i$，$\varphi=\varphi_i$

　　$gk_1=\nabla F(d,\theta,\varphi)$

　　$uk_1=|gk_1|^2/|gk|^2$

　　$sk=-gk_1+uk_1\cdot sk$

　}

　$\mathrm{FC}=F(d,\theta,\varphi)$

　IF FC<ε

　{　求解结束，退出循环　}

}

d、θ、φ 为满足浮态方程的浮体参数

算法结束

上述算法中，涉及在给定位置 $xk=(d_0,\theta_0,\varphi_0)$ 处，对于给定搜索方向 sk，计算方向 sk 对应的最优解参数计算问题。该问题中，将沿 sk 方向的搜索步长 λk 作为变量，可转化为一维无约束问题，即:

$$\begin{aligned}&\min F(xk+\lambda k\cdot sk)\\&\text{s.t.}\qquad \lambda>0\end{aligned}\tag{9.30}$$

上述问题可以采用成功失败法求解，算法如下。

算法 9.6　求解浮态计算中给定搜索方向的最优步长

令精度 $\varepsilon=10^{-5}$

搜索步长 $h=10^{-2}$

令矢量 $X_0=xk$，$F_0=F(xk)$

WHILE $|h|>\varepsilon$

{ 令 $X_1=X_0+s^{(k)}\cdot h$,

　$F_1=F(X_1)$

　IF $F_1<F_0$

　{　令 $F_0=F_1,h=h\cdot 2,X_0=X_1$　}

　ELSE

　{　$h=h/2$　}

}

迭代结束，X_1 为方向为 $s^{(k)}$时最优解

算法结束

海洋平台的自由浮态目标函数（9.22）通常并非为单极值问题。上述基于共轭梯度法的迭代算法仅能够得到目标函数的一个极小值，未必是最小值。该极小值是目标函数众多极小值中的哪一个，取决于迭代初始解的选取。如果初始解落在最小解附近，则通过上述算法可以得到浮态的正确解，否则，将导致因落入局部最优解而得到错误解。

通常情况下，通过海洋平台静水力公式计算得到的浮态接近于平台的真实浮态。所以，利用静水力公式计算平台的浮态参数 d_0、θ_0、φ_0，并将其作为平台自由浮态迭代算法的初始解。

9.8.3　算例分析

采用上述算法，计算 3000m 深水半潜式钻井平台在不同装载情况下的自由浮态。分别计算排水量为 11 000t、12 000t、13 000t 和 14 000t，重心纵向位置与纵

向横向位置取不同数值对应 4 个载况下的自由浮态，各变量及目标函数迭代过程依次如图 9.19（a）～图 9.19（d）所示，计算结果见表 9.2。实例证明，本节提出的自由浮态计算算法具有良好的收敛性和计算精度。

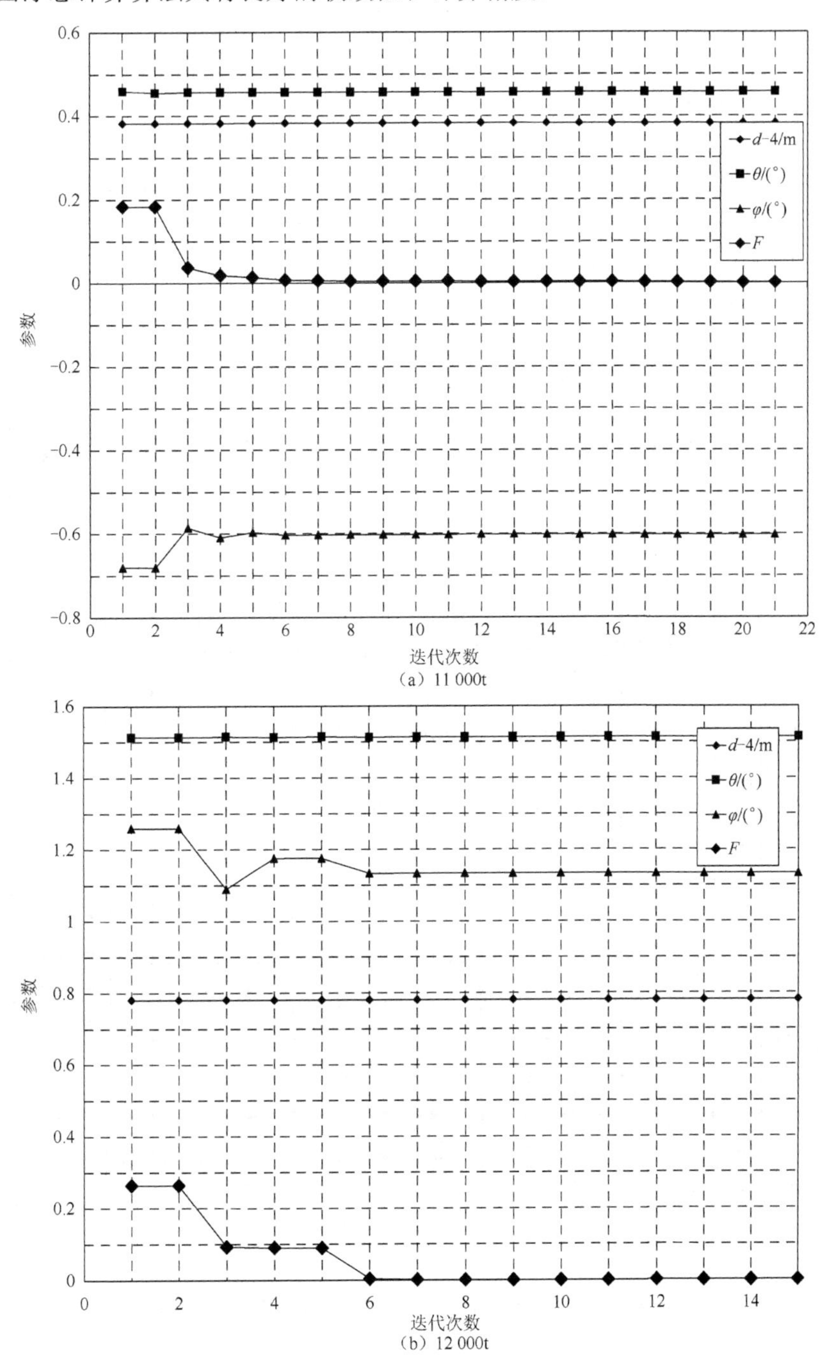

（a）11 000t

（b）12 000t

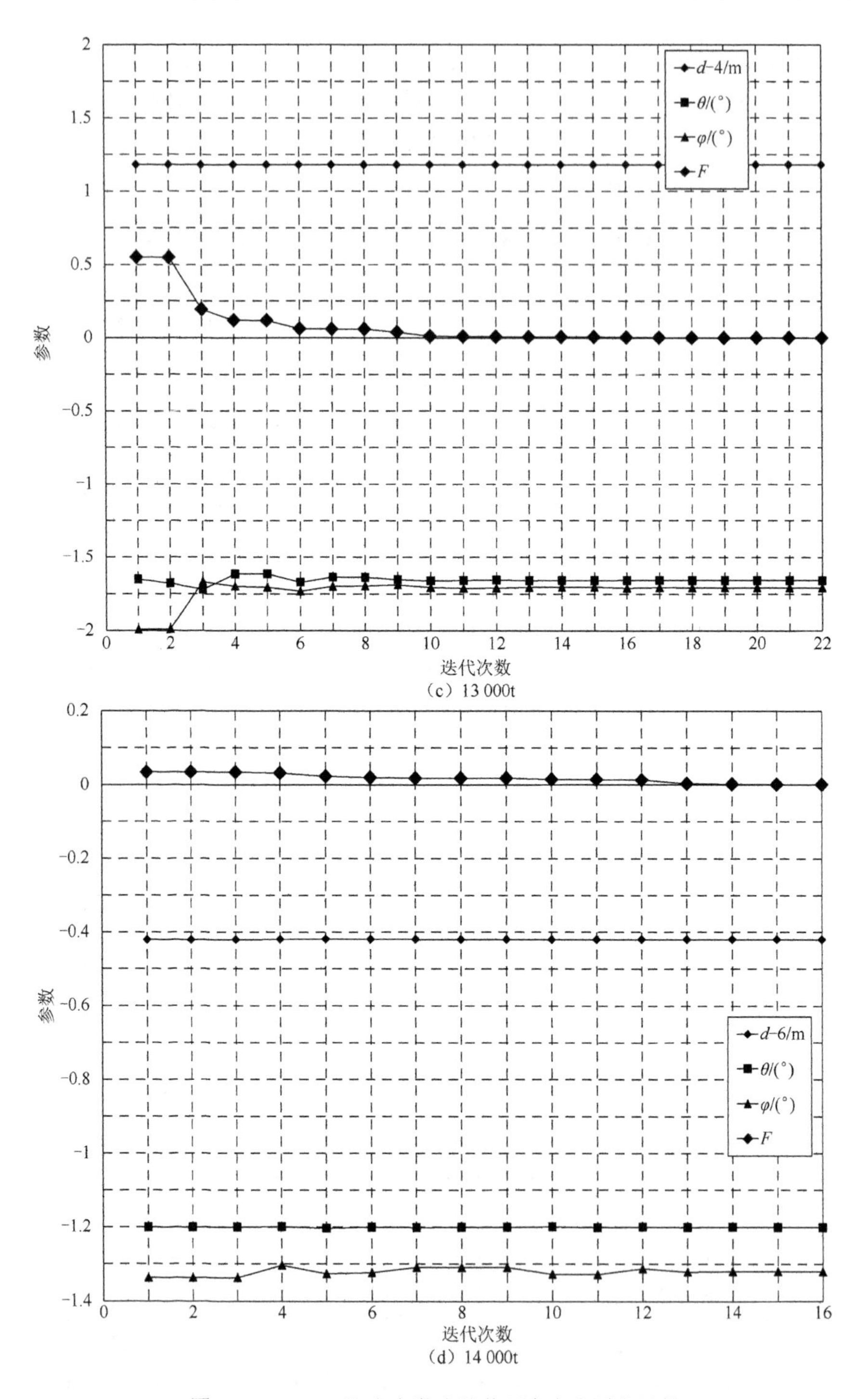

图 9.19　3000m 深水半潜式钻井平台自由浮态计算

表 9.2　3000m 深水半潜式钻井平台自由浮态计算参数表

Disp/t	LCG/m	TCG/m	VCG/m	d_0/m	θ_0/(°)	ϕ_0/(°)	d/m	θ/(°)	ϕ/(°)
11 000	39	−1	33	4.382	0.34	−0.52	4.383	0.46	−0.63
12 000	43	−3	32	4.781	1.55	0.92	4.781	1.49	1.15
13 000	37	3	31	5.18	−1.60	−1.38	5.181	−1.66	−1.72
14 000	38	2	30	5.579	−1.32	−1.03	5.58	−1.20	−1.32

9.9　海洋平台完整稳性计算

海洋平台完整稳性计算中首先计算静稳性曲线和进水角，然后计算风倾力矩曲线，最后选择相应的稳性衡准校核稳性。平台的稳性校核中，关键问题是计算静稳性曲线。海洋平台需要校核不同风倾力矩方向下的稳性。本节介绍一种基于假定重心位置的稳性插值曲线的静稳性曲线计算方法。算法计算量小，同时具有足够的计算精度。

对于不同风力矩方向角下的稳性计算问题，可先假定一组风力矩方向角，然后计算给定风力矩方向角下的稳性插值曲线。对于假定倾斜轴角度下的稳性计算问题，可以直接基于相应倾斜轴角度下的稳性插值曲线计算静稳性曲线。对于假定倾斜轴以外的其他区域，可以先构造静稳性曲面，通过稳性曲面插值得到稳性曲线并完成稳性校核。

9.9.1　假定风力矩方向角下静稳性校核

假定风力矩方向为角 ψ，平台总重量为 W，重心纵向位置、横向位置与垂向位置分别为 LCG、TCG 与 VCG，则基于稳性插值曲线的静稳性曲线计算方法如下。

（1）通过静水力曲线，计算当前工况下的吃水 d、漂心纵向位置 LCF、排水体积 V。

（2）在 XY 面内，以(LCF,0)为旋转点，将点(LCG,TCG)旋转角度 ψ，得到旋转后的重心(LCG_ψ,TCG_ψ)。

（3）计算风力矩方向角为 ψ 时稳性插值曲面。计算风力矩方向角为 ψ 时的进水角曲面。

（4）分别以 LCG_ψ、TCG_ψ 为重心纵向位置、重心横向位置，采用倾斜角为 ψ 下的静水力曲线，计算纵倾角 φ_ψ、横倾角 θ_ψ。

（5）通过平面 Y=LCG_ψ 对风力矩方向角为 ψ 对应的稳性插值曲面进行插值，得到一组曲线，即为风力矩方向角为 ψ 对应的稳性插值曲线。以 V 为横坐标依次对稳性插值曲线插值计算形状稳性臂 ls，然后根据 ls、VCG_ψ 计算回复力臂：

$$l = \mathrm{ls} - \mathrm{VCG}_\varphi \sin(\theta) - \Delta h \tag{9.31}$$

式中，Δh 为自由液面修正量。

如果横倾角 $\theta_\psi>0$，则通过横倾角 θ_ψ 修正静稳性曲线。如图 9.20（a）所示，计算静稳性曲线 Sc'_ψ 在 $X=\theta_\psi$ 时的 Y 值 d_l。静横倾角为横倾的平衡位置，即回复力臂为零。所以将静稳性曲线向下整体平移 d_l，得到的曲线 Sc_ψ 为修正横倾角之后的静稳性曲线，如图 9.20（b）所示。通过上述方法，计算 55m 自升式海洋钻井平台假定风力矩方向角分别为 0°、30°、60° 和 90° 时的静稳性曲线，如图 9.21 所示。

（6）通过平面 $Y=\varphi_\psi$ 对当前风力矩方向角为 ψ 对应的进水角曲面进行插值，得到风力矩方向角为 ψ 时的进水角曲线 EC_ψ。然后以 V 为横坐标对 EC_ψ 插值，得到进水角 E_ψ。

（7）计算风倾力臂曲线。由静稳性曲线 Sc_ψ 与进水角 E_ψ，依据相应的稳性衡准，校核平台在风力矩方向角为 ψ 时的稳性。

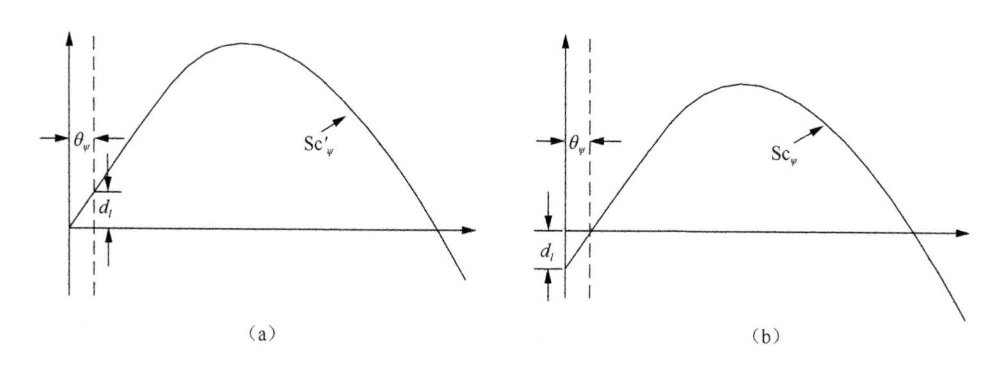

图 9.20　横倾角对静稳性曲线的修正

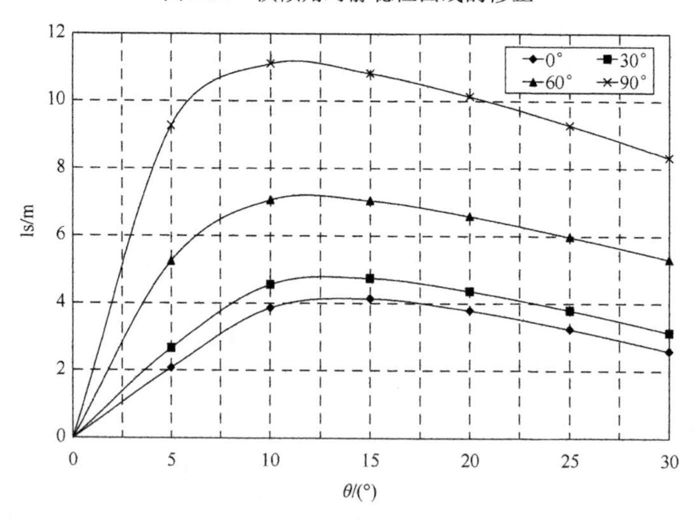

图 9.21　55m 自升式海洋钻井平台假定风力矩作用方向下的静稳性曲线

9.9.2 任意风力矩方向角静稳性

通过 9.7.1 节中的方法，可以校核任意方向的静稳性，但是每次计算需要计算对应倾斜轴下的静水力曲线、稳性插值曲面和进水角曲面，计算量较大。工程中可以采用一种简化的方式快速校核任意风力矩方向角下的稳性。

首先，假定一组风力矩方向角 $\psi_0,\psi_1,\cdots,\psi_{m-1}$。然后计算在假定倾斜轴下的静水力曲线、稳性插值曲面与进水角曲面，将其作为浮态与稳性计算的基础。对于给定载况，先计算各假定倾斜轴下的静稳性曲线 $\mathrm{Sc}_0,\mathrm{Sc}_1,\cdots,\mathrm{Sc}_{m-1}$ 与进水角 $E_0,E_1,\cdots,E_{m-1}$。通过 $\mathrm{Sc}_0,\mathrm{Sc}_1,\cdots,\mathrm{Sc}_{m-1}$ 构造静稳性曲面。静稳性曲面是在给定排水量和重心位置的情况下，复原力臂随着风力矩方向角 ψ 和横倾角 θ 变化的曲面，即

$$l = f(\theta,\psi) \tag{9.32}$$

静稳性曲面采用极坐标形式定义，极角为风力矩方向角 ψ，极径为横倾角 θ。可以依次以 $Sc_0,Sc_1,\cdots,Sc_{m-1}$ 为轮廓线，通过 NURBS 曲面的蒙面算法建立静稳性曲面。55m 自升式海洋钻井平台满载拖航工况下稳性曲面如图 9.22 所示。

然后建立进水角柱面。连接点 $(\psi_0,E_0,0),(\psi_1,E_1,0),\cdots,(\psi_{m-1},E_{m-1},0)$ 绘制样条曲线 EC，通过 EC 沿法向(0,0,1)拉伸高度 H 得到柱面 EP，其中 H 大于稳性曲面中最大 Z 值。则柱面 EP 为进水角柱面。

根据稳性曲面与进水角柱面可以校核平台在任意风力矩方向角下的稳性。任给风力矩方向角 ψ'，计算稳性曲面与极坐标系下平面 $\psi=\psi'$ 的交线 $L_{\psi'}$，则 $L_{\psi'}$ 为对应风力矩方向角的静稳性曲线。计算 $L_{\psi'}$ 与进水角柱面的交点 $E_{\psi'}$，则点 $E_{\psi'}$ 对应的 $\theta_{\psi'}$ 即为进水角。得到静稳性曲线与进水角之后，依据相应的稳性衡准，可以校核平台在风力矩方向角为 ψ' 时的稳性。

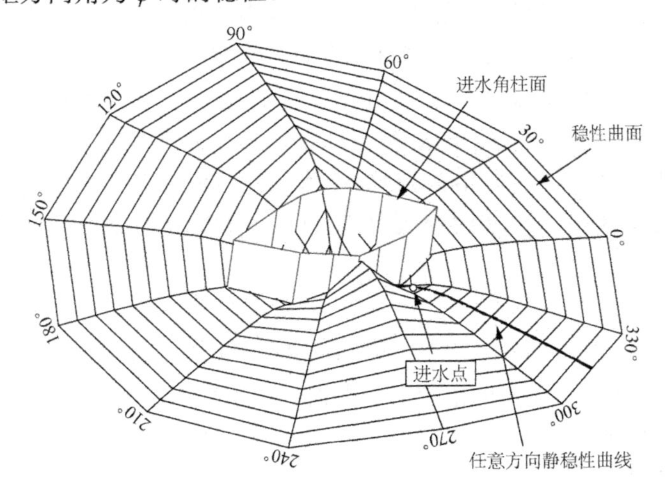

图 9.22 55m 自升式海洋钻井平台满载拖航工况下稳性曲面

9.10 海洋平台破舱稳性计算关键问题

船舶与海洋平台的破舱稳性计算中，舱室分为三类：第一类舱室为舱室完全位于平衡水线面以下，舱室破损后灌满水，舱室进水量与舱室进水的重量重心不随浮态变化而改变；第二类舱室破损后，舱室进水但未灌满，舱室水与舷外水不连通，有自由液面，舱室水量不随浮态变化而变化；第三类舱室为舱室顶处于平衡水线之上，舱室底处于平衡水线之下，舱室进水但未灌满，舱室水线面与舷外水线面一致，舱室进水量随浮态变化而变化。

三类破损舱室中，第一类舱室可以直接按照增加重量法，等效于完整舱室装满海水；第二类舱室是考虑船体破损后进水，但是未灌满时将破损区域修复，这类舱室同样可以等效为完整舱室装入一定量的海水，但是稳性计算时需要考虑舱室水自由液面的影响；第三类舱室是海洋平台中最常见的舱室，也是破舱稳性程序开发的重点[181]。本节主要讨论第三类舱室破损后的破舱稳性计算。

舱室破损以后，如果不考虑舱室的构件与设备的影响，即认为舱室的渗透率为100%，则基于三维实体模型的静水力曲线计算中，可以将舱室对应的实体模型从浮体实体模型中扣除，不考虑舱室对应区域的浮力与进水的重力，基于扣除破损舱室后的浮体模型，采用与完整浮体相同的算法计算平台的浮态。但实际上，舱室中设备、管系、结构构件等设施对进水量有影响。所以破损舱室对平台的浮性仍然有一定作用，直接从浮体中将其扣除的方法计算静水力特性将低估平台的浮力，浮态与稳性计算结果往往偏于保守。

本章前面介绍的完整平台静水力特性与自由浮态计算中，采用单一实体模型表达平台的浮体。考虑到破损舱室对浮力的贡献取决于舱室的渗透率，采用组合实体模型表达破损后浮态计算的浮体模型，即通过 $n+1$ 个实体 $\mathrm{TD}_0,\mathrm{TD}_1,\cdots,\mathrm{TD}_n$ 描述浮体。n 为假定同时破损舱室数量，$\mathrm{TD}_i\,(i=1,2,\cdots,n)$ 为第 i 个破损舱室的浮体模型。TD_0 为从完整的浮体中扣除破损后浮体 $\mathrm{TD}_1,\mathrm{TD}_2,\cdots,\mathrm{TD}_n$ 之后的浮体模型。定义一组实常数 $k_0,k_1,\cdots,k_n$，用于表达 $\mathrm{TD}_0,\mathrm{TD}_1,\cdots,\mathrm{TD}_n$ 对舱室破损后平台浮力的贡献：

$$k_i=\begin{cases}1, & i=0\\ 1-\lambda_i, & 1\leqslant i\leqslant n\end{cases} \tag{9.33}$$

式中，λ_i 为第 i 个破损舱室的渗透率。根据上述模型，计算破损平台在吃水为 d、横倾角为 θ、纵倾角为 φ 时的排水体积与浮心位置的方法如下。

过点$(0,0,d)$作平行于 XY 面的平面 Pw。在 XZ 面内将浮体 $\mathrm{TD}_i\,(i=0,1,\cdots,n)$ 绕点$(\mathrm{LCF},0,d)$旋转角度 φ 得到浮体 $\mathrm{TD}_{\varphi,i}$，其中 LCF 为平台的设计吃水下漂心纵向

位置。然后在 YZ 面内将 $\mathrm{TD}_{\varphi,i}$ 绕点 $(\mathrm{LCF},0,d)$ 旋转角度 θ，得到浮体 $\mathrm{TD}_{\varphi\theta,i}$。采用实体的切割算法通过 Pw 切割 $\mathrm{TD}_{\varphi\theta,0},\mathrm{TD}_{\varphi\theta,1},\cdots,\mathrm{TD}_{\varphi\theta,n}$，得到水线以下实体 $\mathrm{TDL}_0,\mathrm{TDL}_1,\cdots,\mathrm{TDL}_n$ 及横截面 $\mathrm{RD}_0,\mathrm{RD}_1,\cdots,\mathrm{RD}_n$。计算 $\mathrm{TDL}_0,\mathrm{TDL}_1,\cdots,\mathrm{TDL}_n$ 的体积 $\mathrm{VL}_0,\mathrm{VL}_1,\cdots,\mathrm{VL}_n$、形心纵向坐标 $\mathrm{XL}_0,\mathrm{XL}_1,\cdots,\mathrm{XL}_n$、形心横向坐标 $\mathrm{YL}_0,\mathrm{YL}_1,\cdots,\mathrm{YL}_n$、形心垂向坐标 $\mathrm{ZL}_0,\mathrm{ZL}_1,\cdots,\mathrm{ZL}_n$。舱室破损后，在吃水 d、横倾角为 θ、纵倾角为 φ 时，排水体积为

$$V_{d,\theta,\varphi}=\sum_{i=0}^{n}k_i\mathrm{VL}_i \tag{9.34}$$

浮心的纵向位置、横向位置与垂向位置 LCB_d、TCB_d 与 VCB_d 分别为

$$\mathrm{LCB}_{d,\theta,\varphi}=\frac{\sum_{i=0}^{n}k_i\mathrm{VL}_i\cdot\mathrm{XL}_i}{\sum_{i=0}^{n}k_i\mathrm{VL}_i} \tag{9.35}$$

$$\mathrm{TCB}_{d,\theta,\varphi}=\frac{\sum_{i=0}^{n}k_i\mathrm{VL}_i\cdot\mathrm{YL}_i}{\sum_{i=0}^{n}k_i\mathrm{VL}_i} \tag{9.36}$$

$$\mathrm{VCB}_{d,\theta,\varphi}=\frac{\sum_{i=0}^{n}k_i\mathrm{VL}_i\cdot\mathrm{ZL}_i}{\sum_{i=0}^{n}k_i\mathrm{VL}_i} \tag{9.37}$$

吃水为 d 时，每厘米吃水吨数计算公式如下：

$$\mathrm{DCM}_{d,\theta,\varphi}=\frac{\rho}{100}\sum_{i=0}^{n}k_i\mathrm{RD}_i \tag{9.38}$$

静水力曲线中初横稳心高度、初纵稳心高度和每厘米纵倾力矩均与水线面惯性矩相关。舱室破损后，水线面对 X 轴自身惯性矩与对 Y 轴自身惯性矩分别为

$$\mathrm{Ixd}_{d,\theta,\varphi}=\mathrm{Ix}-\sum_{i=1}^{n}(\mathrm{IXD}_i-\mathrm{AD}_i\cdot\mathrm{YD}_i^2) \tag{9.39}$$

$$\mathrm{Iyd}_{d,\theta,\varphi}=\mathrm{Iy}-\sum_{i=1}^{n}(\mathrm{IYD}_i-\mathrm{AD}_i\cdot\mathrm{XD}_i^2) \tag{9.40}$$

式中，AD_i、XD_i、YD_i、IXD_i、IYD_i 分别为 RD_i 的面积、形心 X 坐标、形心 Y 坐标、对 X 轴惯性矩和对 Y 轴惯性矩；Ix 与 Iy 分别是吃水为 d、横倾角为 θ、纵倾角为 φ 时舱室未破损的浮体自由液面对横轴自身惯性矩与对纵轴自身惯性矩。

9.11 海洋平台的载况与工况

常规船舶的一种装载状态在稳性与强度计算中通常仅考虑最不利的环境载荷进行校核，所以设计中一般认为载况与工况等同。对于海洋平台，一种装载情况下需要考虑多种环境载荷值。如稳性计算中，同一载况需要考虑不同风力矩方向，自升式海洋钻井平台作业中需要考虑不同水深、不同波浪方向等。此外，海洋平台同一载况可能对应不同的工作状态，例如，钻井平台悬臂梁与钻台所处的位置，自升式海洋钻井平台船体与桩腿不同的相对位置等。所以，对于海洋平台，载况与工况为两个概念，软件开发中载况与工况的数据结构应合理反映二者之间的区别与联系。

9.11.1 舱室状态与设备状态定义

建立 JUDTankStatus 存储各舱室的装载状态，包括舱室的装载高度、装载重量、货物密度等与装载货物相关的数据。JUDTankStatus 类的声明如下：

```
class JUDTankStatus :public JUDBaseObject
{private:
JTDTank *m_pTank;                                   //所属舱室指针
double m_level;                                     //舱室装载高度
double m_weight;                                    //舱室装载量
double m_cargoDensity;                              //货物密度
…
};
```

建立 JUDEquipStatus 存储设备的状态，包括设备相对于原始位置的偏移量、设备中的可变载荷等。JUDEquipStatus 类的声明如下：

```
class JUDEquipStatus : public JUDBaseObject
{private:
JTDEquipment *m_pEquipment;                         //所属设备指针
Vector3d m_offsets;                                 //设备的位移量
double m_variableLoad;                              //设备的可变载荷
…
};
```

9.11.2 载况与工况定义

定义海洋平台的载况类 JUDLoadCondition 与工况类 JUDWorkCondition。载

况类中仅保存舱室的装载状态。一个载况可以对应一个或者多个工况，一个工况仅对应一个载况。在工况类中，设置载况指针，指向工况对应的载况，建立二者之间的联系。将设备状态、环境载荷参数等均定义为工况的属性。载况类JUDLoadCondition声明如下：

```
class JUDLoadCondition :public JUDBaseObject
{private:
vector <JUDTankStatus *>m_tankSatasArray;          //舱室配载列表
…
}
```

工况类JUDWorkCondition声明如下：

```
class JUDWorkCondition :public JUDBaseObject
{private:
double m_axisAngle;                                //风力矩方向角
double m_windSpeed;                                //设计风速
double m_waveHeight;                               //设计波高
double m_wavePeriod;                               //设计波浪周期
double m_waterDepth;                               //作业水深
double m_currentSpeed;                             //设计流速
JUDLoadCondition *m_pLoadCondition;                //载况指针
vector < JUDEquipStatus *>m_equipSatasArray;       //设备状态列表
…
}
```

9.12 海洋平台参数化总体设计模型

海洋平台参数化总体设计模型是实现海洋平台参数化设计的核心。合理的参数化模型是保证软件的可维护性、可扩展性的前提，同时也是实现高效的参数化驱动机制的基础[182]。

9.12.1 总体设计参数化模型

海洋平台参数化模型由草图、主结构模型、静水力模型、总布置模型、舱室模型、结构模型和工况与载况模型等组成，如图9.23所示。

（1）草图模型中包括参数数组、图元数组、约束数组和约束方程数组，负责草图的建立、修改与几何约束求解等。

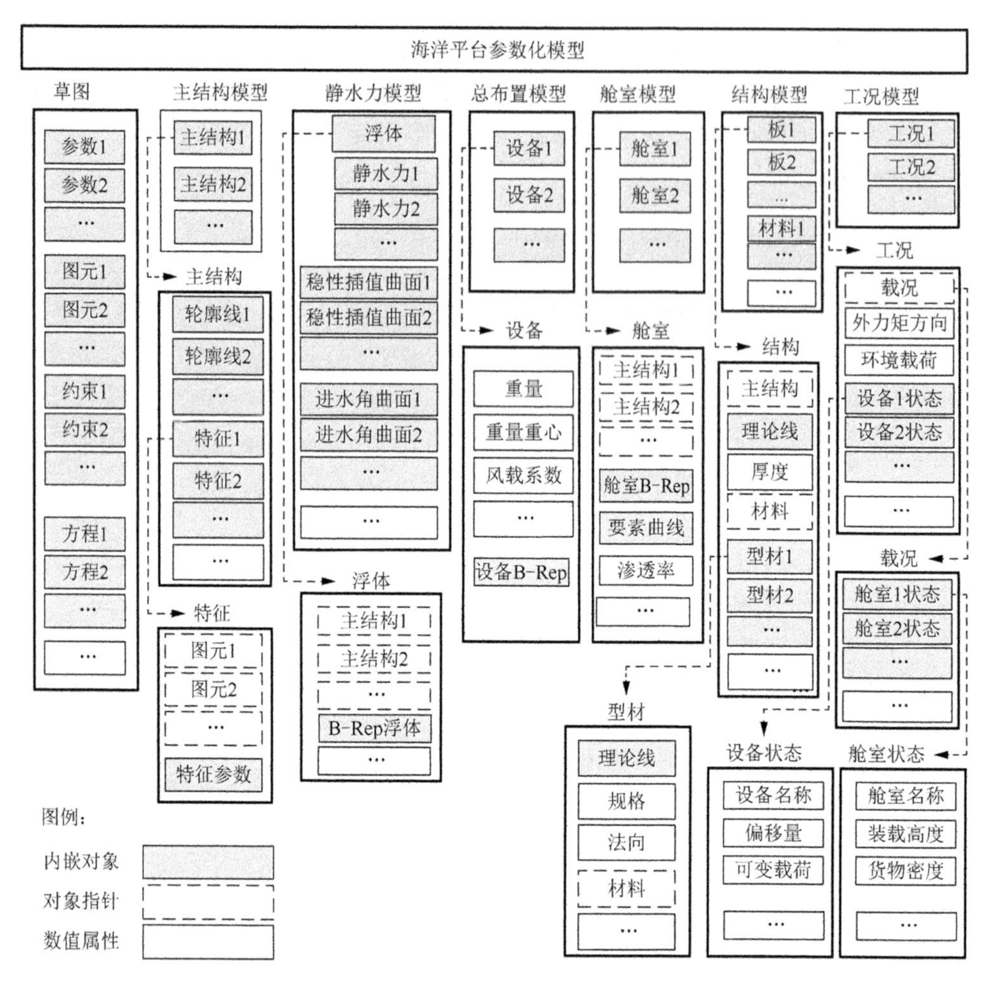

图 9.23　海洋平台参数化总体设计模型

（2）主结构模型为一组由特征造型方式建立的主结构，其中各主结构模型分别为由三维特征造型方法定义的三维特征对象。

（3）静水力模型中包括浮体模型、一组静水力曲线、一组稳性插值曲面和一组进水角曲面。其中，静水力曲线、稳性插值曲面与进水角曲面三者一一对应，代表不同风力矩方向角下的海洋平台静水力特性。静水力模型用于管理浮体模型，完成静水力相关计算，通过对曲线、曲面插值得到浮体与稳性计算中需要的相关数值与曲线。浮体模型用于定义浮体参数化模型、建立浮体 B-Rep、基于 B-Rep 计算给定水线下的排水体积与体积心、水线面属性等功能。

（4）总布置模型用于表达设备在各层甲板的详细布置，由设备对象数组构成。

（5）舱室模型由一组舱室对象数组构成，用于建立与修改舱室模型，计算舱容要素曲线等。

（6）结构模型中包括结构对象数组、材料对象数组等。结构的定义模型采用型材定义为板材的内嵌对象，便于对结构模型的管理。

（7）工况模型由一组工况对象构成。工况对象中记录各工况对应的风力矩作用轴方向、作业水深、风载荷与波流力载荷、对应的载况与各设备所处的位置等。

（8）载况模型中包含所有舱室的装载情况。载况模型、工况模型二者与平台的几何模型相对独立，不随参数的修改而改变，同时工况与载况模型的变化不影响平台的几何模型。

9.12.2　总体设计模型参数化驱动机制

海洋平台参数化模型中，几何相关的模型包括主结构模型、总布置模型、舱室模型、浮体模型与结构模型均采用参数化方式定义，模型的参数化驱动机制如图 9.24 所示。主结构模型是海洋平台参数化模型的核心。主结构模型依据主结构草图采用特征造型的方式建立。基于几何约束求解的主结构草图为全尺度驱动模型，其中所有参数均可在合理的范围内修改。主结构模型可以由草图参数与特征

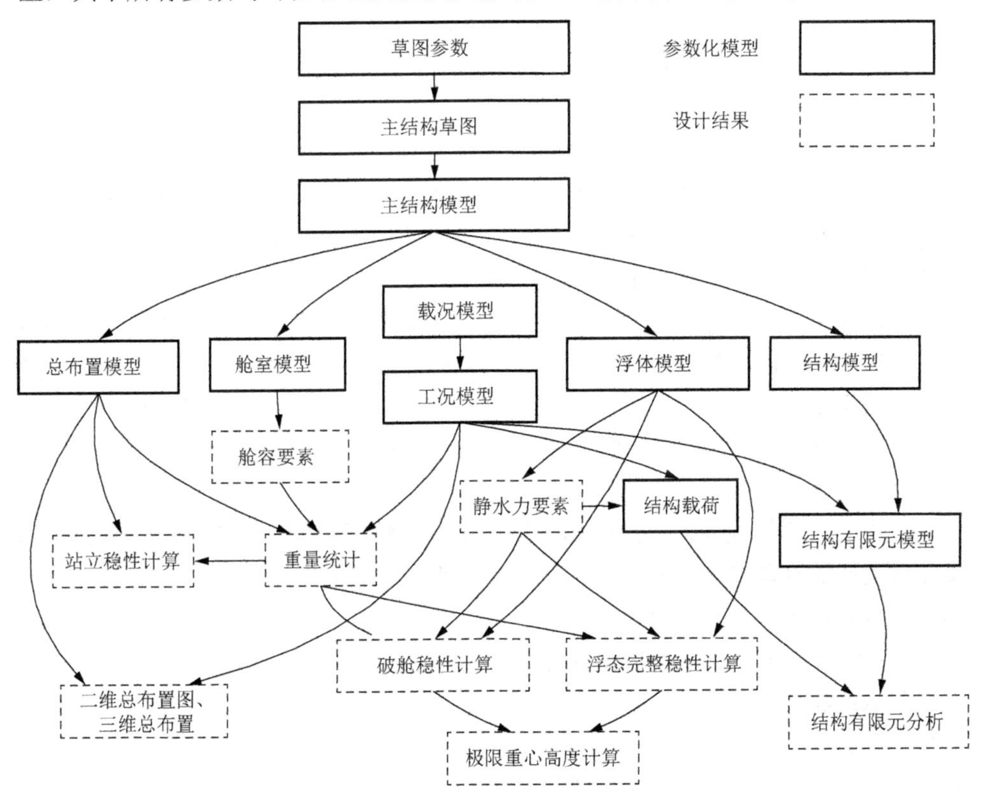

图 9.24　海洋平台参数化模型的参数化驱动机制

参数驱动，两类参数通常包含了海洋平台的主要几何参数，包括型长、型宽、型深、纵舱壁与横舱壁的位置、舷侧外板折角点位置、钻井平台悬臂梁的宽度与高度、自升式海洋钻井平台桩腿的位置与外形尺寸等。总布置模型、舱室模型、浮体模型与结构模型等子模型均依据主结构模型建立。当参数发生变化时，系统首先更新主结构模型，然后更新各子模型，静水力相关曲线、曲面，舱容要素曲线等与工况无关的设计要素。然后根据工况，更新二维与三维布置图，计算各工况下的重量分布与重量重心，生成有限元模型，计算有限元模型的载荷等。最后，根据软件中设置的衡准，校核平台在各工况下的完整稳性、破舱稳性、站立稳性（如果适用）、极限重心高度、结构有限元强度等，并通过对象链接与嵌入（object linking and embedding，OLE）技术调用 Word 或者 PDF 生成分析报告，实现文档自动化。

9.12.3　总体设计软件核心数据结构

本章中研究的海洋平台参数化设计软件系统中，主要类的层次结构图如图 9.25 所示。充分利用面向对象软件开发的继承性特性，避免属性与方法的重复定义，降低软件开发的工作量，同时也使得软件架构更为合理，具有更好的可维护性与可扩展性。

本章系统介绍一种海洋平台参数化总体设计软件开发技术。根据海洋平台几何特点，依据海洋平台主要结构在水平面内的投影线建立主结构草图，采用变量几何法求解主结构草图的几何约束问题。以主结构为核心建立海洋平台的参数化模型。根据海洋平台浮体、舱室的几何特点，采用 B-Rep 实体模型表达浮体与舱室模型，并基于 B-Rep 算法实现静水力特性与舱容要素曲线计算。采用稳性插值曲面、进水角曲面计算计入纵倾的浮态与稳性，通过稳性曲面校核平台在不同风倾角下的完整稳性与破舱稳性。破舱稳性计算中，采用一种组合浮体模型，可以准确计算考虑各破损舱室渗透率的浮态。海洋平台参数化总体设计软件有以下优点。

首先，计算精度高，算法简单。相比于二维线框模型、三维切片模型，三维实体模型能够准确描述各种复杂浮体的几何形状，通过计算实体模型的体积相关属性、截面相关属性可以准确计算平台的各项性能指标，包括静水力要素、舱容要素等。同时，基于三维实体模型的海洋平台性能计算算法简单，易于程序实现。

其次，软件专业性强，建模简单，模型可变性好。海洋平台参数化模型具有较高的专业化程度。通过修改设计参数，参数化驱动机制可以实现各子模型的更新，同时基于子模型的性能计算不需要设计者干预，可以随子模型一起更新。所以，参数修改后可以驱动各项性能指标的修改，该特点为海洋平台的优化设计提供有力支持，同时可以有效降低设计者的工作量，提高设计效率。

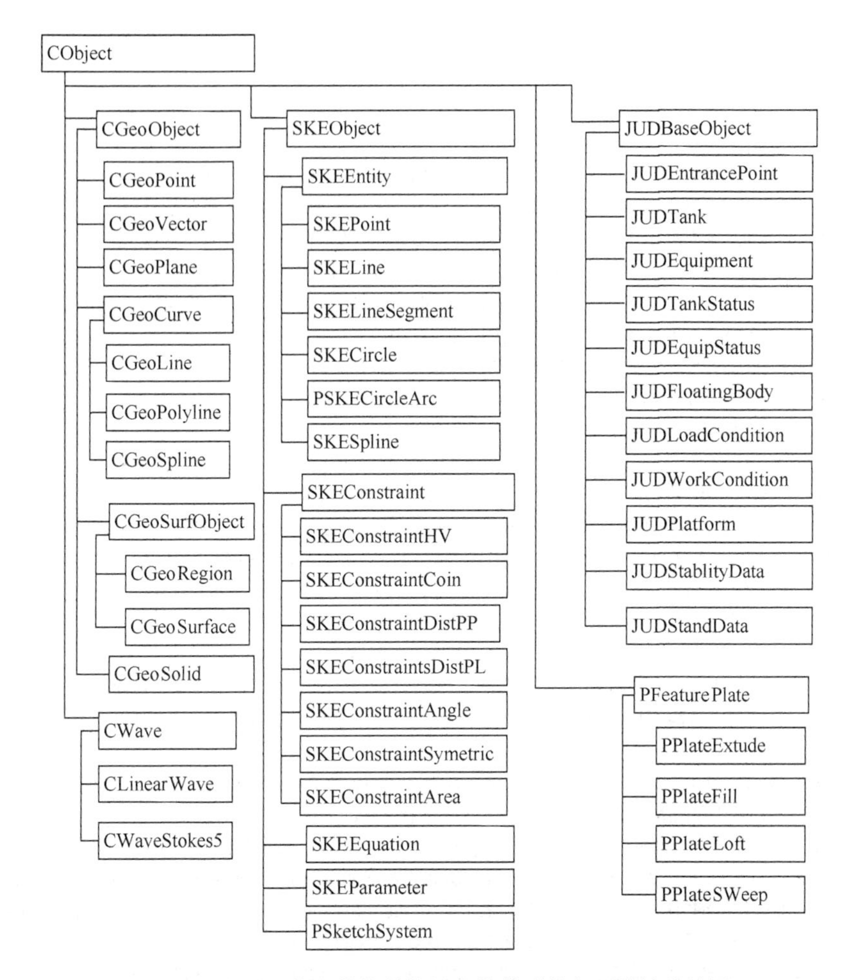

图 9.25　海洋平台参数化总体设计软件系统主要类的结构图

本章介绍的海洋平台参数化总体设计软件具有较强通用性和较高的算法稳定性。软件中采用的算法为通用算法，适用于各类海洋平台，包括自升式海洋钻井平台、半潜式钻井平台、张力腿式平台、坐底式平台等，此外，该软件同样可以用于浮船坞、下水工作船、风力安装船、大型海洋浮体等特殊海洋工程结构物的静水力、舱容、浮态及稳性计算等设计任务。

参 考 文 献

[1] 方银霞，包更生，金翔龙. 21 世纪深海资源开发利用的展望[J]. 海洋通报，2000，19（5）：73-78.
[2] 周守为，李清平，朱海山，等. 海洋能源勘探开发技术现状与展望[J]. 中国工程科学，2016，18（2）：19-31.
[3] 翁震平，谢俊元. 重视海洋开发战略研究，强化海洋装备创新发展[J]. 海洋开发与管理，2012，29（1）：1-7.
[4] 朱伟林，米立军. 中国海域含油气盆地图集[M]. 北京：石油工业出版社，2011.
[5] 周守为，曾恒一，李清平，等. 海洋能源科技发展战略研究报告[R]. 北京：中国工程院，2015.
[6] 侯祥麟. 中国可持续发展油气资源战略研究[R]. 北京：中国工程院，2005.
[7] 王运龙. 自升式钻井平台方案设计技术研究[D]. 大连：大连理工大学，2008.
[8] 张鹏飞，于兴军，栾苏，等. 自升式钻井平台的技术现状和发展趋势[J]. 石油机械，2015，43（3）：55-59.
[9] 孙林夫. 现代产品设计技术及其发展[J]. 中国制造业信息化，2003，32（1）：37-40.
[10] 何川. 基于 TRIZ 的方案设计智能决策支持系统理论与方法研究[D]. 成都：西南石油学院，2004.
[11] 李海波. 土壤与地震对自升式海洋钻井平台的作用[M]. 大连：大连理工大学，2006.
[12] 刘洪峰. 钻井平台结构三维参数化建模方法研究[D]. 大连：大连理工大学，2005.
[13] 张春林，曲继方，张美麟. 机械创新设计[M]. 北京：机械工业出版社，1999：1-31.
[14] 何献忠. 设计学——理论、方法、软件[M]. 北京：北京理工大学出版社，1988：1-45.
[15] 董仲元，蒋克铸. 设计方法学[M]. 北京：高等教育出版社，1991：1-75.
[16] Pahl Q, Beitz W. Engineering Design[M]. London：The Design Council, 1984.
[17] 邹慧君，汪利，王石刚，等. 机械产品概念设计及其方法综述[J]. 机械设计与研究，1998（2）：9-12.
[18] 孙守迁，黄琦潘，云鹤. 计算机辅助概念设计研究进展[J]. 计算机辅助设计与图形学学报，2003，15（6）：543-650.
[19] Sun N P. The Principle of Design[M]. New York: Oxford University Press, 1990：3-21.
[20] 黄纯颖. 工程设计方法[M]. 北京：中国科学技术出版社，1989：1-78.
[21] 周济，王群，周迪勋. 机械设计专家系统概论[M]. 武汉：华中理工大学出版社，1989：3-21.
[22] Xu Y R, Sun S Q, Pan Y H. Constraint-based distributed intelligent conceptual design environment and system model [C]. In IECON'01: the 27th Annual Conference of the IEEE Industrial Electronics Society, 2001: 2105-2110.
[23] 谢友柏. 现代设计与知识获取[J]. 中国机械工程，1996，7（6）：36-41.
[24] 凌卫青，赵艾萍，谢友柏. 基于实例的产品设计知识获取方法及实现[J]. 计算机辅助设计与图形学学报，2002，14（11）：1014-1019.
[25] 万耀青. 机电工程现代设计方法[M]. 北京：北京理工大学出版社，1994：154-202.
[26] 周济，查建中，肖人彬. 智能设计[M]. 北京：北京理工大学出版社，2003：37-40.
[27] 徐晓臻，高国安. 复杂产品方案设计智能决策支持系统的设计与实现[J]. 计算机应用研究，2000，17（9）：23-24.
[28] 高洪深. 决策支持系统[M]. 北京：清华大学出版社，2000：1-45.
[29] 孙占山，方美琪，陈禹. 决策支持系统及其应用[M]. 南京：南京大学出版社，1997.
[30] 陈文伟. 智能决策支持技术[M]. 北京：电子工业出版社，1998：1-60.
[31] 刘位申，张莲房. 人工智能及其应用[M]. 北京：科学技术文献出版社，1991.
[32] 蔡逆水，邹慧君，王石刚，等. 机械产品概念设计——智能 CAD 中的关键技术[J]. 机械设计，1997（6）：1-4.
[33] 宋久鹏. 汽车方案设计智能决策支持系统的开发技术研究[D]. 成都：西南交通大学，2002.
[34] 戴宏跃，孙延明，郑时雄. 面向机械产品设计的智能决策支持系统研究[J]. 现代制造工程，2001（11）：31-33.
[35] 吴杰雨. 基于可拓实例推理的智能化概念设计技术研究[D]. 杭州：浙江工业大学，2003.
[36] 周志雄. 基于设计目录的概念设计自动化研究及其在新产品开发中的应用[D]. 杭州：浙江工业大学，2003.
[37] 蔡波. 虚拟企业基于知识的产品概念设计[D]. 西安：西北工业大学，2002.
[38] 刘海. 生产品概念设计可拓进化方法研究[D]. 杭州：浙江工业大学，2003.
[39] 王立成. 海洋平台结构优化设计理论与方法研究[D]. 大连：大连理工大学，2002.

[40] 孙树民. 海洋平台结构的发展[J]. 广东造船，2000（4）：32-37.

[41] Jones D E, Bennett W T. Joint industry development of a recommended practice for the site specific assessment of mobile jack-up units[J]. Field Drilling and Development Systems, 1993（4）：427-436.

[42] 周超俊，曹沉. 海上平台的船舶静力性能的精确计算[J]. 海洋工程，1996，14（2）：8-2.

[43] Bea R G. Selection of environmental criteria for offshore platform design[C]. Proceeding of 5th annual offshore technology conference, OTC 1839, 1973: 185-196.

[44] Jin W L, Zheng Z S, Li H B. Hybrid analysis approach for stochastic response of offshore jacket platforms[J]. China Ocean Engineering, 2000，14（2）:143-152.

[45] 王秀勇，肖熙，张世联. 海洋平台地震响应分析[J]. 中国海洋平台，1997，12（4）：150-152.

[46] 张立福，罗传信. 海洋桩基平台地震随机响应分析[J]. 海洋工程，1992，10（3）：74-81.

[47] 李宏男，林皋. 导管架海洋平台在多维地震动作用下的随机反应[J]. 海洋工程，1992，10（4）：25-30.

[48] Bea R G. Earthquake criteria for platform in the gulf of Mexico[C]. Proceeding of 8th Annual Offshore Technology Conference，OTC 2675，1976：657-679.

[49] 段梦兰，陈永福，李林斌，等. 海洋平台结构的最新研究进展[J]. 海洋工程，1998，18（1）：86-90.

[50] Onoufirou T, Forbes V J. Developments in structural reliability assessments of fixed steel offshore platforms[J]. Reliability Engineering and System Safety. 2001, 71（2）:189-199.

[51] 马红艳. 海洋平台结构优化设计方法与软件[D]. 大连：大连理工大学，2003.

[52] 欧进萍，刘学东，陆钦年，等. 现役导管架式海洋平台结构整体安全度评估[J]. 海洋工程，1996，14（3）：83-90.

[53] Hong H P, Nessim M A, Jordaan I J.Environmental load factors for offshore structures[J]. Journal of Offshore Mechanics and Arctic Engineering. 1999, 12（4）：261-267.

[54] Koike T, Hiramoto T, Mori T. Seismic risk analysis of mega-floating structure and dolphin system[J]. Journal of offshore Mechanics and Arctic Engineering, 1999, 121（2）：95-101.

[55] 张圣坤. 固定式海洋平台的可靠性分析[J]. 海洋工程，1985，3（2）：24-33.

[56] Bea R G, Mortazavi M M. Reliability-based screening of offshore platforms[J]. Journal of Mechanics and Arctic Engineering, 1998, 120（3）：139-148.

[57] Gibson R E, Dowse B E W. Influence of geotechnical engineering on the evolution of offshore structure in the North Sea[J]. Canadian Geotechnical Journal, 1981, 18（2）：171-178.

[58] 张连营，余建星，胡云昌，等. 简易海洋平台疲劳可靠性优化设计的进化算法[J]. 海洋学报，1998，20（6）：101-107.

[59] Cusack J P, Chen Y N. Extreme dynamic response and fatigue damage assessment for self-elevating drilling units in deep water[J]. Transactions-Society of Naval Architects and Marine Engineers, 1990（98）: 143-168.

[60] Liaw C Y，Zheng X Y. Non-linear frequency-domain analysis of jack-up platforms[J]. International Journal of Non-Linear Mechanics, 2004, 39（9）：1519-1534.

[61] 孙玉武，聂武. 自升式海洋平台后服役期的疲劳强度及寿命分析[J]. 哈尔滨工程大学学报，2001，22(2): 10-14.

[62] 付敏飞，严仁军. 自升式海洋平台升降装置动力分析及疲劳分析[J].中国水运，2007，7（6）: 56-58.

[63] 李文华，张银东，陈海泉. 自升式海洋石油平台液压升降系统分析[J]. 2006（8）: 23-25.

[64] Smith N P, Lorenz D B. Study of drag coefficients for truss self-elevating mobile offshore drilling units[J]. Society of Naval Architects and Marine Engineers, 1984（91）: 257-273.

[65] 潘斌，刘震，卢德明. 自升式平台拖航稳性研究[J]. 海洋工程，1996，14（4）: 16-20.

[66] 滕晓青，顾永宁. 沉垫型自升式平台拖航状态强度分析[J]. 上海交通大学学报，2000，34（12）: 1723-1727.

[67] 林焰，李玉成，李林普，等. 海洋平台在拖航中的随浪稳性仿真[J]. 大连理工大学学报，1994，34(6): 713-718.

[68] 闵美松，宋竞正. 自升式海洋钻井平台下桩过程中横摇响应估算[J]. 哈尔滨船舶工程学院学报，1986，7（3）：1-9.

[69] 李茜，杨树耕. 采用 ANSYS 程序的自升式平台结构有限元动力分析[J]. 中国海洋平台，2003，18（4）: 41-46.

[70] 陆浩华. 自升式海洋平台结构动力响应分析[D]. 武汉：武汉理工大学，2005.

[71] 王言英，阎德刚. 自升式海洋平台波浪荷载谱计算[J]. 1995，10（2）: 51-53.
[72] 季春群，孙东昌. 自升式平台上外载荷的分析计算[J]. 中国海洋平台，1994（zl）：324-328.
[73] 季春群，孙东昌.自升式平台地基承载力、抗倾稳性及桩腿插深分析[J]. 上海交通大学学报，1996，30(3): 79-85.
[74] 马志良，罗德涛. 近海移动式平台[M]. 北京: 海洋出版社，1993.
[75] 郑喜耀. 自升式海洋钻井平台插桩深度计算及几个问题的探讨[J]. 中国海上油气工程，2000，12（2）: 18-21.
[76] 施丽娟，李东升，潘斌. 自升式海洋钻井平台结构自振特性分析[J]. 中国海上油气工程，2001，13（5）：6-8.
[77] 陈瑞峰，胡克峰，张继春. 自升式移动平台结构安全评估[J]. 中国船检，2000（3）：22-25.
[78] 梁军，赵勇. 系统工程导论[M]. 北京：化学工业出版社，2005.
[79] Bertalanffy L V.一般系统论[M]. 秋同，袁嘉新译. 北京：社会科学文献出版社，1987.
[80] 杨家本. 系统工程概论[M]. 武汉：武汉理工大学出版社，2002.
[81] 徐一飞，周斯富. 系统工程应用手册[M]. 北京：煤炭工业出版社，1991.
[82] 周德群. 系统工程概论[M]. 北京：科学出版社，2005.
[83] 王运龙，林焰，纪卓尚.自升式钻井平台方案设计系统分析和结构模型[J]. 中国造船，2009，50（4）：149-155.
[84] Wang Y L，Ji Z S, Lin Y. Mathematically modelling the main dimensions of Self-elevating Drilling Unit[J]. Journal of Marine Science and Application，Harbin Engineering University, 2009，8（3）：211-215.
[85] 桑松，林焰，纪卓尚. 45000 吨化学品运输船主尺度数学模型建立[J]. 船舶工程，2001（4）：23-28.
[86] 王运龙，纪卓尚. 基于单变量散货船数学模型建立[J]. 中国造船，2007，48（1）：1-10.
[87] 程相君，王春宁，陈生潭. 神经网络原理及其应用[M]. 北京：国防工业出版社，1995.
[88] Lapedes A, Farber R. Nonlinear signal processing using neural networks: predicting and system modeling: Technical Report LA-UR-87-2662 [R]. Los Alamos, NM：Los Alamos National Laboratory, 1987.
[89] Werbos P J. Generalization of back propagation with application to a recurrent gas market model[J]. Neural Networks, 1988, 1（4）：339-356.
[90] Varis A, Versino C. Univariate economic time series forecasting by connectionist methods[C]. IEEE ICNN-90, 1990: 342-345.
[91] Weigend A B. Predicting the future: a connectionist approach[J]. International Journal of Neural Systems, 1990, 1（3）：193-209.
[92] Matsuba I. Application of neural network sequential associator to long-term stock price prediction[C]. IJCNN'91, Singapore, 1991: 1196-1202.
[93] 王其文，吕景峰，刘广灵，等. 人工神经网络与线性回归的比较[J]. 决策与决策支持系统，1993，3(3):205-210.
[94] 李红，赵春宇，刘豹，等. 神经网络用于生成宏观经济预警信号的研究[C]. 中国系统工程学会第九届年会，北京，1996: 644-651.
[95] 刘豹. 将来事件的可测性[J]. 系统工程学报，1993，8（2）：111-117.
[96] 高绍新，纪卓尚，林焰. 船舶与海洋工程项目管理信息系统分析与初步设计[J]. 大连理工大学学报，2001，41（2）: 207-211.
[97] 桑松，林焰，纪卓尚. 基于神经网络的船型要素数学建模研究[J]. 计算机工程，2002，28（9）：238-240.
[98] 丛爽. 面向 MATLAB 工具箱的神经网络理论与应用[M]. 合肥：中国科学技术大学出版社，2003.
[99] 楼顺天，施阳. 基于 MATLAB 的系统分析与设计——神经网络[M]. 西安：西安电子科技大学出版社，2000.
[100] 闻新，周露，王丹力，等. MATLAB 神经网络应用设计[M]. 北京：科学出版社，2000.
[101] Wang Y L, Lin Y, Ji Z S, et al. Mathematically modelling the main dimensions of self- elevating drilling units based on BP neural network[C]. The Twentieth (2010) International Offshore and Polar Engineering Conference, Beijing, China, 2010: 377-381.
[102] 中国船级社. 海上移动平台入级与建造规范[M]. 北京：人民交通出版社，2005.
[103] 孙东昌，潘斌. 海洋自升式移动平台设计与研究[M]. 上海：上海交通大学出版社，2008.
[104] 于雁云，林焰，纪卓尚. 海洋平台拖航稳性三维通用计算方法[J]. 中国造船，2009，50（3）:9-17.
[105] 王运龙，陈明，纪卓尚. 自升式海洋钻井平台方案评价指标体系和评价方法研究[J]. 上海交通大学学报，2007，41（9）：1445-1448.

[106] Saaty T. The Analytic Hierarchy Process: Planning, Priority, Setting, Resource Allocation[M]. New York: McGraw-Hill, 1980.

[107] 桑松，林焰，纪卓尚. 采用改进的 AHP 方法进行船型方案 MCDM 论证[J]. 大连理工大学学报，2002，42（2）：204-207.

[108] Murtaza M B. Fuzzy-AHP application to country risk assessment[J], American Business Review 21, 2003（2）：109-116.

[109] Lee A H I, Chen W C, Chang C J. A fuzzy AHP and BSC approach for evaluating performance of IT department in the manufacturing industry in Taiwan[J]. Expert Systems with Applications, 2007, 34（1）：96-107.

[110] 赵焕臣，许树柏. 层次分析法——一种简易的新决策方法[M]. 北京：科学出版社，1986.

[111] 刘寅东，唐焕文. 船型多方案优选决策的层次分析法[J]. 船舶工程，1996（1）：22-25.

[112] Deng J L. Properties of Relational Space for Grey Systems[J]. Bei jing: China Ocean Press, 1988: 1-13.

[113] 邓聚龙. 灰色系统基本方法[M]，武汉：华中理工大学出版社，1987.

[114] 邓聚龙. 灰理论基础[M].武汉：华中理工大学出版社，2002.

[115] Lin S J, Lu I J, Lewis C. Grey relation performance correlations among economics, energy use and carbon dioxide emission in Taiwan[J]. Energy Policy, 2007, 35（3）：1948-1955.

[116] Chang T C, Lin S J. Grey relation analysis of carbon dioxide emissions from industrial production and energy uses in Taiwan[J]. Journal of Environmental Management, 1999, 56（4）：247-257.

[117] 王运龙，林焰，纪卓尚. 基于灰关联分析的船型方案综合评价研究[J]. 大连理工大学学报，2009，49(1): 88-91.

[118] Wang Y L, Ji Z S, Lin Y. Study on evaluation index system and evaluation method for Self-elevating Drilling Unit[J]. Journal of Marine Science and Application, Harbin Engineering University, 2009, 8（1）：46-52.

[119] 陈明，林焰，纪卓尚. 辽河石油勘探局自升式海洋钻井平台方案设计报告[R]. 大连：连理工大学学船舶工程学院，2004.

[120] Reynolds J T. The application of risk-based inspection methodology in petroleum and petrochemical industry[J]. Asm Pvp, 1996（336）：125-134.

[121] Pate-Cornell M E. Risk analysis and risk management for offshore platform: lessons from the piper alpha accident[J]. Offshore Mechanics and Arctic Engineering, 1993（115）：170-190.

[122] Arendt J S. Using quantitative risk assessment in the chemical process industry[J]. Reliability Engineering and System Safety, 1990, 29（1）：133-149.

[123] 李玉刚，林焰，纪卓尚. 海洋平台安全评估的发展历史和现状[J]. 中国海洋平台，2003，18（1）：4-8.

[124] 秦炳军，张圣坤. 海洋工程风险评估的现状和发展[J]. 海洋工程，1998，16（1）：14-22.

[125] 中国船级社. 综合安全评估应用指南[M]. 北京：化学工业出版社，1999.

[126] 郭昌捷，张道坤，李建军. 综合安全评估在船舶装卸载过程中应用[J]. 大连理工大学学报，2002，42（5）：564-568.

[127] 樊红. 船舶综合安全评估（FSA）方法研究[D]. 武汉：武汉理工大学，2004.

[128] 李玉刚. 综合安全评估（FSA）方法在海洋平台上的应用[D]. 大连：大连理工大学，2002.

[129] 陈明，林焰，纪卓尚. 自升式悬臂钻井船安装简易平台方案可行性研究报告[R]. 大连：连理工大学学船舶工程学院，2006.

[130] 王运龙，陈明，林焰. 综合安全评估在自升式钻井平台安装简易平台中的应用[J]. 武汉理工大学学报（交通科学与工程版），2011，35（3）：492-495.

[131] 徐善雷. 新造船舶 CO_2 指数计算方法研究[D]. 武汉：武汉理工大学，2010.

[132] 李百齐，程红蓉. 关于 EEDI 衡准基面的研究[J]. 中国造船，2011，52（2）：34-39.

[133] 王运龙，申陶，王晨，等. 自升式钻井平台能效设计指数研究[J]. 上海交通大学学报，2013，47（6）：900-903.

[134] 刘飞. EEDI 对船舶总体设计影响分析研究[D]. 大连：大连理工大学，2011.

[135] Report of the Outcome of the First Intersessional Meeting of the Working Group on Greenhouse Gas Emissions from Ships :MEPC 58/4[S]. July,2008.

[136] Interim Guidelines on the Method of Calculation of the Energy Efficiency Design Index for New Ships :

MEPC.1/Circ. 681[S]. August, 2009.
[137] Report of the Working Group on Energy Efficiency Measures for Ships :MEPC 61/WP.10[S]. September, 2010.
[138] Amendments to the Annex of the Protocol of 1997 to Amend the International Convention for the Prevention of Pollution from Ships, 1973, As Modified by the Protocol of 1978 Relating Thereto: Resolution MEPC. 203（62）[S]. July,2011.
[139] 2012 Guidelines on the Method of Calculation of the Attained Energy Efficiency Design Index（EEDI） for New Ships: MEPC.212（63）[S]. 2, March, 2012.
[140] 2012 Guidelines for the Development of A Ship Energy Efficiency Management Plan（SEEMP）: MEPC.213（63）[S]. 2, March, 2012.
[141] 2012 Guidelines on Survey and Certification of the Energy Efficiency Design Index（EEDI）: MEPC.214（63）[S]. 2, March, 2012.
[142] Guidelines for Calculation of Reference Lines for Use with the Energy Efficiency Design Index（EEDI）: MEPC.215（63）[S]. 2, March, 2012.
[143] Report of the Correspondence Group Submitted by Japan: MEPC 62/5/4[S]. April, 2011.
[144] Methodology for Design CO_2 Index Baselines and Recalculation Thereof: MEPC 58/4/8[S]. July, 2008.
[145] Comments on the Proposed Baseline Formula: MEPC 58/4/34[S]. August, 2008.
[146] Recalculation of Energy Efficiency Design Index Baselines for Cargo Ships: GHG-WG 2/2/7[S]. February, 2009.
[147] Considerations of the EEDI Baselines: MEPC 59/4/20[S]. May, 2009.
[148] Calculation of Parameters for Determination of EEDI Reference Values: MEPC 62/6/4 & Corr.1[S]. July, 2011.
[149] 申陶. 自升式海洋钻井平台 EEDI 及评价指标体系研究[D]. 大连：大连理工大学，2012.
[150] 宗铁，雍自强. 油田企业节能技术与实例分析[M]. 北京：中国石化出版社，2010.
[151] 刘斌斌，李国岫，郑亚银. 柴油机高压共轨燃油喷射系统现状与发展趋势[J]. 内燃机，2006（2）：1-3.
[152] 侯鸿飞，冯旗. TBD620 系列柴油机的环保、节能和可靠性设计[J]. 内燃机，2008（1）：48-49.
[153] 可再生能源与减缓气候变化——决策者摘要和技术摘要[R]. IPPC 政府间气候变化专门委员会特别报告，2011.
[154] 王峰峰. 日本太阳能发电固定价格收购制度[J]. 华东电力，2010，38（10）：1636-1639.
[155] 孙少斌，林学华. 决策支持系统生成器的设计与实现[J]. 计算机应用，1997，17（1）: 14-16.
[156] 王宗军，崔鑫，邵芸. 面向对象的智能模糊综合评价决策支持系统实现方法[J]. 计算机工程与应用，2003，39（12）: 130-132.
[157] 蔚成香，宁伟，李艳. 一智能决策支持系统（IDSS）的设计与实现[J]. 山东科技大学学报（自然科学版），2001，20（4）: 36-38.
[158] 陈文伟. 决策支持系统教程[M]. 北京: 清华大学出版社，2004.
[159] 沈惠平. 机械创新设计及其研究[J]. 机械科学与技术，1997，16（5）：791-795.
[160] 黄茂林. 基于快速设计策略的产品概念设计理论及方法研究[D]. 重庆：重庆大学，2001.
[161] 王运龙，纪卓尚，林焰.自升式钻井平台方案设计智能决策支持系统研究[J]. 上海交通大学学报，2009，43（2）：181-186.
[162] 赵卫东，李旗号，盛昭瀚. 基于案例推理的决策问题求解研究[J]. 管理科学学报 2000，3（4）：30-35.
[163] 郭艳红，邓仕贵. 基于事例的推理（CBR）研究综述[J]. 计算机工程与应用，2004，40（21）：1-5.
[164] 中国国家标准汇编（144）[M]. 北京：中国标准出版社，1993：382-387.
[165] 王运龙，纪卓尚，林焰.自升式钻井平台先进性评价方法研究[J]. 上海交通大学学报，2010，44（6）：755-757.
[166] 刘树青，周明虎. 数控系统在卷簧机电气控制改造中的应用[J]. 中国制造业信息化，2009，36（19）：23-26.
[167] 郭卫，张传伟. 参数化液泵 CAD 系统的研究[J]. 机床与液压，2002（2）：64-66.
[168] 李丹，常明，纪俊文. 基于参数化的无桥台斜腿刚架桥 CAD 系统的研究与开发[J]. 工程建设与设计，2002（6）: 6-8.
[169] 周军龙，陈立平，王波兴，等. 工程参数化设计的整体解决方法探讨[J]. 计算机工程与设计，1996，20（3）: 38-41.

[170] 孟祥旭，汪嘉业，刘慎权. 基于有向超图的参数化表示模型及其实现[J]. 计算机学报，1997，20（11）：982-988.

[171] 马翠霞，孟祥旭，龚斌，等. 参数化设计中的对象约束模型及反向约束的研究[J]. 计算机学报，2000，23(9)：991-995.

[172] 高青军，詹沛，陈卓宁，等. 基于构造过程的参数化设计方法的研究[J]. 水利电力机，2000，8（1）：17-21.

[173] 姜华，王涛，操晴，等. 设计历史的建模方法[J]. 机械科学与技术，2000，19（2）：197-207.

[174] 于雁云，林焰. 船舶与海洋平台专业设计软件开发[M]. 北京：科学出版社，2016.

[175] Light R, Gossard D. Modification of geometric models through variational geometry[J]. Computer Aided Design, 1982, 14（4）：209-213.

[176] Yu Y Y, Chen M, Lin Y, et al. A new method for platform design based on parametric technology[J]. Ocean Engineering,2010, 37（5/6）：473-482.

[177] Yu Y Y, Lin Y, Ji Z S. A parametric structure optimization method for the Jack-up rig[C]. Proceedings of the International Conference on Offshore Mechanics and Arctic Engineering, 2012: 463-468.

[178] Yu Y Y, Lin Y, Li K, et al. Buoyancy coupling with structural deformation analysis of ship based on finite element method[J]. Ocean Engineering, 2016（121）：254-267.

[179] Yu Y Y, Lin Y. A new method for ship inner shell optimization based on parametric technique[J]. International Journal of Naval Architecture and Ocean Engineering, 2015, 7（1）：142-156.

[180] Yu Y Y, Lin Y. Optimization of ship inner shell to improve the safety of seagoing transport ship[J]. International Journal of Naval Architecture and Ocean Engineering, 2013, 5（3）：454-467.

[181] 于雁云，林焰，纪卓尚. 船体曲面参数化设计新方法[J]. 中国造船，2013，54（1）：21-29.

[182] Yu Y Y, Meng X D, Lin Y, et al. Vibration property analysis of jack-up platform based on nonlinear foundation-hull finite element model[C]. Proceedings of the International Offshore and Polar Engineering Conference, 2016: 952-958.